U0263247

生物质基酯类燃料全生命周期评价

雷廷宙　陈　卓　李学琴　王志伟　著

科学出版社

北　京

内 容 简 介

本书较为全面系统地介绍了生物质液体燃料及与其相关的酯类燃料(如乙酰丙酸乙酯)全生命周期评价(能效和环境性、烟效率、经济性等)和土地利用变化等方面的研究进展情况,并对生物质基酯类燃料的全生命周期进行评价。全书共分为8章,包括概论、生物质液体燃料及全生命周期发展现状、生物质基酯类燃料全生命周期模型建立、生物质基酯类燃料全生命周期的能效和环境性分析、生物质基酯类燃料全生命周期烟分析、生物质基酯类燃料全生命周期经济性分析、生物质基酯类燃料土地利用变化的影响分析和生物质转化利用技术发展的政策建议。

本书可作为生物质能源、生物质液体燃料应用、化学化工、全生命周期评价等领域高等院校研究生和科研工作者的参考用书,也可作为相关行业专业技术人员的参考资料。

图书在版编目(CIP)数据

生物质基酯类燃料全生命周期评价 / 雷廷宙等著. —北京:科学出版社,2023.10

ISBN 978-7-03-074267-4

Ⅰ. ①生… Ⅱ. ①雷… Ⅲ. ①生物燃料-产品生命周期-研究 Ⅳ. ①TK63

中国版本图书馆 CIP 数据核字(2022)第 237338 号

责任编辑:刘翠娜 崔元春 / 责任校对:王萌萌
责任印制:师艳茹 / 封面设计:赫 健

科 学 出 版 社 出版
北京东黄城根北街 16 号
邮政编码:100717
http://www.sciencep.com

河北鑫玉鸿程印刷有限公司 印刷
科学出版社发行 各地新华书店经销
*
2023 年 10 月第 一 版 开本:787×1092 1/16
2023 年 10 月第一次印刷 印张:12 1/2
字数:298 000
定价:218.00 元
(如有印装质量问题,我社负责调换)

序

　　能源是当前人类社会赖以生存和发展的重要物质基础,影响着人类生活的方方面面。随着经济持续的高位运行和增长,2019 年我国一次能源消费总量居世界首位,其中煤炭处于主体地位,石油和天然气对外依存度仍然较高。能源短缺不仅给我国的能源战略安全构成潜在的威胁,而且能源消费所引起的环境问题也已成为制约我国经济、社会持续、快速、健康发展的瓶颈。近年来,在政府和社会的广泛重视和支持下,生物质能开发和利用事业得到了迅猛发展,这对发展能源替代、维护我国能源安全有着极为重要的意义。

　　近年来,生物质基酯类燃料(如乙酰丙酸乙酯)作为一种新型的液体燃料添加剂,与生物柴油性质相似,以适当比例添加在汽油或柴油中可增加气/柴油的燃烧环保性能。因此,生物质基酯类燃料全生命周期在能源、环境、经济、社会和土地利用变化等方面的影响具有重要的意义。《生物质基酯类燃料全生命周期评价》一书,充分考虑了时代发展的需要,系统介绍了生物质能发展潜力以及开发利用过程中所涉及的转化技术等,重点介绍了生物质液体燃料的转化技术和研究进展,集成了生物质基酯类燃料转化的最新理论和工艺,翔实地展现了生物质基酯类燃料全生命周期评价的全貌。全书内容丰富、逻辑清晰、编排合理、叙述流畅,既考虑了生物质能利用的基础性和实用性,又注意了撰写内容的先进性和前瞻性。

　　该书的编写人员由长期在一线从事研究的专家、学者组成,具有丰富的理论知识和实践经验,对相关研究领域的发展概况和进展有着清晰的把握。他们为读者编写了这本不可多得的专著。该书的出版有助于加深学生和学者对生物质领域相关技术的理解,也将拓展他们在该领域的知识见解,故欣然为序,以告读者。

中国工程院院士

前　言

　　党的十八大以来，推进绿色发展、能源生产和消费革命，构建清洁低碳、安全高效的能源体系越来越受到关注，发展可再生能源的重要意义愈加明显。

　　生物质能是唯一一种可以收集、储存、运输和培育的可再生能源，与常规化石能源的利用方式最为接近。它的发展对缓解我国能源和资源压力、保障国家能源安全、减轻环境污染、促进"双碳"目标的实现具有十分重要的作用，在可再生能源中占有重要的地位。生物质原料组成十分丰富，包括农业废弃物、林业废弃物、畜禽粪便、工业有机废水、城市生活污水和垃圾等被动型生物质以及能源作物(植物)、藻类等主动型生物质；应用方式、途径灵活，可通过液体燃料、固体燃料、燃烧发电、气化供气等多种方式实现应用。生物质能转化技术手段多变，近年来，生物液体燃料和生物天然气有了长足的发展，其中，涉及液体燃料的转化是未来的重要发展方向，乙醇汽油 E10 全覆盖目标等使生物质基车用燃料技术行业需求和市场潜力增大，对增强我国能源安全、减少原油进口具有重要的战略意义。

　　为了进一步推动生物质能技术的发展，反映生物质液体燃料的全生命周期研究进展，更好地促进我国生物质液体燃料的生产技术提升及产业化发展，著者以陈卓博士的博士学位论文为基本素材，结合近年来的研究成果，著成了《生物质基酯类燃料全生命周期评价》一书。全书共 8 章，首先，从生物质能的发展前景入手，详细介绍了生物质能的重要性、生物质原料特点及来源、我国生物质资源及其分布、生物质原料的理化特性、生物质转化利用技术的发展趋势，从而引出生物质液体燃料发展的重要性。其次，从生物质液体燃料转化技术入手，阐述了生物质液体燃料转化技术及其全生命周期评价方面的研究进展；进一步总结了生物质基酯类燃料性质及转化途径，较全面地阐述了生物质基乙酰丙酸及酯类燃料研究现状，主要包括乙酰丙酸研究现状、乙酰丙酸的酯化研究现状、乙酰丙酸乙酯全生命周期研究现状、生物质基酯类燃料土地利用变化研究现状等。再次，对生物质基酯类燃料全生命周期模型建立进行了概述，提出了全生命周期评价方法及边界条件，划分了全生命周期综合评价阶段。最后，分别对生物质基酯类燃料全生命周期的能效和环境性、㶲效率、经济性和土地利用变化进行全面分析，以期能系统地阐述生物质基酯类燃料生产过程中能效、环境及经济性等方面存在的突出问题，在技术创新、产业政策和体系管理等方面起到抛砖引玉的作用。本书的编著人员全部为从事生物质能源与材料方向技术研究及产业推广的一线人员，主要来自常州大学、华北水利水电大学、河南工业大学等团队，其中，第 1 章由雷廷宙研究员、陈卓博士和李学琴博士负责撰写，第 2 章由雷廷宙研究员、陈卓博士、刘鹏博士和李艳玲博士负责撰写，第 3 章由陈卓博士、雷廷宙研究员、王志伟研究员和孙堂磊博士负责撰写，第 4 章由陈卓博士、李学琴博士和王志伟研究员负责撰写，第 5 章由陈卓博士、王志伟研究员、李学琴博士和杨延涛博士负责撰写，第 6 章由李学琴博士、陈卓博士、王志伟研究员和刘鹏博士负责撰写，第 7 章由李学琴博士、雷廷宙研究员和李艳玲博士负责撰写，第 8 章由雷廷宙研究员、王志伟研究员和李学琴博士完成。

在本书成稿之际，首先感谢常州大学城乡矿山研究院领导的大力支持，感谢生物质能源与材料团队诸多同事的支持和鼓励。同时，也非常感谢 2020 年民用飞机专项科研项目——航空替代燃料可持续评价(MJ-2020-D-09)、中原科技创新领军人才"生物质基酯类燃料复配汽柴油技术及评价研究"(194200510028)等项目在研究领域提供的经费资助，保证了本书的正常开展。最后，诚挚地感谢杨晓奕、呼和涛力、吴幼青、杨树华、任素霞、董莉莉、魏潇、陈高峰、李在峰、张孟举、王新等从选题到大纲的确定、从结果分析到成稿、校稿等都提出了宝贵的指导意见，感谢王庚益、卢岩、何聂燕、刘鹏博、张橹等在文献资料收集、插图排版和文字校对上提供的大力帮助。

生物质基酯类燃料全生命周期评价是一个正在迅速发展的新领域和大力发展的新方向，由于著者水平有限，本书可能还存在很多疏漏和不足，希望相关专家和读者批评指正，以便再版时能进一步修正和完善。

著　者

2023 年 5 月于常州

目 录

1.1　生物质能重要性及发展前景

1.1.1　生物质能重要性

近年来，我国能源生产和消费呈现不同的发展趋势[1,2]。2019 年，我国原煤生产和消费比例持续下降，天然气与新能源生产和消费占比显著提升(图 1.1，图 1.2)，可再生能源发电稳居全球首位。图 1.3 显示了 2015 年和 2020 年我国各能源的发电情况，与 2015 年相比，截至 2020 年底，我国可再生能源发电装机总规模达到 7.62 亿 kW·h，其中生物质能发电占比 2%[3-5]。从能源消费结构看(图 1.2)，原煤处于主体地位，石油和天然气对外依存度高，通过文献[6]可知，目前我国清洁能源消费占比持续提升至 24.30%[6]。据 2020 年《BP 世界能源统计年鉴》，2019 年中国一次能源消费总量居于世界首位；但在碳达峰、碳中和背景下，仍需大力提升以生物质能为首的可再生能源在能源结构中的占比。2018 年国家能源局为推进区域清洁能源供热，减少县域、乡镇和农村的散煤消费，防治大气污染和治理雾霾，建设了一批生物质热电联产示范项目，达到了一定规模替代燃煤的能力；但在交通运输能源消耗上，化石燃料仍占全球能源消耗的 95%以上，这不利于"双碳"目标的实现。

生物质是指通过光合作用而形成的各种有机体，包括所有动物、植物和微生物；狭义的生物质主要是指农林业生产过程中除粮食、果实以外的秸秆、树木等木质纤维素、

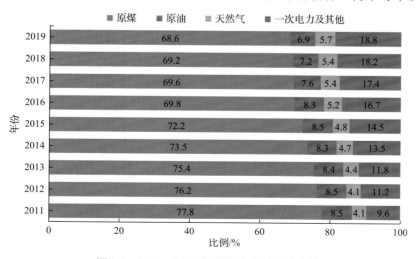

图 1.1　2011～2019 年能源生产结构及占比

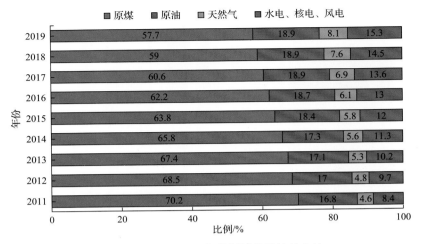

图 1.2 2011～2019 年能源消费结构及占比

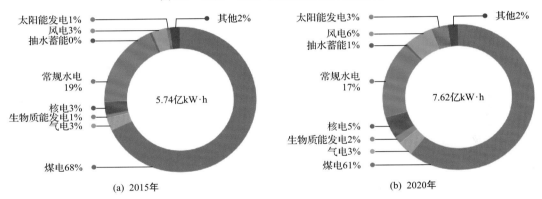

(a) 2015年   (b) 2020年

图 1.3 我国各能源的发电情况

农产品加工废弃物、畜牧业生产过程中的禽畜粪便、生活生产过程中的污水废水、固体垃圾和能源植物等[7]。生物质能是太阳能以化学能形式储存在生物质中的能量，即以生物质为载体的能量。它直接或间接地来源于绿色植物的光合作用，可转化为常规的固态、液态和气态燃料，是一种可再生能源，同时也是唯一一种可再生的碳源，可用于发电、供热、制气等各个领域，实现对传统化石能源一定程度的替代。由图 1.3 可以看出 2015～2020 年传统化石能源使用比例降低，清洁能源使用比例上升。在全球"零碳"战略引导下，生物质能源在全球的使用量持续增加，2010 年至 2021 年，年均增长率为 7%，现代生物质能源在全球已成为第一大可再生能源。根据国际能源署(IEA)的研究，2030 年全球 36%的能源消费来自可再生能源，其中生物质能将占到 60%。因此，推动生物质能高质量发展，将为碳减排与应对气候变化做出积极贡献。生物质能源化的利用，一方面满足了节能减排的需求，减少煤炭的使用；另一方面也对废弃物进行了无害化处理，这一作用是太阳能和风能所不可替代的。因此，生物质的能源化利用是未来处理剩余物和废弃物的必然选择，具有重要的实际意义。

1.1.2　生物质能发展前景

联合国政府间气候变化专门委员会(IPCC)于 2018 年 10 月发布的《全球升温 1.5℃》(*Global Warming of 1.5℃*)报告中指出，为实现 21 世纪末全球温升不超过 1.5℃的目标，有效的方案是推行生物能源联合碳捕集与封存(CCS)技术。生物质能源规模化利用具有双向清洁作用，以我国农业大省——河南为例，如果生物质资源不被利用而就地焚烧会导致大气中二氧化硫、二氧化氮、可吸入颗粒物(PM_{10})3 项污染指数明显升高。2000 万 t 的秸秆类生物质资源可替代标准煤约 1000 万 t，减排二氧化碳 2200 万 t。

在总体能源供应中，煤炭、石油和天然气等化石能源在大多数国家仍然占据主导地位，如大部分的亚洲国家、澳大利亚和南非。在发达国家特别是欧洲和北美国家，煤炭的消耗量逐年下降，取而代之的是天然气的大量使用。天然气的增加弥补了部分煤炭减少的压力。在过去的十年里，可再生能源的消耗比例在全球能源消耗中逐年上升。除了水电资源较丰富的国家(挪威、加拿大、新西兰和瑞士)外，在大多数国家，生物质能占可再生能源供应的一半以上。巴西和芬兰的生物质能供应量已占总体能源供应量的 30% 以上。截至 2019 年，可再生能源在总体能源供应量中占比最高的国家分别是挪威(48%)、巴西(46%)和瑞典(41%)。生物质能可分为固体生物质、生物质液体燃料、可再生废弃物(城市固体废弃物)和沼气/生物天然气，其中固体生物质是所有国家用于能源的主要生物质类型，使用率最高的国家往往拥有较高的国内森林面积，如加拿大、爱沙尼亚和芬兰。近些年来，可再生废弃物、生物质液体燃料和沼气/生物天然气也有了长足的发展，尤其是西欧国家建立了相当先进的管理发展理念，并且已实施高性能收集系统。生物质液体燃料主要用作运输燃料，在巴西和瑞典的使用量已经相当于石油使用量的 15% 以上。沼气过去主要直接用于热电联产，德国在沼气/生物天然气的使用方面最为先进；此外，丹麦最近在沼气/生物天然气方面采取了重大举措，沼气/生物天然气使用量达到总体天然气使用量的 20% 以上。近年来，瑞典、美国和巴西人均生物质液体燃料的消耗逐年上涨。

因此，从总体上来看，世界各国在发展生物质能源上不遗余力，尤其各国加大了对生物质液体燃料、可再生废弃物和沼气/生物天然气的生产开发投入，以替代传统的化石能源。生物质能利用将有效促进可再生能源与化石能源的融合，对打造多元化的清洁能源体系有着极其重要的意义，发展前景广阔。

1.2　生物质原料特点及来源

1.2.1　生物质原料特点

生物质原料的特点主要包括可再生性、清洁低碳、替代优势、原料丰富等。

(1)可再生性。生物质是从太阳能转化而来，是通过植物的光合作用将太阳能转化为化学能，储存在生物质内部的能量，与风能、太阳能等同属可再生能源，可实现能源的永续利用。长期以来，农林产品、禽畜产品在我国农牧生产中占据主导地位，而这些都是可持续利用生态产品，具有可持续发展的优势，并且生物多样性加上丰富的生产模式，使这些可再生生物质能源持续不断增长，提供稳定、环保、健康的能源来源。

(2) 清洁低碳。生物质这种新能源中的有害物质含量很低，属于清洁能源。同时，生物质能源的转化过程是通过绿色植物的光合作用将二氧化碳和水合成生物质，生物质能源的使用过程又生成二氧化碳和水，形成二氧化碳的循环排放，能够有效减少人类二氧化碳的净排放量，降低温室效应。生物质能源的开发过程并不影响原有的生态效益和经济效益的发挥，而是通过采集生产剩余物实现高效率的能源转化。另外，生物质能源的发展还可以带动我国广大宜林荒山荒沙地种植能源林，既不占用耕地，又可以恢复植被；并且以灌木为主的能源林收割后还能自然萌生更新，是能源建设和生态建设的最佳结合。从一个国家或地区范围来看，生物质能源是林业管理和土地利用总系统中的重要部分，可以对林业和能源产业同时起到促进作用。因此，生物质能源的开发将成为农业、林业等方面可持续经营和管理的一项基本动力。

(3) 替代优势。利用现代技术可以将生物质能源转化成可替代化石燃料的生物质成型燃料、生物质可燃气、生物质液体燃料等。在热转化方面，生物质能源可以直接燃烧或经过转换形成便于储存和运输的固体、气体和液体燃料，可运用于大部分使用石油、煤炭及天然气的工业锅炉和窑炉中，未来生物质资源则更多通过专业技术直接转化。生物质能源的现代化生产，可以解决很多国家面临的废弃物问题，以及人口增长带来的能源需求问题。同时，发展能源替代技术，将为发展中国家农村居民和工人提供更加稳定的收入，提高地区整体社会经济水平和生态环境质量。

(4) 原料丰富。生物质资源丰富，分布广泛。世界自然基金会预计，全球生物质能源潜在可利用量达 350EJ/a(约合 82.2 亿 t 标准油，相当于 2009 年全球能源消耗量的 73%)。另外根据我国《可再生能源中长期发展规划》统计，目前，我国生物质资源可转换为能源的潜力约 5 亿 t 标准煤，今后随着造林面积的扩大和经济社会的发展，生物质资源转换为能源的潜力可达 10 亿 t 标准煤。在传统能源日渐枯竭的背景下，生物质能源是理想的替代能源，被誉为继煤炭、石油、天然气之外的"第四大能源"。

我国生物质资源具有分散性特征，而不是集中产生的格局，所以要充分考虑原料收集的难度。并且我国土地管理方式是家庭承包形式，收集以人力为主，与国外的机械化集中生产相比存在较大的差距，从而导致原料收集困难。没有充足的生物质原料，生物质成型燃料技术就不能快速发展。

目前，我国以秸秆原料为代表的生物质资源的收集主要有三种方式：第一种是农民分散送厂，虽然这种方式一次性投资较少，但是运输成本高，供料不稳定；第二种是在农村建立原料收购点，虽然这种方式运输成本降了下来，供料也相对稳定，但是一次性投资较高；第三种是加工企业直接收集，这种方式运输成本低，供料稳定性最好，但是一次性投资也是最高的，并且干燥成本以及对交通条件的要求都比较高。

以上三种收集原料的方式虽然可以适用不同规模的生物质原料加工厂，但是在实际操作过程中，都要考虑投资资金、利润收益、当地民情、政策扶持、技术工艺管理等多方面因素，并且实际运行过程并不如理论分析那么理想，存在着多种多样的问题。因此，生物质原料的收集是制约成型燃料技术发展的瓶颈，不过生物质原料的收集技术发展也将经历一个由不成熟走向成熟的过程，根据产业生命周期理论，生物质原料收集技术的发展过程可分为形成期、成长期和成熟期。

总的来说,生活中所用能源系统在发挥其基本的经济功能和生态功能的同时,仍有大量的剩余物产出,成为目前相对经济和容易获取的原料资源。并且,随着生物质能源产业的发展,原料收集技术也会越来越成熟,为未来生物质原料来源提供有力保障。

1.2.2 生物质原料来源

生物质原料来源可分为林业废弃物、农业废弃物、城市垃圾、畜禽粪便、污水废水及能源植物六大类,其中前五种生物质为被动型生物质,是在人类生产生活中被动产生的;第六种能源植物为主动型生物质,是人类为解决能源问题主动种植和生产的。林业废弃物包括森林采伐及木材加工剩余物(在 2016 年约为 7760 万 t,折合标准煤 4423 万 t)及薪柴(在 2016 年约为 4813 万 t,折合标准煤 2743 万 t)。林业废弃物每年共计 1.26 亿 t,折合标准煤 7166 万 t;首选用作工业原料,然后才是发电或供热利用。农业废弃物包括各种农作物秸秆以及农业加工剩余物,每年共计有 8 亿 t,折合标准煤 4 亿 t。污水废水包括生活污水和工业有机废水,生活污水主要由城镇居民生活、商业和服务业的各种排水组成,如冷却水、洗浴排水、盥洗排水、洗衣排水、厨房排水、粪便污水等;工业有机废水主要是酒精、酿酒、制糖、食品、制药、造纸及屠宰等行业生产过程中排出的废水等,其中都富含有机物。能源植物包括所有作为能源用途而种植或养殖的碳薪林、油料植物、能源草和藻类等生物质资源,这类主动型生物质能源正处于研究开发阶段,包括育种、种(养)殖、收集和转化等各个环节,还没有大规模生产应用。一般来讲,在生物质液体燃料转化过程中,生物质原料主要包括农业废弃物(以农作物秸秆为主)和林业废弃物,下面对生物质原料来源进行详细介绍。

1. 农业废弃物

以农作物秸秆为例,它是农业生产的副产物,含有大量的矿质元素、纤维素、木质素及蛋白质等可被利用的成分,是一种可供开发利用的可再生生物质资源,具有来源广、产量大、污染小、种类多、分布广、热值(又称为发热量)高等显著优势,曾是我国农村主要的牲畜饲料和生活燃料。我国农作物秸秆资源丰富,2022 年中国农作物秸秆的总量约有 7.37 亿 t,约占世界秸秆总量的 19%,位居世界第一。粮食作物秸秆是我国主要的秸秆类型,稻草、玉米秸和麦秸是产量最高、分布最广的三大作物秸秆,约占秸秆资源总量的 2/3。油菜和棉花是秸秆规模化利用的主要经济作物。然而,由于农村的农作物秸秆综合利用率低(约为 33%),严重制约了我国农业的可持续发展,因此农作物秸秆的资源化、商品化可以有效缓解农村能源、饲料、肥料、工业原料和基料的供应压力,有利于改善农村的生活条件,发展循环经济,构建资源节约型社会,促进农村经济可持续发展。因此,农作物秸秆综合利用技术的研究具有重要的现实意义。

然而,由于区域种植方式、气候条件、耕作环境等因素的影响,我国秸秆资源呈现显著的南北差异和东西差异。整体上看,我国东北部地区秸秆资源相对比较丰富,西南部地区比较贫乏。按照各地人均秸秆资源占有量与全国平均水平(246kg/人)的对比结果,可将我国分为资源丰富区(东北区、蒙新区、华北区)、资源一般区(西南区、长江中下游区)和资源匮乏区(华南区、黄土高原区、青藏区),整体呈现北高南低的分布特点;按照各地区秸秆可能源化利用资源量与全国平均水平($1.92t/hm^2$)的对比结果,将我国分为分布集中区(东北区)、分布一般区(蒙新区、华北区、西南区、长江中下游区、华南区)和分散区(黄土高原区、青藏区),整体呈现东高西低的分布特点。

2. 林业废弃物

林木生物质是指森林林木及其他木本植物通过光合作用,将太阳能转化为有机物质,包括林木地上和地下部分的生物蓄积量、树皮、树叶和油料树种的果实(种子)。林木生物质能源是指储藏在林木生物质中的生物量经过转化形成的能源,主要是指通过直接燃烧或者现代转化技术形成的可用于发电和供热的能源。从利用方式来看,林木生物质能源包括以传统直接燃烧为主的薪柴和通过现代生物质技术转化生产的现代林木生物质能源。

我国林木生物质资源种类丰富、生物量大、再生性强、热值高,具有重要的开发利用潜力。林木生物质能源的开发和利用,不仅可以在化石燃料缺乏和集中电网不能到达的农村地区增加能源供应,而且对改进林业发展模式、增加农村劳动力就业、调整农村产业结构具有重要的推动作用。目前在能源需求和环境污染的双重驱动下,我国林木生物质能源开发利用已经初步具备存在的条件和发展的空间。

我国现有林木生物质资源主要来自林地林木生长过程和森林生产经营过程中产生的林木剩余资源,其资源构成如图 1.4 所示,其中,林地生长剩余物是指可以被开发利用林地上的各类林木生长量减去林木总采伐量,即林木生长总量中未被工业木材生产和传统薪柴所利用的部分。根据我国现有的林木资源分类特点,林地生长剩余物主要是指来自灌木平茬(包括纯灌木林和天然次生林下木),经济林抚育管理,四旁树和散生疏林抚育修枝,城市绿化更新与修剪等产生的各类林木剩余物资源。而林业生产剩余物包括森林采伐和造材剩余物、木材加工剩余物、森林抚育与间伐剩余物、废旧木制品等。

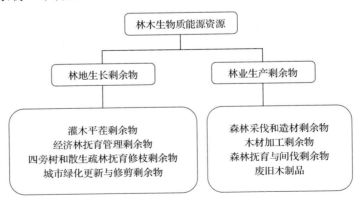

图 1.4   林木生物质资源构成

1)林地生长剩余物

(1)灌木平茬剩余物。我国拥有灌木林 4529.70 万 hm^2,占全国林地总面积的 16.02%,

主要分布于内蒙古、四川、云南、西藏、青海、新疆等西北和西南地区。其中西藏面积最大，为 764.60 万 hm^2；其次是四川，面积为 692.40 万 hm^2；内蒙古面积为 452.30 万 hm^2。根据已有研究成果，我国灌木林的生物量产出为 2～8t/hm^2，如果以 6t/hm^2 计算，我国灌木林的现有生物量约 2.70 亿 t。若以 3 年为平茬轮伐周期计算，每年可以获得生物量产出约为 9000 万 t。

(2)经济林抚育管理剩余物。经济林是指以提供木材以外的其他林产品，如果实、树皮、树枝、树叶、树脂、树汁、花蕾、嫩芽等为主要经营目的的森林，又称特种经济林。我国有经济林 2140 万 hm^2，如每年对经济林进行更新、修剪等经营活动，产生的树枝、树杈等废弃物约为 1t/hm^2，全国经济林修枝每年产生的总枝条量约 2140 万 t。

(3)四旁树和散生疏林抚育修枝剩余物。在我国，四旁树和散生疏林约有 230 亿株，对其进行抚育修枝，按照每株每年产生 1.30kg 剩余物计算，每年可获得枝条量约 0.30 亿 t。

(4)城市绿化更新与修剪剩余物。我国城市绿化森林及园林树木株数可折合面积 400 万 hm^2，林木生物量达 6 亿～7 亿 t，每年林木修剪和树木更新产生的废弃物达 0.40 亿 t。

2）林业生产剩余物

(1)森林采伐和造材剩余物。森林采伐剩余物是指经过采伐、集材后遗留在地上的枝杈、梢头、枯倒木、被砸伤的树木、未达到木材标准的遗弃林木等。由于不同地区森林类型不同、树种不同、木材的利用方式不同，森林采伐剩余物的比例有很大的差别。从全国总体水平看，树干是林木生物量的主要部分，约占 70%；树枝、叶约占 30%。另外，树木采伐后生产原木需要经过造材工艺，经不完全测算，采伐剩余物、造材剩余物合计约占林木生物量的 40%。在森林采伐剩余物中有一部分被用于人造板加工生产，可作为林木生物质能源资源的部分仅是被丢弃不用的采伐剩余物部分。2017 年，我国达到采伐标准的成熟林和过熟林的用材林面积为 1468.60 万 hm^2，蓄积量 27.40 亿 m^3，总生物量 32.10 亿 t；防护林和特种用途林中需要采伐更新的过熟林面积为 307.80 万 hm^2，蓄积量为 7.10 亿 m^3，总生物量 8.40 亿 t。因此，从理论上来说，我国可以进行林木采伐更新的总量约 40.50 亿 t，可产生采伐、造材剩余物量约 16.20 亿 t。但是，由于采运条件、防护要求、国土安全等多方面的限制，这些木材并不能完全采伐。根据国务院批准的"十一五"期间年森林采伐限额，全国每年限额采伐指标为 2.50 亿 m^3，换算为生物量约 2.92 亿 t，则每年可产生的采伐及造材剩余物约 1.17 亿 t。

(2)木材加工剩余物。在我国，木材加工剩余物主要来自商品用材林。进入木材加工厂的原木，从锯切到加工成木制品，产生树皮、板皮、边条和下脚料、锯末和刨花等剩余物。剩余物数量为原木的 15%～34%，其中，板条、板皮、刨花等占 71%，锯末占 29%。根据有关部门不完全统计，全国各地的木材加工企业年加工能力约 7245.90 万 m^3，其中，锯材 1597.50 万 m^3，人造板 5648.40 万 m^3，产生加工剩余物约 3229.70 万 t。

(3)森林抚育与间伐剩余物。根据第六次全国森林资源清查结果，需要抚育管理的幼龄林面积 4758.26 万 hm^2，中龄林面积 4430.43 万 hm^2。中幼林面积占森林总面积的 52.5%，是森林的主要组成部分。森林抚育期内平均伐材量 6.0m^3/hm^2（按 10 年抚育期、20%的间伐强度来计算),可产生小径材 5.40 亿 m^3,生物量为 6.30 亿 t,年可获得林木剩余物约 0.63 亿 t。我国每年造林约 600 万 hm^2,用苗量约 120 亿株,可以获得的育苗修枝、定杆和截杆剩余物约 0.15 亿 t。

(4) 废旧木制品。废旧木制品是指木制家具、门窗、矿柱木、枕木、建筑木等各类废弃木制品。我国每年因危房改造和家具更新淘汰等产生的木制品废弃物多达 2000 万 m^3,约 0.80 亿 t。

总的来说,我国每年可获得被动型生物质资源量约为 6.70 亿 t 标准煤,可作为生物质能源利用的生物量约 3.15 亿 t 标准煤。尽管生物质资源量巨大,但由于生物质资源分布不均衡,以及生物质资源的收集储存问题,生物质能的大规模利用不是十分方便,故应该在有效收集半径内开发利用生物质资源。

3. 工业有机废水

工业废水是指工业生产过程中产生的废水、污水和废液,其中含有随水流失的工业生产用料、中间产物和产品以及生产过程中产生的污染物。可能源化利用的工业废水主要是指工业有机废水,包括酒精、酿酒、制糖、食品、制药、造纸和屠宰等行业生产过程中排出的废水。工业有机废水的种类很多,成分复杂多样。2016 年我国工业废水产生量约 250 亿 t。一般根据工业有机废水中的有机物含量,将含有机物化学需氧量(COD)大于 5000mg/L 的有机废水称为高浓度有机废水,如以薯蓣、蜜糖和玉米等为原料的酒精废水、啤酒废水、味精废水、制糖废水、豆制品加工废水等。把含有有机物化学需氧量小于 5000mg/L 的有机废水称为低浓度有机废水,如肉类加工废水、制革废水、印染废水、造纸废水等。工业有机废水中都含有丰富的有机物,可通过厌氧发酵过程制取沼气。

处理高浓度难降解有机废水的主要方法有化学氧化法、萃取法、吸附法、焚烧法、催化氧化法、生化法等,但只有生化法工艺成熟,设备简单,处理能力大,运行成本低,也是废水处理中应用最广的方法。废水处理的目的就是将废水中的污染物以某种方法分离出来,或者将其分解转化为无害稳定物质,从而使污水得到净化。一般要达到防止毒物和病菌的传染,避免有异嗅和恶感的物质产生,以满足不同用途的要求。

废水处理相当复杂,处理方法的选择必须根据废水的水质和数量,排放的接纳水体或水的用途来考虑。同时还要考虑废水处理过程中产生的污泥、残渣的处理利用和可能产生的二次污染问题,以及絮凝剂的回收利用等。废水处理方法的选择取决于废水中污染物的性质、组成、状态及对水质的要求。一般废水的处理方法大致可分为物理法、化学法及生物法三大类。

1) 物理法

利用物理作用处理、分离和回收废水中的污染物。例如,用沉淀法除去水中相对密度大于 1 的悬浮颗粒的同时回收这些颗粒物;浮选法(或气浮法)可除去乳状油滴或相对密度近于 1 的悬浮物;过滤法可除去水中的悬浮颗粒;蒸发法用于浓缩废水中不挥发性的可溶性物质等。

2）化学法

利用化学反应或物理化学作用回收可溶性废弃物或胶体物质。例如，中和法用于中和酸性或碱性废水；萃取法利用可溶性废弃物在两相中溶解度的不同"分配"、回收酚类和重金属等；氧化还原法用来除去废水中还原性或氧化性污染物，杀灭天然水体中的病原菌等。

3）生物法

利用微生物的生化作用处理废水中的有机物。例如，生物过滤法和活性污泥法用来处理生活污水或工业有机废水，使有机物转化降解成无机盐而得到净化。

以上方法各有其适用范围，必须取长补短，相互补充，往往很难用一种方法就能达到良好的治理效果。一种废水究竟采用哪种方法处理，首先是根据废水的水质和水量、水排放时对水的要求、废弃物回收的经济价值、处理方法的特点等，其次通过调查研究，进行科学试验，并按照废水排放的指标、地区的情况和技术可行性而确定。

4. 城市垃圾

城市垃圾主要是由城镇居民生活垃圾，商业、服务业垃圾和少量建筑业垃圾等固体废弃物构成。城市垃圾的产量与城镇居民生活水平密切相关。2016 年我国城市生活垃圾的产生量总计 2.1 亿 t。城市垃圾主要包括以下几种。

（1）食品垃圾：指人们在买卖、储藏、加工、食用各种食品的过程中所产生的垃圾。这类垃圾腐蚀性强、分解速度快，并会散发恶臭，引出蚊虫，滋生细菌。

（2）普通垃圾：包括纸制品、废塑料、破布及各种纺织品、废橡胶、破皮革制品、废木材及木制品、碎玻璃、废金属制品和尘土等。普通垃圾和食品垃圾是城市垃圾中可回收利用的主要对象。

（3）建筑垃圾：包括泥土、石块、混凝土块、碎砖、废木材、废水泥管道及电器废料等。这类垃圾一般由建筑单位自行处理，但也有相当数量的建筑垃圾进入城市垃圾中。

（4）清扫垃圾：包括公共垃圾箱中的废弃物、公共场所的清扫物、路面损坏后的废弃物等。

（5）危险垃圾：包括干电池、日光灯管、温度计等各种化学和生物危险品，易燃易爆物品以及含放射性物质的废弃物。这类垃圾一般不能混入普通垃圾中，需作为危险废弃物处理。

国内外广泛采用的城市生活垃圾处理方式主要有卫生填埋、高温堆肥和焚烧等，这三种主要垃圾处理方式的比例因地理环境、垃圾成分、经济发展水平等因素不同而有所区别。由于城市垃圾成分复杂，并受经济发展水平、能源结构、自然条件及传统习惯等因素的影响，国内外对城市垃圾的处理一般随国情而不同，往往一个国家中各地区也采用不同的垃圾处理方式，很难有统一的模式。但最终都是以无害化、资源化、减量化为处理目标。

随着经济的发展和人们生活水平的提高，城市垃圾的排放量也不断增加。2016 年全国生活垃圾清运量约为 2.1 亿 t，预计每年以 8%左右的速度增长。在城市生活垃圾不断增加的同时，我国垃圾的无害化处理率也显著提升，2016 年全年大中城市的无害化处理率高达 99%左右，有数十座城市的垃圾无害化处理率甚至达到 100%的水平。而在无害化处理中，垃圾焚烧处理方式使用率也逐年提升，从 2010 年的 18%左右提升至 2016 年的 35%左右，垃圾焚烧量也从 2973 万 t 提升至 7547 万 t 左右；2017 年全年我国城市生活垃圾焚烧率在 40%左右，焚烧处理量约在 9468 万 t，较 2016 年有明显上升，垃圾能源化利用技术的发展状况良好。城市垃圾以焚烧形式处理实现热电联产、余热发电，或者利用垃圾直接或间接制取各种燃料，在技术上和经济上都是可行的。因此，城市垃圾的能源化利用前景十分广阔，具有较好的环保效益、经济效益和社会效益。阻碍中国城市垃圾能源化利用的主要原因是垃圾源头分类收集率非常低，除了北京、上海、广州等大城市在推行垃圾分类收集外，许多城市的垃圾收集依然停留在混合收集的阶段。

5. 畜禽粪便

畜禽粪便是畜禽排泄物的总称，它是其他形态生物质(主要是粮食、农作物秸秆和牧草等)的转化形式，包括畜禽排出的粪便、尿及其与垫草的混合物。我国主要的畜禽包括鸡、猪和牛等，其资源量与畜牧业生产有关。畜禽粪便是我国除秸秆之外的另一大生物质资源，畜禽粪便利用技术是根据自然条件、经济条件、养殖规模、环境承载能力等因素，采用多种技术和模式科学组合，对畜禽粪便进行综合治理，以达到无害化、减量化处理和生态化、资源化利用的目的。主要利用方式如下。

1)农村户用沼气技术

该技术是利用小型沼气发酵装置，将农户养殖产生的畜禽粪便和人粪便以及部分有机垃圾进行厌氧发酵处理，生产的沼气用于炊事和照明，沼渣和沼液用于生产有机肥。这一技术既提供了清洁能源和无公害有机肥料，又解决了粪便污染问题。

2)畜禽养殖场大中型沼气工程技术

该技术是以规模化畜禽养殖场禽畜粪便污水的污染治理为主要目的，以禽畜粪便的厌氧消化为主要技术环节，集污水处理、沼气生产、资源化利用为一体的系统工程技术。主要由前处理、厌氧消化、后处理、综合利用四个环节组成。一个完整的沼气工程应同时具备治理污染、生产能源和综合利用三大功能。

3)粪便堆沤处理生产有机肥技术

该技术是通过调节畜禽粪便中的碳氮比和人工控制水分、温度、酸碱度等条件，利用微生物的发酵作用处理畜禽粪便，生产有机肥料。畜禽粪便通过堆沤处理腐熟后，由于含有大量的有机质和丰富的氮、磷、钾及微量元素等营养物质，是农业生产中的优质肥料，可增加土壤肥力，提高农作物产量和品质，有利于发展现代有机农业。

目前我国畜禽粪便主要用作沼气发酵原料、肥料等。

1.3 我国生物质资源及其分布

我国生物质资源丰富，分析我国生物质资源的空间布局及其利用潜力是推进我国生物质能源发展的前提条件。进入 21 世纪以来，世界能源的需求量呈现出迅猛增长的态势，能源的大量使用所导致的环境问题也日渐凸显。生物质资源作为目前唯一一种可再生碳源，拥有来源丰富、清洁低碳、可再生性等特点；目前我国生物质能仍处于发展初期。因此，加快生物质能的开发利用对促进我国能源生产、推动消费革命、发展循环经济意义深远。然而，我国幅员辽阔，地形与气候条件差异明显，生物质资源的分布状况亦呈现出一定的地理差异。因此，结合我国现状分析生物质资源的空间分布状况及其利用潜力是极其必要的。

1.3.1　生物质资源蕴藏量与国际比较

2014 年数据显示(表 1.1)，世界生物质能源中供应量最丰富的是固体生物质，主要由处于前十一位的亚洲与非洲国家提供，拥有生物质能源总量为 43.14EJ，约占世界总量的 71.77%；并且中国、印度、印度尼西亚、巴基斯坦和泰国五国均属于亚洲国家。从比例上看，这五国生物质能源供应总量约为 22.09EJ，占世界总量的 37.31%。此外，中国和印度的生物质能源供应总量约为 17.2EJ，欧盟的生物质能源供应总量为 5.93EJ，仅次于中国与印度；最重要的是中国占世界生物质能源供应的比例最大(15.35%)，达到 9.09EJ。

表 1.1　2014 年生物质能源供应总量位列前十一位的国家(地区)　　　　(单位：EJ)

国家(地区)	城市垃圾	工业废料	固体生物质	沼气	生物质液体燃料	总量
中国	0.00	0.23	8.47	0.32	0.07	9.09
印度	0.03	0.00	8.04	0.02	0.01	8.10
欧盟(28 国)	0.75	0.16	3.75	0.07	1.20	5.93
尼日利亚	0.00	0.00	4.55	0.00	0.00	4.55
美国	0.00	0.06	2.37	0.18	1.50	4.11
巴西	0.00	0.00	2.84	0.01	0.64	3.49
印度尼西亚	0.00	0.00	2.43	0.00	0.04	2.47
埃塞俄比亚	0.00	0.00	1.87	0.00	0.00	1.87
巴基斯坦	0.00	0.00	1.35	0.00	0.00	1.35
刚果	0.00	0.00	1.10	0.00	0.00	1.10
泰国	0.01	0.00	0.98	0.03	0.06	1.08
总计	0.79	0.45	37.75	0.63	3.52	43.14
世界总量	1.32	0.80	52.60	1.27	3.21	59.20

数据来源：World Bioenergy Association. Global Bioenergy Statistics 2017[EB/OL]. (2017-06-13)[2023-08-04]. http://www.indiaenvironmentportal.org.in/content/446437/global-bioenergy-statistics-2017/.

1.3.2　生物质资源的地理分布

我国生物质资源主要为农业废弃物、林业废弃物、城市垃圾、污水废水、能源植物、畜禽粪便等几类，各类生物质资源的分布状况可通过不同指标分别进行分析。本节以农作物秸秆资源量、林木剩余物资源量、城市生活垃圾产生量、畜禽粪尿资源量分别作为农业废弃物、林业废弃物、城市垃圾、畜禽粪便分布状况的分析指标。污水废水资源量的分布状况可通过工业有机废水资源进行分析，但因数据可得性的限制，本节以工业废水排放量为指标进行分析。

1. 农业废弃物分布

农业废弃物是农林生产过程中产生而被废弃的有机类物质，包括种植业废弃物、农业加工业废弃物、养殖业废弃物等。其中种植业废弃物中最重要的是农作物秸秆、蔬菜残体、树木落叶与枝条、果实外壳等。在我国农村地区，最主要的农作物副产品是农作物秸秆。2014 年我国农作物秸秆资源总量为 8.10 亿 t，所拥有秸秆资源量由大到小排列依次是华东、华中、东北、华北、西南、西北、华南地区，秸秆资源量分别为 1.92 亿 t、1.53 亿 t、1.38 亿 t、1.03 亿 t、0.97 亿 t、0.69 亿 t、0.58 亿 t，其中华东、华中、东北、华北 4 个地区秸秆资源总量达 5.86 亿 t，约占我国总量的 72.35%。各省份的数据显示，河南、黑龙江、山东、河北、安徽、吉林、四川和江苏八省的秸秆资源量最大，分别为 0.84 亿 t、0.72 亿 t、0.66 亿 t、0.46 亿 t、0.45 亿 t、0.44 亿 t、0.42 亿 t 和 0.42 亿 t。

2. 林业废弃物分布

林木生物质可分为薪炭林、经济林、林业剩余物、油料树种果实、苗木秸秆、林业剩余物等类别。薪柴是我国林木生物质能源的重要来源之一，同时也是我国农村地区最主要的生活能源。根据各省份 2013 年林木剩余物资源的分布(表 1.2)，我国林木剩余物资源总量为 30284 万 t，其中林木抚育间伐物与林木采伐造材剩余物的资源量最大，分别为 20543 万 t 和 4710 万 t；此外，还包含竹子采伐与加工剩余物 2818 万 t，木材加工剩余物 1493 万 t，废旧木材回收 720 万 t。

表 1.2　2013 年全国各地区林木剩余物资源分布　　　　　　　　(单位：万 t)

地区	林木剩余物资源量	林木采伐造材剩余物资源量	木材加工剩余物资源量	竹子采伐与加工剩余物资源量	林木抚育间伐物资源量	废旧木材回收资源量
全国(不含港、澳、台)	30284	4710	1493	2818	20543	720
北京	141	12	0	0	127	2
天津	35	8	0	0	27	0
河北	1542	49	3	0	1480	10
山西	364	7	0	0	355	2
内蒙古	679	102	18	0	509	50
辽宁	987	98	11	0	845	33
吉林	488	191	75	0	150	72
黑龙江	596	161	34	0	270	131
上海	19	0	0	0	19	0
江苏	458	79	23	6	345	5
浙江	1262	84	30	299	825	24

续表

地区	林木剩余物资源量	林木采伐造材剩余物资源量	木材加工剩余物资源量	竹子采伐与加工剩余物资源量	林木抚育间伐物资源量	废旧木材回收资源量
安徽	1181	273	91	194	576	47
福建	2112	321	105	854	766	66
江西	1364	149	36	243	910	26
山东	1198	314	139	0	736	9
河南	898	137	35	2	675	49
湖北	998	142	32	49	769	6
湖南	1635	262	62	103	1153	55
广东	1909	459	173	203	1025	49
广西	3834	1258	501	520	1508	47
海南	652	70	5	23	550	4
重庆	405	18	5	8	374	0
四川	1744	136	44	129	1435	0
贵州	703	100	14	10	576	3
云南	2608	248	51	162	2127	20
西藏	506	3	2	0	495	6
陕西	938	6	1	13	917	1
甘肃	314	2	0	0	312	0
青海	131	0	0	0	130	1
宁夏	43	0	0	0	43	0
新疆	540	21	3	0	514	2

数据来源：王红彦，左旭，王道龙，等. 中国林木剩余物数量估算[J]. 中南林业科技大学学报，2017，37（2）：29-38，43.

3. 工业有机废水分布

农产品加工废弃物种类多样，包括畜禽加工的下脚料、餐厨垃圾、农产品残渣、制糖业原料残渣及酿造业酒糟等。工业有机废水是农产品加工过程中产生的一种有机污染物。我国华东、华中、华南、华北、东北地区的工业废水排放总量均达到亿吨以上，经统计，五地区排放总量为 1244870 万 t，约占全国总排放的 86.95%；其中华东地区的排放量高达 681846 万 t，约占全国总排放的 47.62%。从各省份的排放量来看，工业废水排放量主要分布于江苏、山东、浙江、广东、福建、河南、河北等省份，七省份工业废水排放总量共计 786592 万 t，占全国排放总量的 54.94%，其中江苏、山东、浙江、广东四个经济大省工业废水排放量均在亿吨以上，远高于其他省份。

4. 城市生活垃圾分布

城市固体废弃物主要表现为城市生活垃圾。如表 1.3 所示，2017 年我国有 18 个省份的城市生活垃圾产生量在 0～500 万 t，500 万～1000 万 t 的省份有 7 个，1000 万～1500 万 t

的省份有 3 个，1500 万～2000 万 t 的省份有 2 个，2500 万～3000 万 t 的省份有 1 个；其中东北、华北、西北、西南(除去四川)、华中(除去湖南)地区的城市生活垃圾均位于 0～1000 万 t 的区间内，华东地区除了安徽、江西外，其余省份的产生量均在 1000 万～2000 万 t 的区间内，而位处华南地区的广东省是我国城市生活垃圾产生量最大的省份，其产生量大于 2500 万 t。此外，《2018 年全国大、中城市固体废物污染环境防治年报》指出，全国城市生活垃圾产生量排名前十位的城市中，中国大陆经济实力最强的四个城市(北京、上海、广州、深圳)分别以 901.80 万 t、899.50 万 t、737.70 万 t、604.00 万 t 的生活垃圾产生量位居前四位。

表 1.3　2017 年全国(不含港、澳、台)各省份城市生活垃圾产生情况　　(单位：万 t)

城市生活垃圾产生量	省份
0～500	宁夏、西藏、青海、河北、海南、云南、山西、安徽、吉林、新疆、河南、重庆、天津、江西、辽宁、甘肃、内蒙古、贵州
500～1000	广西、黑龙江、福建、陕西、湖北、上海、北京
1000～1500	湖南、四川、山东
1500～2000	江苏、浙江
2500～3000	广东

数据来源：根据《2018 年全国大、中城市固体废弃物污染环境防治年报》整理所得。

5. 畜禽粪便资源分布

我国畜禽粪便资源量主要指牛、猪、羊、禽等的粪污产生量。我国畜禽粪尿资源总量为 31.59 亿 t，其中东北、华东、华北、华中、华南、西南、西北地区的资源量分别为 3.34 亿 t、5.43 亿 t、3.94 亿 t、5.57 亿 t、2.74 亿 t、7.04 亿 t、3.53 亿 t。因此畜禽粪便资源的地理分布主要集中于西南、华中和华东地区，三地区畜禽粪尿资源量共占全国畜禽粪尿资源总量的 57.11%左右。四川、河南、山东、内蒙古、湖南、云南六省份的畜禽粪尿数量最大，分别为 2.81 亿 t、2.59 亿 t、2.06 亿 t、1.79 亿 t、1.68 亿 t、1.66 亿 t，六省份畜禽粪尿资源量共占全国畜禽粪尿资源总量的 39.85%。

截至 2020 年，我国秸秆可收集资源量约为 6.94 亿 t；沼气利用粪便量 2.11 亿 t，占粪便总量的 11.3%；可能源化利用的林业剩余物总量为 960.4 万 t，仅占可利用林业剩余物总量的 2.7%；垃圾焚烧量为 1.43 亿 t，占总清运量比例为 46.1%；废弃油脂能源化利用量约 52.76 万 t，占年产生量比例约为 5.0%；污水污泥能源化利用量约 114.69 万 t，占年产生量干重比例为 7.9%。综上可知，我国生物质资源总量丰富，但受限于分散化、品位低等问题，目前总体利用率不高。

1.3.3　生物质资源的类比分析

我国各个地区农作物秸秆的种类受地域、气候、社会经济条件及农业政策制度等因素的综合影响表现出一定的差异性。据统计，我国农作物秸秆资源丰富，其分布与我国耕地分布状况有密切联系，主要分布于华东、华中、东北和华北等耕地资源较为集中的地区。河南、黑龙江和山东均属于我国的农业大省，三省份秸秆资源量均超过 0.60 亿 t，其中河南所拥有农作物秸秆资源量全国最多，占全国的 10.37%。

我国林木薪柴资源量分布呈现出种类及数量较为分散、地区差异较大的特点，其中林木采伐造材剩余物主要集中于我国华南、华东地区，两地区林木采伐造材剩余物资源量占资源总量的 63.84%。木材加工剩余物资源的分布较为平均，仍以华南、华东地区最为集中。竹子采伐与加工剩余物主要分布于华东、华南及西南地区，三地区竹子采伐与加工剩余物资源量占资源总量的比例高达 94.07%，而华东地区所占的比例最大，为56.64%。西南、华东和华南地区林木抚育间伐物资源量占资源总量的 59.71%。废旧木材回收则主要集中于东北与华东地区，其中东北地区废旧木材回收资源量占资源总量的32.78%。总之，相比于西北、东北地区，华东、华南两地所拥有林业剩余物资源在种类、数量等方面均占据优势。

以工业废水为例。通常食品、农产品、石油、印染等行业生产或加工过程中产生的工业废水含有大量的有机污染物。在厌氧条件下废水中的有机物质易被微生物分解且耗费大量的氧，从而对环境造成巨大的破坏，但通过综合开发与利用将其转化为生物质能源便可化害为利。我国工业废水排放量大，其分布则主要集中于东部地区，具有与当代社会各地区或城市的工业化程度、经济发展水平以及人口等因素密切相关的特点。

城市生活垃圾属于城市固体垃圾之一，其中可作为生物质能源的有纸张、食物垃圾、皮革等。从总体上看，我国城市生活垃圾产生量的影响因素与工业废水排放量类似，影响城市生活垃圾产生量的因素较为复杂，而最重要的影响因素包括城市环境基础设施建设、常住人口数、经济发展水平等。我国城市的基础设施相对完善、常住人口数量大、相比于周边地区其经济活动更为密集，经济发展水平也更为发达，因此生活垃圾产生量的分布主要集中于东西部大中城市。

在畜禽粪便的空间分布中，我国南北两地畜禽养殖环境差异明显，北方地区拥有一定数量的草场面积，天然牧草资源供应充足；南方农区种植业发达，畜牧业与养殖业原料来源丰富，因此畜禽种类及放养规模超过北方农区，其中西南地区作为中国新兴的畜禽养殖区，畜禽粪尿资源量位居全国第一，且其生猪、蛋鸡等畜禽养殖量呈现出逐年递增的趋势。总体而言，畜禽粪尿资源量的分布不仅与各地区地理环境有关，还与各区域养殖的动物种类、品种等因素相关，其分布主要集中于我国畜牧业与养殖业较为发达的地区。

中国是农业生产大国，随着农作物单产的提高，农作物秸秆作为农业生产过程中的副产品，长期以来被当作废弃物，随意处置或大面积焚烧，造成了严重的环境污染问题。表 1.4 为 2009 年我国各地区农作物秸秆产量，总体来看农作物秸秆分布不均衡，高产地区主要分布在中部和东部地区。从全国范围看，农作物秸秆产量的分布呈现由西北向东南逐渐增加的趋势。其中河南、山东、黑龙江、广西、安徽等省份的农作物秸秆产量较高，而北京、上海、天津、浙江、海南、西藏、青海和宁夏等省份的农作物秸秆产量较低。因此，以中国的农业大省——河南为例，根据《河南统计年鉴》统计了历年农作物产品产量、林业生产情况，见图 1.5、表 1.5。根据河南秸秆生物质资源量谷草比及林业折算系数计算出河南历年主要秸秆类生物质资源量、主要林业资源量(图 1.6，表 1.6)，近几年河南生物质资源量呈逐渐增加趋势，截至 2018 年河南主要秸秆类生物质资源量大约在 9787.2 万 t，林业资源量为 600 万 t 左右。另外，河南作为农业大省，农村常住居民为 5039 万人，占全省常住居民 50%以上；参照河南的农村居民每人每日产生 0.86kg 的生活垃圾计算，全省农村生活垃圾的日产量超过了 4 万 t，全年生活垃圾排放总量在 0.15 亿 t 以上，加上每年将近 2 亿 t 的畜禽粪便产量，整个河南 2018 年的生物质资源总量达到 4 亿 t 左右。

表 1.4   2009 年中国(不含港、澳、台)农作物秸秆产量的区域分布状况

地区	农作物秸秆产量/万 t	省份
高产地区	≥4000	河南、山东、黑龙江、安徽、广西
中产地区	2000~4000	湖北、湖南、河北、四川、内蒙古、吉林、江西、云南、广东、江苏、新疆
低产地区	<2000	北京、天津、上海、浙江、海南、西藏、青海、宁夏、陕西、辽宁、福建、重庆、贵州、陕西、甘肃

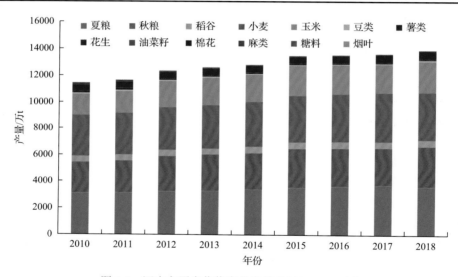

图 1.5   河南主要农作物产品产量(2010~2018 年)

表 1.5   河南历年林业生产情况(2010~2018 年)   (单位：$10^3 hm^2$)

年份	当年造林面积	幼林抚育面积	森林抚育面积	木材采伐量
2012	205.97	36.51	200	45.51
2013	201.21	42.55	323.95	55.7
2014	201.25	53.66	349.13	67.18
2015	154.75	59.15	217.07	55.39
2016	97.65	65.83	300.39	25.82
2017	126.28	59.46	300.75	29.57
2018	137.27	53.81	301.93	22.75

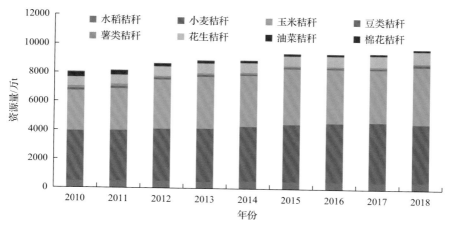

图 1.6 河南历年主要秸秆类生物质资源量(2010~2018 年)

表 1.6 河南历年主要林业资源量(2010~2018 年) (单位：万 t)

年份	2010	2011	2012	2013	2014	2015	2016	2017	2018
资源量	640.58	656.32	697.66	782.61	407.66	563.95	504.94	575.27	597.71

河南 2015~2018 年不同市主要秸秆类生物质资源量中，部分市的主要秸秆生物质资源量较大，为资源丰富地区，集中分布于中部和南部的主要农区；秸秆类生物质资源量平均值超过 500 万 t 的有南阳、商丘、驻马店、信阳、周口、商丘；这与农业种植结构、地域面积、土地状况和区域气候条件特别是光热组合条件等因素有关。从秸秆资源量来看，秸秆资源量较大的是周口、驻马店、商丘、南阳，而三门峡、漯河、鹤壁、焦作四个市的秸秆资源量较小。

1.3.4 生物质资源的利用潜力

1. 农业废弃物利用潜力

在五类生物质能源中，农林类资源因为利用量大且利用技术成熟而成为生物质能源的主要来源。目前，我国农作物秸秆资源除了可用于还田造肥、作为畜牧饲料及造纸等工业原料外，还可作为燃料使用。因此，根据我国的生物质资源分布状况，可在农作物秸秆资源总量较大、较丰富的地区，如华东、东北等地区推进生物质沼气发电项目的建设。此外，根据《生物质能发展"十三五"规划》，统筹对农林资源丰富区域生物质原料的收集与负荷，推进我国生物质直燃发电全面转向热电联产建设将成为未来的发展趋势。

2. 林木废弃物利用潜力

目前我国正积极探索发展非粮生物质能源，非粮原料优良品种的选育、推广及应用等将成为我国的重点支持对象。根据《中国统计年鉴 2021》，我国在 2019 年的林地总面积为 284125.9 千 hm^2，2020 年造林总面积为 $6933696hm^2$，林木资源可用作木质能源的潜力约 3.50 亿 t，其总量可替代约 2 亿 t 标准煤，而我国仅林木剩余物总量便已达 3 亿 t，因此注重对林木薪柴资源的深度开发，是走非粮生物质能源之路的重要途径。我国在发展林木生物质能源时，应首先考虑利用采伐的剩余物等资源，同时根据我国林木薪柴资源的空间分布及资源数量实现林木薪柴资源维持长期且稳定的供给状态。

3. 工业有机废水利用潜力

工业有机废水是"三废"之一，经处理可转化为清洁能源重新利用。随着我国城市化进程的发展、工业的进步及城乡总体生活水平的提高，我国城市与其周边地带生活污水的产生量及工业废水的排放量巨大。在工业产业集中的省份或城市对工业有机废水进行开发利用，不仅可以为城市人口提供能源资源，增加循环经济效益，而且有利于缓解城市周围环境压力。

4. 城市生活垃圾利用潜力

据测定，城市生活垃圾的有机物含量高达 60%～70%，具有作为燃料供热的潜力，但我国目前城市生活垃圾热值较低，尚不能完全满足作为供热原料的条件。我国生活垃圾产生量年增长率为 8%～10%，平均每人每天生活垃圾产生量为 1.13kg。然而我国对于垃圾分类的管理仍处于起步阶段，采用混合收集的方式仍是大多数城市的普遍做法。在此基础上，对城市生活垃圾的处理可以通过在城市生活垃圾产生量较大的省份就近对有机质集中回收后用于工业化开发利用。

5. 畜禽粪便利用潜力

我国畜禽粪便可利用资源量约为 8400t，目前仅 35.70%已被利用，可见我国畜禽粪便开发潜能依然巨大。除了当前应用最广泛的肥料化处理，饲料化、基料化、能源化等处理方式亦是畜禽粪便资源当前的主要应用方式，其中能源化处理方式的主要方法是通过厌氧消化产出大量的沼气，进而使废弃物得到有效利用。

综上所述，我国生物质能源供应总量位于世界首位，但在空间布局上总体呈现出分布不均、地域差异较大等特点。我国农业废弃物集中分布于华东、华中、东北及华北地区，林业薪柴主要分布于华东、华南地区，其拥有我国最大的林业资源量；加工业废弃物的分布则集中于华东、华中、华南等地；城市生活垃圾的分布以东西部大中城市最为集中；而畜禽粪便主要分布于西南、华中和华东地区等畜牧业及养殖业较发达区域。就开发利用情况而言，我国生物质能源总体利用率仍处于较低水平，发展潜力巨大。以中国农业大省河南为例，计算了其 2010～2018 年生物质资源量的潜力，见表 1.7，其中 2018 年河南生物质资源量为 28606.10 万 t，与 2010 年相比，生物质资源量增加了 4000 多万 t；进一步利用已有的农作物秸秆收集系数计算得出 2010～2018 年河南秸秆类生物质资源的理论可获得量，其中 2018 年达到 4220.80 万 t(图 1.7)。仅仅八年的时间，仅河南省就增加了将近 1000 万 t；说明秸秆类生物质资源的理论可获得量巨大，具有良好的可开发潜力。

表 1.7 河南主要生物质资源潜力(2010～2018 年) (单位：万 t)

年份	2010	2011	2012	2013	2014	2015	2016	2017	2018
资源量	24171.30	24473.80	25758.50	26336.40	26418.20	27671.30	27659.10	27800.00	28606.10

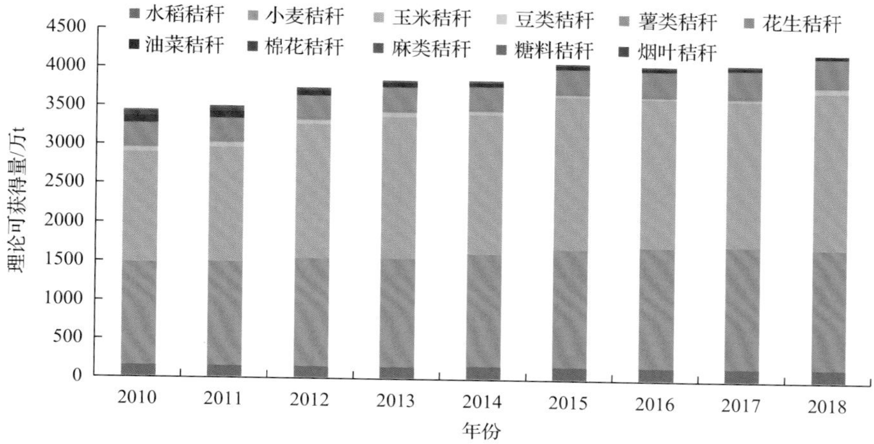

图 1.7 河南主要秸秆类生物质资源的理论可获得量(2010～2018 年)

1.4 生物质原料的理化特性

1.4.1 工业分析

在生物质的能源化利用过程中，我们关心的是生物质中能够放出热量的成分，以及这些成分的准确含量，进而研究这些成分在干燥过程中不会被析出而影响生物质干燥后的品质。生物质的工业分析能帮助我们解决这一问题。工业分析的内容包含水分、灰分、挥发分和固定碳等内容。

1. 水分

根据水分在生物质中存在的状态，可将其分为 3 种形式。

1) 外在水分

外在水分也称为物理水分，它是附着在生物质表面及大毛细孔中的水分。将生物质放置于空气中，外在水分会自然蒸发，直至空气中的相对湿度达到平衡为止。失去外在水分的生物质称为风干生物质。生物质中外在水分的多少与环境有关，与生物质的品质无关。

2) 内在水分

内在水分也称为吸附水分。将风干的生物质在 102～105℃下加热，此时所失去的水分称为内在水分。它存在于生物质的内部表面或小毛细管中。内在水分的多少与生物质的品质有关。生物质中的水分越高，在热加工时耗能越大，导致有效能越低。内在水分高对燃烧和制气都不利。

3）结晶水

结晶水是生物质中矿物质所含的水分，这部分水分非常少。工业分析所得到的水分不包括结晶水，只包括外在水分和内在水分，两者综合称为生物质的全水分。

2. 灰分

灰分是指生物质中所有可燃物质完全燃烧后所剩下的固体(实际上还包含生物质中一些矿物质的化合物)。生物质灰分的熔融特性是燃烧和热加工制气的重要指标。

生物质灰分中存在一些矿物质的化合物，它们可能对热加工制气过程起到催化作用。灰熔点对热加工过程的操作温度有决定性的影响，操作温度超过灰熔点，可能造成结渣，导致热加工过程不能正常运行。一般生物质的灰熔点在 $900 \sim 1050 ℃$，有的可能更低。

3. 挥发分和固定碳

在隔绝空气条件下，将生物质在 $900 ℃$ 下加热一定时间，将所得到的气体中的水分除去，所剩下的部分即为挥发分。挥发分是生物质中有机物受热分解析出的部分气态物质，它以占生物质样品质量的百分比表示。加热后所留下来的固体为焦炭，焦炭中含有生物质样品的全部灰分，除去灰分后，所剩下的就是固定碳。水分、灰分、挥发分和固定碳质量的总和即生物质样品的质量。

挥发分的主要组分是碳氢化合物、碳氧化物、氢气和气态的焦油。挥发分反映了生物质的许多特性，如生物质热值的高低、焦油产率等。由表 1.8 可见，7 种生物质水分普遍较高，玉米芯、黄桷树、竹子挥发分较高(70%以上)，灰分最低。

表 1.8   生物质的工业分析   (单位：%)

样品名称	水分(质量分数)	挥发分(质量分数)	灰分(质量分数)	固定碳(质量分数)
玉米秸秆	10.30	69.40	4.10	16.20
高粱秸秆	10.20	68.70	5.40	15.70
稻秸秆	8.50	63.00	14.70	13.80
小麦秸秆	10.6	65.20	8.90	15.30
玉米芯	11.00	73.40	1.50	14.10
黄桷树	12.00	72.50	1.30	14.20
竹子	8.40	74.80	1.20	15.60

4. 发热量

生物质的发热量是指单位质量的生物质完全燃烧时所能释放的热量，单位一般为兆焦/千克。其发热量的大小取决于含有可燃成分的多少和化学组成。发热量在生物质的热利用过程中是最重要的理化特性之一，决定了其进行工业利用的可行性。采用氧弹热量计测定的是物料的应用基高位发热量，应折算出其应用基低位发热量。表 1.9 为部分生物质原料发热量，与劣质煤的发热量相当。对照表 1.8 中的灰分含量，就会发现各种原料的发热量差别主要是由灰分引起的，以 19.50MJ/kg 和 18MJ/kg 作为除去灰分后(无水无灰)生物质原料的发热量不会有太大的误差。

表 1.9　部分生物质原料发热量(干基)　　　　(单位：MJ/kg)

样品名称	高位发热量	低位发热量
玉米秸秆	18.10	16.85
玉米芯	18.21	16.96
小麦秸秆	18.49	17.19
棉花秸秆	15.83	14.72
杨木	20.80	19.49
稻草	18.80	17.64

1.4.2　元素分析

不同种类的生物质都是由有机物和无机物两部分组成的。无机物包括水和矿物质，它们在生物质的利用和能量转化中是无用的。

有机物是生物质的主要组成部分，生物质的利用和能量转换是由它们的性质来决定的。生物质含有 C、H、O、N、S 等元素，其中特别是 C、H、O 元素的相对含量尤为重要，对生物质热值影响较大。将样品置于氧气流中燃烧，用氧化剂使其有机成分充分氧化，令各种元素定量地转化成与其相对应的挥发性气体，使这些产物流经硅胶填充柱色谱或者吹扫捕集吸附柱，然后利用热导检测器分别测定其浓度，最后用外标法确定每种元素的含量。除此之外，生物质中也难免含有部分氯和重金属元素，对应的分析方法就是原子吸收光谱法(AAS)、X 射线光电子能谱法(XPS)、同位素激发 X 射线荧光法(IEXRF)、电感耦合等离子体质谱法(ICP-MS)、能量色散 X 射线谱(EDS)、电子能量损失谱法(EELS)，这些都是能够对未知元素进行标定的测试方法。

五种常见生物质原料所含元素中可燃的碳氢成分含量差别不大，硫的含量较低，这也是秸秆能源化利用的优势之一，得出以下结论(表 1.10)：

(1)尽管不同生物质的形态各异，但它们的元素分析成分的差异主要是由灰分变化而引起的。扣除灰分变化的影响后，碳、氢、氧这三种主要的元素分析只有细微的差别。一般认为以 $CH_{1.4}O_{0.6}$ 作为生物质的假想分子式已有相当的精度。这提示了生物质的利用工艺具有广泛的原料适用性。

(2)生物质中氢含量约为 6%。相当于 $0.67m^3/kg$ 气态氢。

(3)生物质中氧含量为 25%～40%，远高于煤炭，因此在燃烧时的空气需求量小于煤。

(4)硫含量低是生物质原料的优点之一，因此生物质的使用将大幅降低 SO_2 的排放，减少酸雨等环境问题。

表 1.10　五种常见生物质原料的元素分析　　(单位：%)

样品名称	碳(质量分数)	氧(质量分数)	氢(质量分数)	氮(质量分数)	硫(质量分数)
玉米秸秆	42.17	33.20	5.45	0.74	0.12
玉米芯	41.59	28.40	6.32	2.52	0.19
棉花秸秆	43.50	31.80	5.35	0.91	0.20
小麦秸秆	41.70	35.98	6.28	0.87	0.10
杨木	60.04	33.29	5.98	0.52	0.17

1.4.3　化学组成

1. 主要化学成分组成

生物质的化学成分大致可分为主要成分和少量成分。主要成分是指纤维素、半纤维素和木质素，少量成分是指水分或有机溶剂提取出来的物质[8]。

纤维素是生物质的重要组成部分，它是形成细胞壁的基础，主要分布在细胞壁的第二层和第三层中，是由脱水 D-吡喃式葡萄糖基($C_6H_{10}O_5$)通过相邻糖单元的 1 位和 4 位之间的 β-苷键连接而成的一个线型高分子化合物，如图 1.8 所示。纤维素分子聚合度一般在 10000 以上，其结构中 C—O—C 键比 C—C 键弱，易断开而使纤维素分子发生降解。

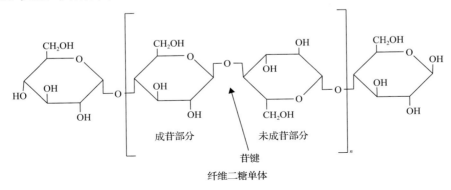

图 1.8　纤维素分子链平面结构式

半纤维素在化学性质上与纤维素相似，通常是指生物质的碳水化合物部分，但半纤维素容易被稀酸水解。半纤维素通过 β-1，4 氧桥键连接而成的不均一聚糖，其聚合度(150~200)比纤维素小，结构无定性，易溶于碱性溶液，易水解，热稳定性比纤维素差，热解容易。阔叶木(如杨木)中的半纤维素主要为木聚糖类。半纤维素的分子结构如图 1.9 所示。

木质素是由苯基丙烷结构单元以 C—C 键和 C—O—C 键连接而成的复杂的芳香族聚合物，常与纤维素结合在一起，称之为木质纤维素。它主要由苯基丙烷结构单体构成，如图 1.10 所示。木质素分子结构中相对弱的是连接单体的氧桥键和单体苯环上的侧链键，受热易发生断裂，形成活泼的含苯环自由基，极易与其他分子或自由基发生缩合反应生成结构更为稳定的大分子，进而结焦。

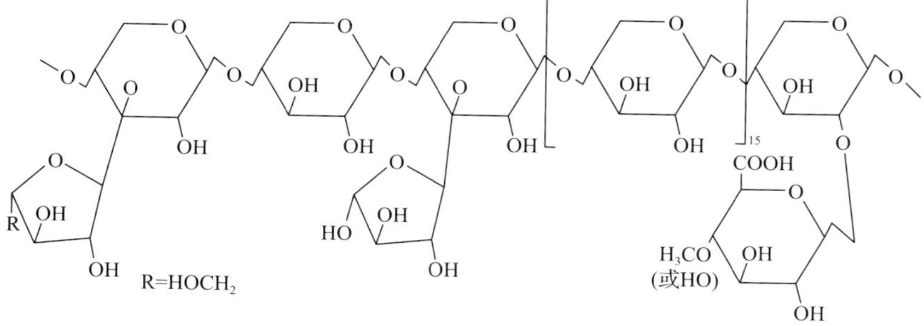

图 1.9　半纤维素的分子结构

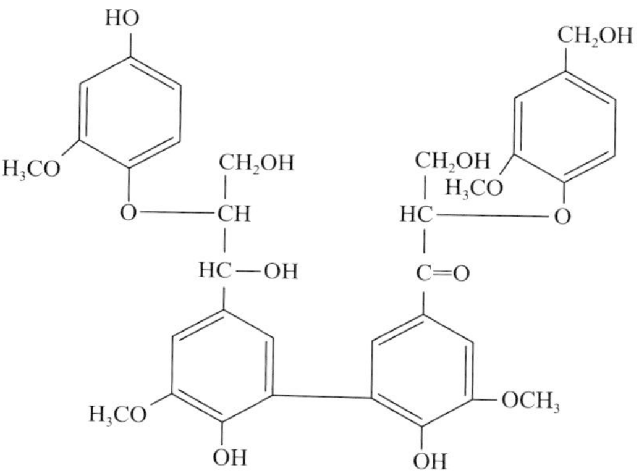

图 1.10　木质素的分子结构

2. 主要化学成分分析

生物质的化学组成对其物理转变过程有着重要的影响，纤维素、木质素含量及结合方式对其粉碎、干燥成型过程与热解等都有重要影响，并决定了其工艺设备的选型与能耗。采用意大利 VELP 公司的纤维素测定仪，利用国际通用的酸洗、碱洗方法，分析部分生物质中纤维素、半纤维素、木质素等含量，如表 1.11 所示。

表 1.11　部分生物质的干基化学组成　　　　　　　　　　　　（单位：%）

样品名称	抽出物（质量分数）	纤维素（质量分数）	半纤维素（质量分数）	木质素（质量分数）	灰分（质量分数）
玉米秸秆	11.40	46.20	20.80	17.10	4.50
高粱秸秆	9.20	49.10	18.70	17.00	6.00
稻秸秸秆	13.60	30.20	21.70	18.50	16.00
小麦秸秆	10.90	47.30	14.60	17.20	10.00
玉米芯	9.60	40.40	31.90	16.50	1.60
黄楠树	6.80	52.50	10.70	28.50	1.50
竹子	6.40	52.70	16.50	23.20	1.20

由表 1.11 可以看出，竹子的纤维素含量最高，玉米芯的半纤维素含量最高，黄桷树的木质素含量最高。在生物质的 3 种主要化学成分中，半纤维素最易热解，纤维素次之，木质素最难热解且持续时间最长，半纤维素、纤维素热解后主要生成挥发物，木质素热解后主要生成碳，所以低水分、低灰分、高挥发分及高半纤维素、高纤维素含量与低木质素含量的生物质最适合作为生物质热解液化的原料。在上述 7 种生物质中，竹子、玉米秸秆、玉米芯是比较好的生物质原料。

1.5 生物质转化利用技术及其发展趋势

1.5.1 生物质转化利用技术

生物质能作为一种重要的可再生能源，在国际能源转型中具有非常重要的战略地位。其现代化利用对缓解能源危机、全球气候问题具有重要贡献。近年来，世界各国日益重视生物质能的开发利用，使得生物质能源利用技术不断发展。各国为了大力发展生物质能源，根据国情分别制定了相应的发展规划和相关目标。《面向 2030 生物经济施政纲领》预计，截至 2030 年，全球 35%的化学品将来自生物质；美国能源部计划在 25 年内，通过发展生物质能，促进生物质经济的可持续发展，并提出截至 2022 年实现生物质燃料产量 360 亿 gal[①]/a；欧盟提出了"地平线 2020"计划，强调开发新的生物质精制技术是利用生物质资源制备生物质基产品、发展生物质经济的关键，提出 2030 年各成员国生物质能源使用比例达到 27%。

目前，生物质燃料最主要的转化技术手段包括热化学转化、生化转化、化学(催化)转化、物理转化(压缩成型)、直接燃烧等多种渠道，形成的能源产品形式也是多种多样[9]。例如，生化转化法产生生物质液体燃料(如乙醇)和沼气；热化学转化法是将生物质转化为气体(气化技术)、液体[热解技术和水热液化技术(hydro thermal liquefaction, HTL)]和固体的过程。气体和液体需要进一步升级为液体燃料和其他有价值的化学品(乙酰丙酸酯等)。因此，生物质能的应用方式及技术构成较为复杂，可通过液体燃料、固体燃料、燃烧发电、气化供气等多种方式实现应用，图 1.11 为生物质能利用技术构成。

1. 生物质气体燃料技术

利用生物质制备气体燃料的技术包括高温热解法、超临界水气化法等，反应设备主要有固定床反应器、流化床反应器和气流床反应器等。生物质气体燃料制备技术日趋成熟，以沼气技术为主，还包括制备氢气、合成气等技术。德国、瑞典等欧洲国家生物质沼气技术已达到产品系列化、生产工业化的标准，其中德国是农村沼气工程数量最多的国家，瑞典已经可以实现沼气提纯用作车用燃气。而丹麦大力发展集中型沼气工程，采用热电肥联产模式集中处理作物秸秆、畜禽粪便技术已经非常成熟。近年来，我国生物

---

① 1gal(US)=3.78543L。

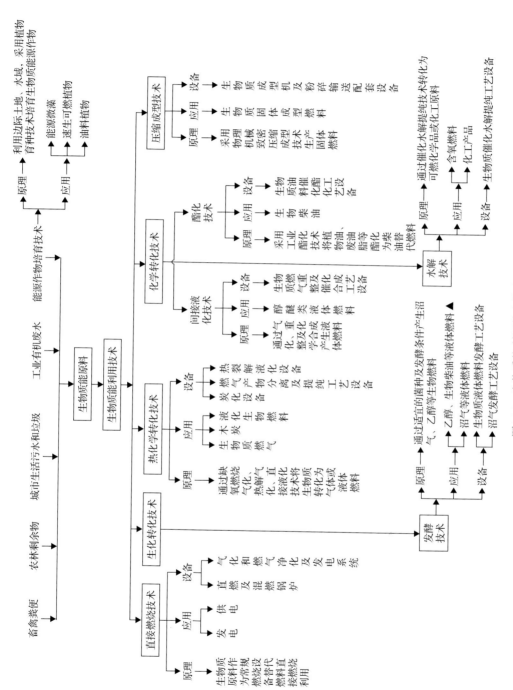

图1.11　生物质能利用技术构成

质气体燃料研究进展迅速，主要用于农村气化供气和气化发电，形成了多个具有国际一流水平的科研团队，如中国林业科学研究院林产化学工业研究所自主研发了3000kW生物质锥形流化床气化发电系统，该项成果成功推广至菲律宾、日本等国家，推动了生物质能的规模化利用；另外，还有中国科学院广州能源研究所、农业农村部成都沼气科学研究所等也进行了相关的研究。

2. 生物质液体燃料技术

生物质液体燃料被视为最具潜力的化石燃料替代品，较为成熟的生物质液体燃料技术是生物质制备生物柴油和燃料乙醇技术。目前，生物柴油和燃料乙醇最主要的生产国家和地区是美国、巴西、加拿大和欧盟，其生物质能源产量占全球生物质能源产量的90%以上。目前，我国也已建成一些生物柴油生产示范/商业化装置，但将其作为燃油添加剂使用推广困难，而且生产规模小，产量较低，还未能实现生物柴油的产业化。

生物质制备燃料乙醇工艺主要有生物质裂解气化学催化合成和生物质直接发酵技术等。2019年，全球燃料乙醇产量为8672万t，其中美国产量占全球产量的54%，巴西产量占全球产量的30%，美国现有燃料乙醇生产装置205座，年产量158亿gal（约合4708万t）。目前，美国、巴西、加拿大等国家已使用车用乙醇汽油。我国燃料乙醇制备主要以玉米、木薯等为原料，已经逐步发展为继美国、巴西之后第三大乙醇汽油生产国家，并成功开展了车用乙醇汽油试点，年产生物基燃料乙醇约260万t。但与欧美国家相比仍存在较大差距，并且燃料乙醇的原料主要为玉米，涉及与粮争地等问题，而且林木木质纤维制备液体燃料技术尚不成熟。

3. 生物质固体燃料技术

生物质固体燃料技术主要包括固体成型燃料技术和生物炭制备技术。其中，生物质种类、颗粒、温度以及成型设备等是影响生物质固体成型燃料技术的关键。生物炭制备技术主要包括高温裂解法和水热碳化法。生物质原料、热解方式和温度等是影响生物炭制备及其性质的重要因素。在生物质固体燃料研究方面，欧美国家处于领先地位，已经形成了相对完善的标准体系，涉及生物质原料收集与储藏、生物质固体燃料生产与应用等整个产业链。目前，美国、德国、加拿大等国家生物质固体成型燃料年产量已达2000万t以上。2010年，我国农业部（现为农业农村部）颁布了生物质成型燃料行业标准《生物质固体成型燃料技术条件》（NY/T 1878—2010）、《生物质固体成型燃料采样方法》（NY/T 1879—2010），有力推动了我国生物质固体燃料的发展。中国林业科学研究院林产化学工业研究所在生物炭研究方面取得突破，实现了不同生物质转化制备生物炭，并成功应用于多个领域。

4. 生物基材料与化学品

随着生物炼制和催化转化技术的不断发展，基于生物质原料的绿色可持续合成生物基材料与化学品发展迅速，产品主要集中在重要平台化合物和聚合物。生物基材料与化学品作为石油基材料与化学品的重要替代物，逐渐成为未来材料与化学品发展的重点，受到了世界各国的广泛关注。2015 年，美国已经加大了对废弃秸秆综合利用的研究，大大推动了生物质能源的发展。美国 NatureWorks 公司研发推出了 Ingeo 3801X 生物基塑料，具有良好的耐高温抗冲击性能，并具有友好的加工成型优势，可广泛用于玩具、办公材料等领域。我国在"十一五"期间提出了"生物基材料高技术产业化专项"，并在"十三五"规划中将生物基材料作为重点研发材料之一，纳入我国战略性新兴材料研发计划。由于我国重视对生物基材料的研究利用，我国生物基材料已具备一定的产业化规模，并以每年 20%～30%的增长速度走向产业化应用阶段。中国林业科学研究院林产化学工业研究所成功研发了卧式、立式有机组合的连续化高温高压无蒸煮液化装置及工程化生产与控制系统，建成了年处理 8 万 t 木质纤维制备甲酯生产线，实现木质纤维原料转化率高达 95%，乙酰丙酸(纯度＞98%)收率较传统蒸煮水解方法提高了 30%以上。

1.5.2　生物质转化利用技术发展趋势

随着化石能源的枯竭和环境污染问题日益严重，必须寻求清洁、安全、可靠、可持续发展的新能源体系，从而保护自然资源和生态环境。生物质能是世界上最广泛的可再生能源，对其进行合理的开发利用为经济的可持续发展带来曙光。因此，作为新兴产业的生物质能源产业面临着前所未有的机遇。但该产业在原料供应、转化技术、生产装备等方面存在技术瓶颈，研究开发能力弱、技术创新不足，导致生物质利用效率低、产业发展规模不大、生产成本过高、工业体系和产业链不完备等问题。要实现生物质产业健康、快速发展，必须在生物质原料的开发、转化技术升级、重大装备集成、产业化模式探索等方面进行科技创新，支撑生物质能源产业的发展。

1. 基础理论研究

目前，生物质能应用最多的是传统化学知识，以生物发酵为代表，包括传统的发酵制取乙醇和沼气，也包括现代的丙酮-丁醇-乙醇(acetone-butanol-ethanol，ABE)发酵技术制取丁醇和发酵制氢，以及生物、化学转化技术，在微生物的发酵作用下生物质转化成沼气、乙醇等。生物质原料来源广泛，成分复杂，综合运用系统生物学、合成生物学、智能信息技术，研究生物质能源转化的生理和代谢过程，并进行全面、系统的分析、认识、优化与协调，构建通用工程菌株，结合发酵放大过程的模拟仿真，获得生产生物质能源和重要化工产品的先进菌株与技术，研究纤维素类生物质转化醇、醚、烃等高品质液体燃料，多原料富厌氧微生物共发酵产氢、产甲烷体系基础理论，以及边际土地新型生物质资源的种质创新和新品种选育等。

除了生物转化技术之外，也可采用物理转化技术。通过外力作用改变生物质的形态，得到高密度的固体燃料，从而解决生物质本身热值和密度较低的缺点。例如，通过高温/高压作用将疏松的生物质原料压缩成具有一定形状和较高密度的成型物，以减少运输成本，提高燃烧效率。或者是将生物质破碎为细小颗粒后，在特定的温度、湿度和压力下压缩成型，使其热值提高，密度增大。成型后的颗粒燃料热值接近煤热值的 60%，可以替代煤和天然气等。虽然国外对生物质固化技术早有研究，但严格保密。我国在这方面的研究还处于起步阶段，少数企业尝试用窑烧法等传统木炭生产技术制造成型炭，生产周期超过 20 天，而且成品质量很不均匀，产品收率低。

2. 原料多元化技术

目前，生物质能源主要来源于作物秸秆、林场枝叶废弃物、畜禽粪便等非粮物质。长期以来，人们对生物质资源中的固体废弃物常用堆肥、填埋、焚烧等方式处理，导致废弃物处理时间久，污染土壤和水资源。虽然焚烧法的热值高，但成本也高且易污染环境。若是能够高效利用这些废弃物来生产新能源物质，不仅可以增加产业利润，还可以解决环境污染的问题。农作物秸秆包含其收获后的剩余物，以及农产品加工后的废弃物，是丰富的可再生生物质资源。随着城市园林绿化业的发展，绿化废弃物也逐渐增加。随着"菜篮子"计划的实施，我国养殖业逐渐发展壮大。家养的畜禽粪便不易汇集，会直接沤肥用于肥田。规模畜禽养殖场每年产生大量养殖粪污，且容易集中处理并充分利用，防止有机物排放对环境和地下水造成污染。

工业生产有机废弃物、污水及城市生活餐厨垃圾等蕴藏着大量的生物质能源。城市生活垃圾中约有 30%为有机垃圾，2019 年我国城市生活垃圾年产量达 2.36 亿 t，且每年以 10%的速度增长，对环境产生了严重危害。食品加工、畜禽屠杀、水产养殖和渔业、制糖、酿酒、造纸等行业每年产生的有机废弃物非常可观。

另外，我国粮食主产区的陈化粮也是非常可观的生物质资源，除工业生产外，必要时也可以作为能源资源使用。其他的还有甘蔗、木薯、菊芋、高粱等。在贫瘠土地上可茂盛生长的各种植物，均为丰富可开发的生物质资源。另外，还可以利用我国资源丰富、分布广泛的竹类资源，以竹类加工剩余物为原料生产生物乙醇或进行发电。

生物质通常零散地分布于各地，且与季节、气候有关，这些因素给生物质原料的集中带来了不利影响。因此，想要收集利用各种废弃生物质资源，就必须开发相关的高效率收集设备和系统优化的收集网络，培养具有高产、高能、高效转化、高抗逆的能源植物新品种，开发木本植物、草本栽培、水生能源植物等新型生物质资源。在现有的经济水平和资源水平的前提下，要大力开发应用生物质原料林，充分利用边际土地资源，规模栽培木本油料植物。生物质能源的开发与利用涉及农业、交通运输、工业、通信、环保、能源等多行业，使得生物质原材料的种植与养殖、收集、运输、仓储、管理等相关行业得以相应发展，各环节都是生物质能源开发利用中必不可少的。因此，生物质能源开发利用必将带动各产业协同发展。

3. 生物质高效转化液体燃料关键技术

从 2008 年开始，化石燃料的价格接连升高，而用粮食转化的第一代生物燃料饱受争议。目前，全球都在探索第二代生物燃料。第二代生物燃料主要有以下几种：将纤维素通过发酵技术发酵生产乙醇；将生物质通过生物制氢技术发酵制成氢气；还有生物甲烷，即沼气技术；生物质合成油，即用化学法将生物质制成液体燃料。这种液体燃料作为可再生的清洁能源，以及其具有的能源多元化，是新能源技术的闪光灯。

1) 燃料乙醇

糖类、淀粉类和纤维木质素类是生产乙醇的主要原料。作为生产乙醇的原料，美国以玉米为主，巴西主要是甘蔗，欧盟主要是小麦和甜菜，中国则以玉米、小麦、木薯为主。我国基于"不与人争粮，不与粮争地"的认知，充分利用非粮原料发展生物乙醇。

2) 生物柴油

生物柴油主要依靠物理和化学方法生产。化学方法中的酯交换反应应用较多。其对原料要求低，生产成本较低，但反应过程有副产品、二次污染等问题，制约着生物柴油的发展。近些年又提出了微藻生物柴油，第一个开发利用微藻来生产生物柴油的国家是美国。国内外微藻生物柴油生产多处于开始阶段，限制其产业化的重要因素是原料成本高。因此，减少微藻产油成本是研究重点。

3) 生物制氢

氢气是一种十分重要的化工中间产品，主要应用于氨、甲醇的合成与石化行业的加氢精制。同时，氢气还是一种高效、清洁的能源载体。随着绿色高效的燃料电池技术的开发与应用，氢气作为燃料电池的燃料，具有巨大的市场需求。氢气的制备主要来自化石燃料的裂解与重整、水的电解与光催化分解、氨的分解等，由于目前水和氨的分解制氢仍依赖于贵金属催化剂，氢气的主要来源中化石资源占 96%，水的分解制氢仅占 4%。近年来，由于生物质的利用过程可视为二氧化碳"零排放"，利用生物质通过热解气化或生物质焦油的催化重整等方法制备富氢气体，不仅可以补充化石燃料制氢，减少化石资源的消耗，还可以缓解温室效应带来的环境问题。所以，木质废弃物热解气化制氢就是其绿色转化利用路径之一(图 1.12)。

4) 生物航油

生物燃料是未来降低航空排放、替代化石能源最直接、最有效的手段。我国是航空运输大国和化石能源进口大国，生物燃料的研究和推广应用极为迫切。因此，航空生物燃料是解决我国航空燃油过度依赖进口、减少污染排放，甚至是贫困地区"精准扶贫"的理想产业。我国地大物博，有许多贫困地区适宜生物原料的生长，如西北地区大量干旱、贫瘠土地，适宜麻风树、亚麻荠等耐旱作物种植，是生物原料的优良产地。我国每年餐饮废油数量极大，为生物航油的原材料提供了便利。另外，党的十九大确立了"必须树立和践行绿水青山就是金山银山的理念"，政府也开始制定鼓励生物航油的政策，并采取措施来降低成本，完善生物航油的提炼技术。

5) 生物质酯类燃料

农林剩余物为木质纤维素生物质最重要的组成部分，我国每年可作能源利用的农林剩余物 7 亿 t 以上，折合约 3.50 亿 t 标准煤，是一笔巨大的可再生资源，如果不被合理充分利用就难免被随意焚烧，造成环境污染和资源浪费。木质纤维素生物质转化为液体燃料用于柴油机替代燃料的研究是重要的发展方向，将乙酰丙酸(levulinic acid，LA)与乙醇反应可生成乙酰丙酸乙酯(ethyl levulinate，EL)，乙酰丙酸和乙醇目前均有相关技术可从木质纤维素生物质资源获得，乙酰丙酸乙酯的生产可实现可再生和可持续发展。随着生物质基乙酰丙酸和乙醇技术的进步与其生产成本的下降，乙酰丙酸乙酯作为柴油替代燃料应用将逐步推广，但国内对其在柴油机上燃烧动力及排放性能的研究几乎为空白。

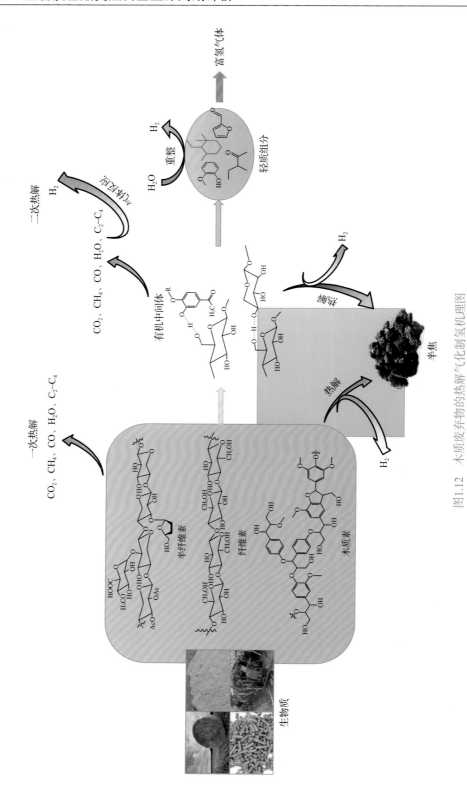

图1.12 木质废弃物的热解气化制氢机理图

乙酰丙酸乙酯的含氧量为 33%，且不含硫，是一种清洁燃料。同时，乙酰丙酸乙酯具有较好的润滑性，可使其与柴油等比较容易混合，而具有良好的润滑性也延长了柴油发动机的寿命。以乙酰丙酸乙酯为添加燃料，综合考虑其与柴油的混合燃料的燃烧排放特性，找出适合柴油机使用的优化配比改性混合燃料，将有利于生物质基乙酰丙酸乙酯的推广利用和木质纤维素生物质的合理化、规模化利用。

1.6　本章小结

"十四五"时期，基于经济、能源、环境等方面多因素的综合研判，全社会清洁服务市场需求增大，产业发展前景广阔；产业发展驱动力、市场和格局演进、投资吸引力与可持续发展能力等将出现新的变化趋势。构建以绿色低碳清洁为目标的农村现代能源体系，是深化农村供给侧结构性改革，促进农村第一、第二、第三产业融合发展，改善人居环境的重要举措，有利于优化经济结构、能源结构，提高能源经济效率、技术效率、系统效率，尽早实现碳达峰及其与污染治理的协同，并提升国民经济体系整体效能，是推动经济、能源、环境高质量协同发展的重要方向，对于我国优化能源结构、实现碳减排和碳中和具有十分重要的战略意义。

作为可再生能源的"核心"，生物质作为一次能源直接转化为热，转化路径可控、转化效率高，有着不可再生能源和其他可再生能源无可比拟的优势。它的开发利用不仅能改善生态环境，有力支撑美丽宜居乡村建设，同时可解决我国农村的能源短缺，推进农村能源革命，并促进绿色农业发展，创造新的经济增长点，是实现能源、环境和经济可持续发展的重要途径。生物质资源利用要走综合化、高值化的路径，紧紧围绕城乡一体化发展、乡村振兴与环境污染治理重大需求，通过科学技术突破，尤其是基础科学发现，找到生物质高值化利用的新路径和产业发展的新方案。依靠科技创新增加产业附加值，实现生物质产业的转型升级。

参 考 文 献

[1] 中华人民共和国中央人民政府. 《新时代的中国能源发展》白皮书[R/OL]. (2020-12-21)[2023-03-29]. https://www.gov.cn/zhengce/2020-12/21/content_5571916.htm.

[2] 王志伟. 生物质基乙酰丙酸乙酯混合燃料动力学性能研究[D]. 郑州: 河南农业大学, 2013.

[3] 雷廷宙. 清洁能源之生物质能[J]. 高科技与产业化, 2015, (6): 36-39.

[4] 中华人民共和国中央人民政府. 《关于扩大生物燃料乙醇生产和推广使用车用乙醇汽油的实施方案》印发[R/OL]. (2017-09-13)[2023-03-29]. http://www.gov.cn/xinwen/2017-09/13/content_5224735.htm.

[5] Yang S H, Chen G F, Guan Q, et al. An efficient Pd/carbon-silica-alumina catalyst for the hydrodeoxygenation of bio-oil model compound phenol[J]. Molecular Catalysis, 2021, 510: 111681.

[6] 电力规划设计总院. 中国能源发展报告[R]. 北京: 人民日报出版社, 2021.

[7] 雷廷宙, 何晓峰, 王志伟, 等. 生物质固体成型燃料生产技术[M]. 北京: 化学工业出版社, 2019.

[8] 雷廷宙. 秸秆干燥过程的实验研究与理论分析[D]. 大连: 大连理工大学, 2006.

[9] Marulanda V A, Gutierrez C, Alzate C. Advanced Bioprocessing for Alternative Fuels, Biobased Chemicals Bioproducts[M]. Cambridge: Elsevier, Woodhead Publishing, 2019.

第 2 章　　生物质液体燃料及全生命周期发展现状

2.1　生物质液体燃料转化技术

生物质是唯一可转化成可替代常规液态石油燃料和其他化学品的可再生碳资源。热化学转化技术和生化转化技术是生物质液体燃料转化利用最主要的途径。因此，发展生物质能源等石油替代能源，解决日益严重的能源危机已成为关系国家能源安全的重要命题。

2.1.1　热化学转化技术

生物质制备液体燃料是人们关注生物质转化利用的研究热点，也是 21 世纪生物质利用最具产业化发展前景的技术之一。通常制备液体燃料的方法主要是利用化学或者生物化学的手段，将生物质转化成可以替代石油燃料的液体能源产品。通过热化学转化过程，将生物质最大限度地转化为液体燃料(也可作为化工原料)，产品的能量密度高、附加值大、储运方便。针对热化学转化技术制生物质液体燃料，根据生物质的数量、类型、所需的能源形式、最终用途要求、环境标准、经济性和产品规格选择合适的生产途径[1, 2]，图 2.1 为生物质液体燃料转化的主要路径[3]，图 2.2 为生物质液体燃料生产的技术水平。根据目前生物质热化学转化制液体燃料研究和产业化的总体研究与发展现状及趋势，热化学转化可以进一步分为直接液化和间接液化两种方法，见图 2.3。

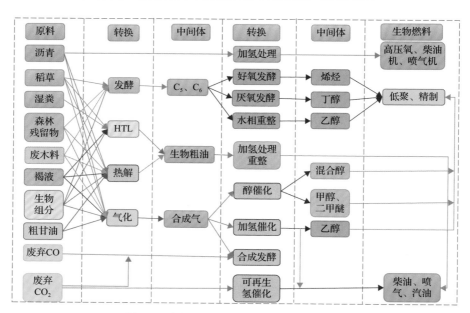

图 2.1　生物质液体燃料转化的主要路径[2]

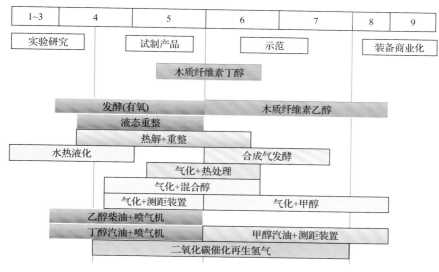

图 2.2　生物质液体燃料生产的技术水平[2]

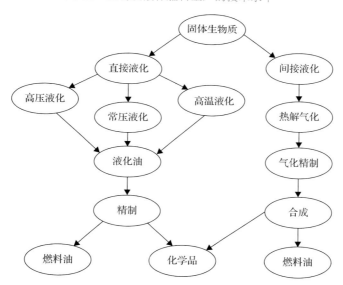

图 2.3　固体生物质热化学转化液体油的方法及产物

　　生物质制备液体燃料的原料主要可以分成两大类：固体类和液体类生物质。其中固体类生物质主要是包含半纤维素、纤维素和木质素三大素的物质，以及常态下是固体形态的淀粉和糖类原料，如玉米、木薯、甘蔗、地瓜等；液体类生物质原料包括各种油脂、有机废水等。制备的液体能源目标产品主要是生物柴油、乙醇、二甲醚、甲醇和生物油等可以替代石油能源产品，可作为车用替代燃料。生物质热化学转化主要是指利用固体生物质为原料，在一定温度和压力条件下添加或者不添加催化剂，在反应装置中经过一定时间的复杂反应，使固体生物质基本转化成液体产品，根据不同的工艺过程，其转化率一般在 50%～90%。本节主要讨论固体生物质热化学转化中水热液化、快速热解和气化合成三种技术的研究和产业发展(图 2.4)。

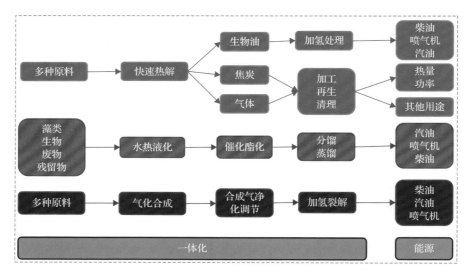

图 2.4   生物质液体燃料的几种热化学转化路线

1. 水热液化技术

水热液化技术是在水存在的条件下，在水热反应釜中将生物质原料加热到一定温度（如 250~550℃）并施加压力（如 5~25MPa）进行反应，反应后得到的气体通过气袋直接收集，通过过滤将固液混合物分离，并将水相产物收集，剩余产物用有机溶剂清洗萃取，溶于有机溶剂的油相产物通过蒸馏干燥后获得，最后通过过滤方法去除不溶于有机溶剂的固体残渣；产生的生物油中氧含量很低，具有较高的能量（33~36MJ/kg）且更稳定，减少了后续的重整与调变程序。萃取生物原油的有机溶剂主要包括丙酮、异丙醇、二氯甲烷、三氯甲烷、乙醚、己烷等。反应釜包括间歇式反应釜和连续式反应釜，生物质原料包括畜禽粪便、餐厨垃圾、微藻、秸秆、浒苔等。与其他转化工艺相比，使用水作为溶剂消除了干燥生物质的需要，并且与闪速热解相比，允许在较低温度下进行反应，反应温度通常在 300~400℃，停留时间为 0.2~1.0h，操作压力为 5~20MPa。高压使得溶剂能够更好地渗透到生物质结构中，以促进生物质分子碎裂和分解。因此，通过水热液化获得的生物油更适合生产生物柴油；另外，水热液化所用的原料无须进行干燥或其他预处理。然而，原料的组成会显著影响生物油的产量，如半纤维素和纤维素含量较多的原料能生产更多的生物质液体燃料等。

水热液化过程中的物理化学变化非常复杂，包括生物质首先通过水解分解成碎片，然后通过脱水、脱氢、脱氧、脱羧、溶解和解聚降解成较小的化合物；溶解会导致生物体出现胶束状亚结构。此外，脱水和脱羧导致新的分子重新排列，当存在氢时，诸如羟基、羧基和酮基等官能团会发生氢解和氢化[4]。在这个过程中，木质纤维素生物质被分解成不稳定的活性小分子，可以重新聚合成分子量分布范围很广的油性化合物[5]。在聚合过程中产生的生物油产品通常含有酸、醇、醛、酯、酮、酚和其他芳香族化合物[6]。

2. 快速热解技术

在无氧/有限氧环境中，设定温度范围为 450～550℃、升温速率为 20～200℃/s，将木质纤维素进行快速热解转化为富含碳的固体和挥发性物质，产生的粗生物油通过催化裂解、加氢、水蒸气重整或化学萃取等方式进行升级后获得高质量的生物油，这一过程称为快速热解[7]。然而，这种技术产生的粗生物油中含氧物质较多，黏度、酸度和水分含量均较高，导致生物油在储存和处理过程中不稳定[8]。因此，粗生物油生产后要立即进行调变升级，以最大限度地减少损失和结垢。目前，传统的快速热解已商业化，但原料中碱金属和其他含氮物的存在影响了生物油的产量；另外，由于生物油储存和升级技术不成熟以及催化剂失活等问题，生物油的升级仍处于实验阶段。快速热解的主要特点包括升温速率快、气体停留时间短、温度控制适中等，以及热解蒸汽快速冷却或淬火[9]。

快速热解液又称生物油，是通过水蒸气冷凝得到的黑色或深褐色产品，可在室温下自由流动，通常含有一定量的水和数百种含氧成分[10]。副产物焦炭主要由碳组成，通过旋风分离器从快速热解的蒸汽和气溶胶中分离出来，可用作燃料；在蒸汽凝结过程中收集不凝气体，通常作为流化气体循环到快速热解反应器或收集为燃料使用[11]。快速热解的优点是可以直接产生液体燃料，当生物质资源距离所需能源较远时，为方便储存和运输，这是有益的；另外，热解原油是一个复杂的混合物体系，包含水(15%～35%，质量分数)、固体颗粒(0.01%～3%，质量分数)，以及数以百计的有机化合物(酸、醛、酮、酚、醇、醚、酯、呋喃、含氮化合物以及大分子聚合物)，使生物油表现出高酸性和腐蚀性、热化学性质不稳定，以及与石油燃料相容性差[12-14]。将生物质热解油用作运输燃料，升级改性是必要的，常用的提质手段有催化加氢、催化裂解、催化酯化、乳化燃油和分离提纯等，其中又以催化加氢和催化裂解为主。

1) 高压快速热解技术

该技术是生物质液化研究的重要方法之一，经过处理形成的一定形状的生物质，在高压(一般在 10MPa 以上)和高温(250～400℃)条件下，添加酸、碱和溶剂共同作用生产液化油[15]。20 世纪 70 年代初，Appell 等[16]在 350℃下，使用 Na_2CO_3 作为催化剂，在水和高沸点溶剂(如蒽油、甲酚等)混合物中，用 14～24MPa 压力的 CO/H_2 混合气将木片液化为重油。Minowa 等[17]以水为介质、碳酸钠作为催化剂，在 300℃、约 10MPa 条件下，把产于印度尼西亚的 18 种木质原料液化成了重油。重油产率为 20.60%～34.30%，热值为 28.10～32.90kJ/g，黏度为 $6.7×10^5～4.0×10^6$ mPa·s。生物质的高压液化很大一部分借鉴了煤的液化工艺，Fatma 和 Bolat[18]在反应温度 350℃，液化剂/原料(即四氢呋喃/(褐煤+木屑))为 3：1 的条件下研究了利用土耳其的褐煤与废弃纤维材料进行共液化反应，考虑了氢气压力对总的转化率的影响。

2) 常压快速热解技术

该技术是将秸秆、木屑、甘蔗渣等农林废弃物在中温(一般在 400～650℃)、快速加热条件下($10^3～10^4$℃/s)迅速(停留时间一般在 0.5～2s)热解，将生物质中的大分子键迅速断裂得到小分子液体产物，然后将热解产物迅速冷凝获得一种初级生物油，从而最大限度地生成液态产品，收率可高达 70%～80%，仅有少量的气体，产物中有少量甚至不含焦炭。初级生物油为黑色，黏度较小，在 40℃下为 40cP[①]，具有很好的流动性，在不与空气接触的条件下可稳定地存放数星期；其含氧量可达 20%～30%，可溶于水、丙酮等极性溶剂，但不溶于矿物油；热值达 22MJ/kg，是标准轻油热值的一半。可直接用作锅炉燃料，也可进一步加工提质后替代普通柴油汽油，作为车用燃料用于内燃机或作为化工产品。关于它深度加工的研究目前进行得较少，加拿大西安大略大学开发的生物质超短时间内直接液化技术，得到占原料质量 70%～80%的液体产品及少量的气体及固体产品[19]。荷兰 BTG 公司特温特大学技术开发公司开发生物油，以砂子作热载体，裂解温度为 400～600℃，在 58.80MPa 压力下，1s 内完成裂解过程，每 1000kg 生物质可产 600kg 油。英国伯明翰阿斯顿大学的化学工程与应用化学能源室研究了氮气保护下，各种生物质通过螺旋输送器送进裂解反应器在 500℃高温条件下进行闪速裂解，获得的生物油可以直接与柴油混合在柴油机上使用。我国生物质快速热解技术研究尚处于起步阶段，主要是开展实验室和中试规模的研究。沈阳农业大学与荷兰特文特大学开展了合作，引进生产能力为 50kg/h 的旋转锥式反应器；浙江大学、中国科学院过程工程研究所、河北省生态环境科学研究院等近年来也进行了生物质流化床液化的实验研究，并取得了一定的成果；山东理工大学于 1999 年成功开发了等离子体快速加热生物质液化技术，并首次在国内利用实验室设备液化玉米秸粉制出了生物油；东北林业大学进行了林业生物质快速热解技术研究，液体产率为 58.60%。中国科学技术大学采用木屑、稻壳、玉米秸秆和棉花秸秆等多种原料进行的热解液化试验表明，木屑产油率在 60%以上、秸秆产油率在 50%以上；生物油热值为 18～20MJ/kg。中国科学院广州能源研究所研制的生物质循环流化床液化小型装置，木粉进料速率为 5kg/h，液体产率在 63%左右。另外，文献[20]～[22]也进行了生物质快速转化制备液体燃料的研究。

3. 气化合成技术

气化是另一种热化学转换过程，使生物质与空气、氧气或者水蒸气在高温下发生反应，产生 CO、CO_2、H_2、CH_4、N_2 和丰富的碳氢化合物的气体混合物，产生的气体通常被称作生物合成气。气化的一般目标是最大限度地提高气态产品的产量，以及最大限度地减少可凝聚碳氢化合物和未反应焦炭的数量。合成气的具体组成取决于工艺进料的类型、进料比、工艺参数和所使用的气化反应器的类型[23]。合成气的能量密度约为天然气(甲烷)的一半，可用于蒸汽循环、燃气发动机、燃料电池或涡轮发电和供热。合成气也是生产液体燃料和大量商品化学品的中间原料，包括氢、合成天然气、石脑油、煤油、柴油、甲醇、二甲醚和氨[24]。对于运输燃料，主要的合成气衍生燃料制备途径是水煤气变换反应(WGSR)制氢、费-托法合成烃类或甲醇合成烃类[25]。

通过气化从木质纤维素生物质中生产运输燃料的主要步骤包括产生合成气、合成气

---

① 1cP=10^{-3}Pa·s。

净化和费-托合成。在典型的常压流化床气化炉中，进料与床料一起被进入床底的气化剂（如空气、氧气、水蒸气）流化，气化温度一般为 700～1200℃，气化反应的停留时间为 3～4s。气化产生的合成气在热交换器中冷却，然后输送到气固分离器，以分离废气携带的固体颗粒；原料气仍然存在一些杂质，这取决于用于其生产的碳源以及气化过程。典型的杂质包括 NO_x、HCl、H_2S 和 COS（羰基硫），它们通过形成金属硫化物使 Fe、Co、Ni 催化剂失活，造成反应器腐蚀，对 WGSR 和费-托催化剂有很强的毒害作用，因此必须将杂质降低到非常低的水平，通常使用填料床中的水洗涤器或固体吸附剂。分离后的合成气被送到 WGS 反应器，以调整合成气中的 H_2/CO。

气化-费-托合成是在氧化剂（空气、氧气和水蒸气）存在下获得以 CO 和 H_2 为主的合成气。合成气在进行气化-费-托合成时，H_2/CO 必须大于 2，合成气在过渡金属催化剂上反应产生长链烃，然后使用加氢裂化、蒸馏等标准方法进行升级，以获得液体燃料。气化-费-托合成是产生高质量生物质燃料的主要技术之一[26]。目前，由于该技术对生物质原料的要求较高、合成气需要净化和调节，反应后气化炉中会产生大量的生物焦油而增加设备腐蚀等问题的存在，所得的产品必须通过蒸馏才能获得生物质燃料，该技术仍处于示范或早期商业化阶段。

生物质气化制备合成气催化合成液体燃料因其定向性好、选择性高而受到了广泛关注。然而，大部分工作集中在合成低碳醇、汽柴油、二甲醚等方面，而生物航煤碳链更长、合成困难，目前还无成熟技术，相关基础研究也较少。从基础理论层面掌握生物质气化合成航空燃料的机理，为高效低成本生物质气化以及合成气定向合成航空燃料提供科学基础，对生物质制备液体燃料以及生物质高效利用至关重要。

4. 超临界液化技术

近年来，超临界流体(supercritical fluid, SCF)技术得到广泛推广，它是利用二氧化碳、乙醇、丙酮和水等溶剂在超临界状态下作为溶剂或反应物进行化学反应。SCF 具有良好的扩散性和低黏度性能，十分有利于物质反应过程的传热、传质运动。Koll 和 Metzger[27] 用超临界丙酮作为反应介质，使生物聚合物得以受热分解；以纤维素为原料，以超临界丙酮为介质，在高温、高压管式反应器中进行热解反应的液化转化率高达 98%。Koll 和 Metzger 还用乙醇/水混合物（3∶7, V/V）对纤维素进行超临界降解，可得到富含葡萄糖的产品[27]。Goudriaan 等[28]首先在实验室利用高压釜进行中试阶段实验研究，将原料（木浆）先预热到 80℃，然后通过泵打入一个容器中，将其在此容器中和循环利用的水蒸气混合（200～250℃），在反应器中进行反应后冷却至 260℃，得到生物原油。Demirbas 在生物质超临界液化方面做了大量工作，分别将榛子壳、葵花籽壳、橄榄壳、棕榈壳、蚕茧等多种生物质原料在甲醇、乙醇、丙酮等有机溶剂或水中进行了无/有催化剂（NaOH、Na_2CO_3、KOH、K_2CO_3）的超临界液化实验比较。将橄榄壳分别在甲醇、乙醇、丙酮等有机溶剂中，无/有催化剂（NaOH）条件下进行超临界液化，得到的产物用苯、二乙醚进行进一步分离。其中无催化剂时，丙酮具有最好的液化效果，在 583K 时的转化率为 63%；加入 10%的 NaOH 时，甲醇的液化效果最好，在 583K 时的转化率为 84.40%；在无催化剂时，产物中的极性成分远大于非极性成分。而在加入碱性催化剂时，非极性成分远大于极性成分；这与加入碱性催化剂，在超临界流体萃取的同时发生了还原、裂解反应有关。东北林业大学的钱学仁和李坚[29]考察了在超临界乙醇中兴安落叶松木材的液化过程。研究表明，温度是一个比较关键的过程控制因子，随着温度的提高，木材分解加剧，转化率提高；在340℃时萃取物产率最高。在半连续装置上，对木材亚-超临界乙醇(有或无水)萃取特性进行了研究，结果表明在250~350℃温度区域内(即超临界区)，压力升高，萃取物生成速率及产率都明显增加；增加混合溶剂中水的摩尔分数也能增加木材转化率和萃取物产率。

综上所述，在水相环境将生物质全组分催化转化为高品质液体燃料是一条绿色、经济、高效的转化途径，已经成为国内外的研究前沿与热点。经过二十年的研究，生物质水热转化已经取得了较大进展，但由于生物质组分结构复杂，且解聚中间产物化学性质活泼，易结焦，现有研究存在效率低、定向转化难等问题，需要发展新转化体系和新催化剂制备技术，通过路径调控，实现生物质在温和条件下的定向转化。

2.1.2　生化转化技术

生化转化技术主要是指生物发酵，它是在有氧(好氧发酵)或无氧(厌氧发酵)空气中产生特定类型的碳氢化合物前体(如异丁烯、乙醇、丁醇等)，这些前体可被提纯为汽油、柴油和喷气燃料[30]。该方法也称生物质转化制备醇类燃料技术。生物乙醇被视为最有前景的替代燃料之一，已经在我国乃至世界范围内通过掺入汽油开始推广使用。生物乙醇是一种环境友好型含氧燃料，因为它含有34.70%的氧，而汽油中不含氧，导致乙醇的燃烧效率比汽油高约15%[31]，从而减少了颗粒和氮氧化物的排放。与汽油相比，乙醇的硫含量可以忽略不计，这两种燃料混合有助于降低燃料中的硫含量以及硫氧化物的排放，硫氧化物是一种致癌物质，还会导致酸雨等环境问题。生物乙醇也是甲基叔丁基醚(MTBE)更安全的替代品，甲基叔丁基醚通常用作汽油的辛烷值增强剂，并添加到汽油中以进行清洁燃烧，从而减少一氧化碳和二氧化碳的产生[32]。

从糖和淀粉获得的乙醇被称为第一代生物乙醇，而源于木质纤维素生物质和藻类的分别称为第二代和第三代生物乙醇。第一代生物乙醇已有商业化应用，但由于"与人争粮、与粮争地"等问题仍具有较大争议，本书研究的是第二代生物乙醇，主要是纤维素乙醇，主要原理如图2.5所示。发展纤维素乙醇无须利用额外的土地，也不会干扰粮食或饲料作物生产，常见的原料有农业废弃物如玉米秸秆、小麦秸秆、稻秸稻壳、甘蔗渣等或林业废弃物如锯屑、软硬木边角料等。纤维素和半纤维素占生物质总干重的三分之二左右，是乙醇的主要底物[33]。纤维素-半纤维素复合物进一步用木质素包裹，并对生物质的水解产生物理阻碍，因此，需要预处理以通过改变生物质的宏观和微观结构产生可发酵的糖[34]。预处理方法可大致分为四类，即物理、化学、物理化学和生物方法。物理预处理通过增加表面积和孔体积，降低纤维素的聚合度及其结晶度，半纤维素的水解和木质素的部分解聚对生物质起作用。化学预处理主要包括碱和酸，它们通过脱木素作用于生物质，降低纤维素的聚合度和结晶度[35-37]。物理化学预处理主要包括蒸汽爆炸、氨纤维爆破法(ammonia fiber explosion, AFEX)、氨循环渗滤法(ammonia recycle percolation, ARP)、氨水浸泡法(soakingin aqueous ammonia, SAA)、湿氧化、CO_2爆炸等方法。生物预处理可以使用微生物进行,其中白腐菌是最有效的天然菌种。经过生物预处理后,半纤维素几乎完全水解成单糖,但大部分纤维素仍需要进一步水解,最终转化为可发酵糖。发酵可以通过三种模式进行,即分批发酵、补料分批发酵和连续发酵,发酵后通过蒸馏或蒸馏与吸附结合的方法从发酵液中回收生物乙醇[38]。好氧发酵工艺主要以甜菜、甘蔗和玉米淀粉等糖料产品为原料,通过发酵产生液体燃料(乙醇、丁醇等)。氧气在水溶液中部分溶解,限制了空气供应导致发酵不完全;微生物对木质纤维素糖及原料的污染问题导致发酵罐中微生物拮抗且从发酵液中提取产品需要输入较高的能量[39]。这些问题都降低了糖转化过程的产率(小麦秸秆的产率为 44%,甘蔗渣的产率为 39%,玉米秸秆的产率为 49%),突破相关技术瓶颈是未来的发展方向。

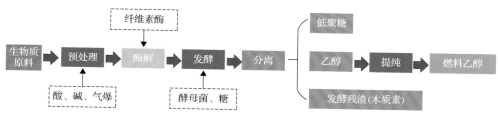

图 2.5　生化转化制取纤维素乙醇工艺路线

对于生物乙醇生产,原料和预处理技术对技术经济的影响已被广泛研究,但对生产生物乙醇的工艺类型进行详细成本分析的研究相对较少。为了对游离细胞和固定化细胞进行实际的经济比较,Dickson 等[39]对每个过程进行了单独评估,以允许考虑所有相关的参数,包括发酵类型、反应器配置、基质类型和用于发酵的微生物。尽管纤维素生物乙醇已经发展了数十年,但其生产在经济上还不能与化石燃料生产竞争。通过确保最佳传质条件来提高发酵性能仍然是一个重大挑战。细胞的固定化和共固定化在纤维素乙醇生产中显示出很大的潜力,因为它的产率高,污染风险低,而且所得到的培养物稳定,通过在连续生物反应器中使用固定化或共固定化培养物,可以高效、快速地将混合糖转化为乙醇[40]。

混合糖的高效共发酵和对抑制物的高抗性依然是制约生物质微生物高效转化为乙醇所面临的关键基础问题。而提高微生物抗逆性往往伴随菌株发酵能力的下降,对所涉及的诸多理论体系依然认识不足。因此,研究混合糖高效共利用代谢调控机制及有效元件发掘,通过代谢网络重构,协同提高微生物对抑制物抗性及糖醇转化率具有重要意义。

2.2　生物质液体燃料发展现状

随着工业化程度不断提高,化石资源储量日益枯竭、环境问题日益凸显,从而引起了研究者对液体燃料发展的兴趣。国内外学者已经进行了以生物质为基础,与汽油[41,42]、柴油、喷气燃料[43]等具有类似性质的液体燃料的研究[44],将其作为化石燃料的添加燃料或部分取代燃料。欧洲规定到 2030 年，生物质等可再生能源的消耗量在总能源消耗量中的占比要达到 27%以上，其中第二代生物质燃料消耗量占运输燃料总消耗量的 0.5%以上[45]。美国规定到 2022 年，交通运输燃料中使用可再生能源消耗总量要达到交通运输燃料总消耗量的 3600 亿 gal。在 2009 年哥伦比亚的燃料消费中，乙醇消费量占汽油消费量的 10%。印度尼西亚也规定到 2025 年，汽油中需有 15% 的生物质液体燃料[46]。我国在 2022 年发布了《关于完善能源绿色低碳转型体制机制和政策措施的意见》（以下简称《意见》）。《意见》提出推行先进生物液体燃料、天然气等清洁能源交通工具，支持生物燃料乙醇、生物柴油、生物天然气等清洁燃料接入油气管网，加快纤维素等非粮生物燃料乙醇、生物航空煤油等先进可再生能源燃料关键技术协同攻关及产业化示范。生物质液体燃料发展潜力巨大、市场前景广阔。据统计，2019 年中国生物质液体燃料年产量为 95.00MBbl/d[①]，其中，生物燃料乙醇生产量为 74.29MBbl/d，生物柴油生产量约 20.71MBbl/d（表 2.1）。因此，生物质液体燃料的生产及发展是实现能源革命和生态文明战略的首要任务，也是未来降低交通领域排放水平，实现化石能源替代最直接、最有效的手段。

表 2.1   2010～2019 年我国生物质燃料的生产与消费量   （单位：MBbl/d）

年份	2010	2011	2012	2013	2014	2015	2016	2017	2018	2019
生产总量	52.51	56.94	65.22	69.15	70.37	63.78	59.33	70.37	64.59	95.00
燃料乙醇生产量	42.72	44.22	49.25	50.56	50.85	50.22	43.67	52.40	50.22	74.29
生物柴油生产量	9.79	12.72	15.97	18.59	19.52	13.56	15.66	17.97	14.37	20.71
消费总量	52.35	56.89	65.69	76.81	87.48	72.16	73.15	67.43	85.61	102.12
燃料乙醇消费量	42.56	44.17	49.18	50.53	51.27	58.43	58.66	52.49	62.69	75.72
生物柴油消费量	9.79	12.72	16.51	26.28	36.21	13.73	14.49	14.94	22.92	26.40

2.2.1   生物柴油

我国生物柴油的生产主要是第一代生物柴油，21 世纪的可再生能源政策网络（REN21）公布的统计数据显示，2019 年中国生物柴油产量上升至 120 万 t（图 2.6）。从生物柴油原料成本价格来看，2019 年我国大豆油采购均价为 5223.55 元/t，地沟油采购均价为 4314.95 元/t；而海外豆油实际市场均价约 645 美元/t，折合约 4451.74 元/t（图 2.7）。显然，利用地沟油生产生物柴油是我国生物柴油领域产业流程的主要路径，预计到 2025 年，实现总供能达 380 万 t 标准煤。另外，生物柴油原料来自油料作物，包括菜籽油、大豆油、椰子油、玉米油、棕榈油、芥子油、橄榄油、米油等[47,48]。因此，生物柴油的原料与食用油的消费量有较高的吻合度。以文献[49]为例，生物柴油来自大豆（55.19%）、棕榈（43.03%）、油菜籽（1.69%）和向日葵（0.09%），由此可以计算出我国 2017～2020 年用于生产生物柴油的农作物产量如表 2.2 所示，生物柴油生产的生命周期清单数据如表 2.3 所示[41]。然而，生物柴油生产过程中会伴随副产物产生，图 2.8 为利用油菜籽制备生物柴油及副产品的工艺路线。

---

① MBbl/d 为 million barrel/day，就是指石油的产量，指每天产百万桶原油（1Bbl=1.58987×10^2dm³）。

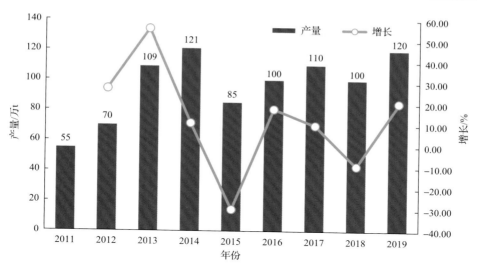

图 2.6　2011～2019 年中国生物柴油产量及增长

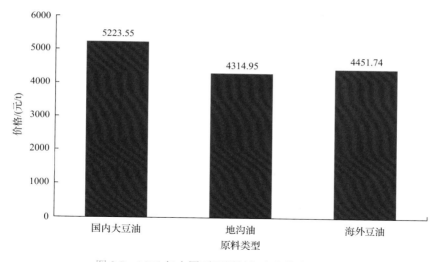

图 2.7　2019 年中国不同原料生产生物柴油成本

表 2.2　2017～2020 年中国生产生物柴油的来源、产量、占比和主要作物产量

年份	生物柴油产量/万 t	油菜籽			大豆			向日葵		
		产量 a /万 t	产量 b /万 t	占比 /%	产量 a /万 t	产量 b /万 t	占比 /%	产量 a /万 t	产量 b /万 t	占比 /%
2017	58	1571	14.50	25	1577	32	55.17	36.60	2.90	5
2018	66.7	1591	16.70	25	1613	36.80	55.17	43.10	3.30	5
2019	72	1616	18	25	1523	39.70	55.14	46.70	3.60	5
2020	130	1719	32.50	25	1640	71.80	55.23	45.70	6.50	5

注：产量 a 表示农作物产量；产量 b 表示生物柴油产量；占比表示生物柴油产量占总生物柴油量的比例。

表 2.3 生物柴油的生产率

比例	向日葵	油菜籽	大豆	桐棕
原油/种子	0.42	0.39	0.18	0.27
每粒种子	0.54	0.56	0.77	0.03
精制油	0.98	0.98	0.98	0.96
生物柴油/精制油	1.00	1.00	1.00	1.00
甘油/精制油	0.09	0.09	0.13	0.11
精制油/每粒种子	—	0.71	0.24	7.75

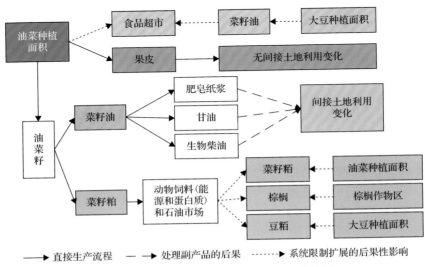

图 2.8 油菜籽制备生物柴油及副产品路线图

2.2.2 生物乙醇

随着燃料乙醇产业的快速发展,我国生物乙醇发展具备广阔的空间,受粮食安全问题的限制,生产生物乙醇技术可以作为一种合理利用超期粮食等的工具。"十五"期间,我国生物乙醇的原料主要来自超期粮食,2008 年以后,生物乙醇产量趋于稳定,年平均增速约 5%;到 2020 年实现生物乙醇产量 320 万 t 左右(图 2.9)。由于中国重视粮食安全问题,生物乙醇企业受到了高度监管。如果在纤维素生物乙醇领域实现技术突破,将对我国生物质能发展提供强劲助力。

生物乙醇来源主要有玉米(占比为 51.05%)、甘蔗(占比为 25.53%)、小麦(占比为 18.55%)和甜菜(占比为 2.07%)等,表 2.4 为 2017~2020 年用于生产生物乙醇的作物产量[41]。

生物液体燃料是快速实现碳减排的重要选择,国际可再生能源署(IRENA)发布的《先进生物燃料:所受阻碍》报告分析了先进生物液体燃料的发展途径,并为决策者提出了建议。该报告指出生物液体燃料可直接使用燃料分配基础设施,并可应用于各种

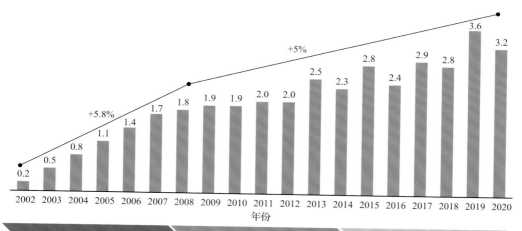

发展生物乙醇，利用超期粮食

● 2001~2005年推动试点项目，利用超期粮食(主要是玉米、小麦)生产生物乙醇，以阻止对超期粮食的非法使用

政策转向非粮食作物

● 2006~2015年将生物乙醇生产的重点转向非粮食作物，推动1.5代技术的发展
● 随着超期粮食库存的减少，原料供应缺乏，进而导致生物乙醇市场增长缓慢

控制上限，技术多样化

● 2016~2020年的一项关键政策"要求控制生物乙醇产量的上限，并推动1.5代生物乙醇和纤维素乙醇技术发展，以避免激化粮食安全问题"

图 2.9 中国生物乙醇产量发展路线图(单位：百万 t)

表 2.4 2017~2020 年中国生产生物乙醇的来源、产量、占比和主要作物产量

年份	生物乙醇产量/万 t	小麦			玉米			甘蔗			甜菜		
		产量 a /万 t	产量 b /万 t	占比 /%	产量 a /万 t	产量 b /万 t	占比 /%	产量 a /万 t	产量 b /万 t	占比 /%	产量 a /万 t	产量 b /万 t	占比 /%
2017	185	13433	34	18.38	25907	94	51.81	10440	47	25.41	938	4	2.16
2018	205	13144	38	18.54	25717	105	51.22	10809	52	25.37	1218	4	1.95
2019	284	13360	53	18.66	26078	145	51.06	10939	73	25.70	1227	6	2.11
2020	330	13426	61	18.48	26067	168	50.91	10812	84	25.45	1198	7	2.12

注：产量 a 表示农作物产量；产量 b 表示生物乙醇产量；占比表示生物乙醇产量占总生物乙醇量的比例。

交通工具而无需做出改造，因而可以迅速应用以实现减排效果。同时，生物液体燃料也是航空、船运及重型卡车化石燃料的实用替代选择。根据 IRENA 预测，到 2050 年生物液体燃料消费量将大幅增长，从 2016 年的 1300 亿 L 增加至 2050 年的近 6500 亿 L。这意味着未来生物质液体燃料具有广阔的发展前景。

2.3 生物质液体燃料技术的评价方法

生物质转化为液体燃料作为一个能源转换实体对象，是一个持续利用和转换能量的非平衡态开放系统，具有系统边界清晰、各种组分之间作用显著、成分活跃、与外界物能交换频繁等特点，可以使用热力学综合评价方法加以研究。如何在能量分析的基础上，

引入经济因素和环境因素，建立生物质热化学转化过程的环境热经济学综合模型，进一步探索系统评价指标体系，是目前热力学研究的前沿方向，是能真正实现能源、经济和环境三要素良好融合的极具前景的途径，同时也能为系统集成优化提供基础。

2.3.1   能源评价方面

㶲分析最近被广泛应用于生物燃料的生产。㶲分析起源于热力学定律，㶲的定义为当能量或物质流与参考环境达到平衡时，可从中获得的最大功量，单位与能量相同。㶲分析需要相对于参考环境，一般采用 Sanchez 等[50]和 Odum[51]提出的参考环境。㶲在实际过程中的消耗与产生的熵有关，㶲分析可以衡量过程中的㶲损失或㶲破坏，在工业和工程模型、经济学、环境影响评价、系统生态学和社会系统等领域有着广泛的应用。Dewulf 等[52]对㶲分析方法的使用进行了全面回顾，通过计算累积㶲需求，表征将材料从自然状态转换为产品，提供了全球资源利用的衡量标准。Szargut 提出的积累㶲耗分析方法，主要用以衡量不可更新自然资源的消耗，并在能源规划和资源管理领域得到了充分应用。Sciubba[53]通过扩展㶲概念将人类劳动和货币折算成㶲，与资源㶲一同纳入计量体系。在综合了前人在生态学、系统学和热力学方面研究的基础上，Odum[51]提出了能值(emergy)分析，目的是提供一种评价不同系统的方法，通常用于评价工业系统的可持续性。根据能量分析的步骤，首先定义系统边界，描述并创建能量流图，然后对所有能量输入和输出进行分类与说明，创建能量分析表，所有输入和输出的单位都是焦耳、千克或美元。根据其来源，将能源分为可再生环境资源和不可再生资源，然后将所有输入的原始数据通过相关转换相乘转换能值表示给定系统产生的总能值的输出。最后，利用所有的能流计算出相关的能值指数来评估整个过程的可持续性，并用于与其他技术比较。

2.3.2   环境评价方面

生命周期评价(life cycle assessment，LCA)已被用于研究多种木质纤维素生物燃料途径的环境属性和后果，包括生物乙醇、生物柴油及其他多种生物燃料途径。大多数生命周期评价研究都集中在温室气体排放和累积能源需求上，几乎全部的 LCA 中存在的单一影响类别是全球增温潜能值(GWP)，这是因为与传统化石燃料相比，发展生物燃料的主要目标之一就是减少温室气体排放。少数不包括全球增温潜能值的研究转而侧重于土地利用、水质影响、水强度等[50,54-57]。在温室气体排放和不可再生资源消耗方面，绝大多数生物燃料的表现优于传统化石燃料；而在一些研究较少的类别(酸化和富营养化)，常规化石燃料的表现优于大多数生物燃料，主要是因为大多数生物燃料原料对化肥的需求很大；此外的其他影响类别中，由于原料生产、系统边界、输入数据、运输距离和混合等因素的影响，结果会有所不同[58-60]。尽管生物燃料生命周期评价结果存在变异性和不确定性的问题，但大多数研究者仍然认为，如果在成熟的生产系统中选择环境友好的燃料，就能更好地区分可变性和不确定性来源，生命周期评价仍然是一个强有力的工具，在未来燃料路径研究和开发中具有关键作用[61]。

2.3.3　经济评价方面

技术经济分析为研究人员提供了洞察力和开发应该关注的地方，从而使技术经济实现最重要的提高。先进生物燃料的技术经济学范围内的研究模式表明，对于在商业规模上哪些技术是可行的，没有通用的答案。模型能在一定程度上简化和模拟现实，虽然各方面研究并没有得到相同的结果，但一些结果在逻辑上是相似的。例如，许多关于过程经济的研究表明，一个商业规模的第二代生物燃料工厂需要非常高的资本投资，这种高资本需求是由工厂的运作、生产技术和原料成本造成的。此外，敏感性分析表明，在各种设计参数中，进料成本是最敏感的参数。另外，供应链经济分析表明，原料和生物燃料产品的运输需求是成本密集型的。上述研究表明有必要对新型、通用的生物质液体燃料技术进行更多全面的研究，将技术经济研究与优化研究相结合，利用技术经济研究为优化提供方向和选择。总的来说，技术经济模型在整个评估、进展和扩展过程中做出明智的决策方面提供了较高的可信度，一项技术在小规模上可能是可行的，但在工业规模上确定同样的工艺的可行性是比较复杂的。商业工厂的经济需求比小规模工厂更密集，因而对技术的生存能力有巨大的影响[62]。事实上，先进生物燃料的新技术发展不足已经导致世界范围内许多生物燃料商业工厂倒闭。因此，许多研究人员已经意识到，在将新技术部署到现有的工业工厂之前，准确预测生产的技术经济是非常必要的。目前，基于计算机的过程建模和仿真有助于在工业规模上估计工厂的经济效率，允许精确的资源和设备容量规划。美国国家能源研究实验室（NREL）等许多研究机构使用过程建模和灵敏度建模来确定过程参数。建模和模拟对于先进的生物燃料技术来说并不新鲜；石油化工行业已经使用工业过程建模和仿真来优化制造量。

生命周期评价是一种对产品及其生产工艺活动对环境造成的影响进行评价的客观过程，本书选择生命周期技术对生物质基酯类燃料进行评价。

2.4　生物质液体燃料全生命周期评价及其研究现状

2.4.1　生物质液体燃料的全生命周期

目前，生物质液体燃料全生命周期评价已经广泛展开，主要涉及生物质快速热解制取生物油、生物柴油的制取工艺、生物质制取航空煤油等方面。具体如下所述。

1）生物质快速热解制取生物油

针对生物质快速热解制取生物油工艺，Ning 等[63]采用 Eco-indicator 95 体系分析了日本柳杉热解制取生物油系统的能源、经济和环境性能，考虑的范围从生物质收集到生物油使用；结果表明生物油的价格为 11758 新台币/m³ 生物油，输出能量/投入能量为 13.2，温室气体排放量为 176.6kgCO₂/m³ 生物油，使用生物油和热解副产物焦炭替代化石燃料和煤可以减少 2835kgCO₂/m³ 生物油的排放。在生物质快速热解制取生物油的基础上，也有部分学者针对提质工艺进行了评价。莱顿大学环境科学中心（Institute of Environment

Sciences-Leiden University)的 Peters 等[64]采 LAC 评价体系对杂交杨树快速热解催化加氢制取生物汽油和生物柴油工艺系统进行了分析，研究范围从生物质种植到生物燃料生产。结果表明混合生物油燃料与传统汽油和柴油相比，温室气体排放降低了 54.5%。另外，分析发现在研究范围内，对全球变暖潜力贡献最大的是生物质热解和生物油提质阶段，酸化主要由热解阶段的排放造成，而生物质种植是富营养化的主要贡献阶段，由于氢气生产消耗大量的天然气，生物油提质阶段是非生物资源消耗和化石资源消耗的主要贡献阶段。Zaimes 等[65]以能源投资收益率(energy rate of return on investment, EROI)和温室气体(greenhouse gas, GHG)排放量作为可持续性度量指标，对能源植物(柳枝稷和芒草)热解加氢制取生物油工艺系统进行了分析，研究范围从生物质的种植到生物油的使用，同时考虑了副产品生物炭返回农田和送到热电厂燃烧两种不同的处置方式对结果的影响。结果表明系统的 EROI 和 GHG 排放量分别为 1.52~2.56 和 22.5~61.0gCO$_2$/MJ 生物油，同时分析发现副产品处置方式和 LCA 分配方法的不同会对评价结果产生较大影响。党琪[66]基于美国阿贡国家实验室(Argonne National Laboratory)开发的 GREET 模型，对玉米秸秆快速热解超临界乙醇提质制取生物油系统进行了分析，研究范围从玉米种植到生物油分配到加油站，结果表明相比化石能源，生物油的 GHG 排放量在 93.22~93.31gCO$_2$/MJ。

2) 生物柴油的制取工艺

针对生物柴油的制取工艺也开展了广泛的生命周期评价。胡志远[67]通过建立我国一次能源和二次能源的清单分析，进行了生物柴油的生命周期影响分析和净能源成本评价，认为与化石资源相比，以大豆、油菜籽、麻风树等为原料的生物柴油具有更好的减排效果。Sills 等[68]以 EROI 和 GHG 排放量作为度量指标，分析了湿法提取和干法提取微藻脂类制取生物油的工艺路线，计算结果显示化石柴油的 GHG 排放量为 90gCO$_2$/MJ，藻类系统的 GHG 排放量为 69gCO$_2$/MJ，EROI 只有在藻类高产时才高于 1。Herrmann 等[69]分析了丹麦商业化生产的生物柴油的环境性能，分析了 GWP 和富营养化潜力，可吸入无机物的特征化使用了 Humbert 等[70]于 2011 年提出的特征化方法。研究范围考虑了不同的乙醇生产方法、酯交换催化剂、生物质产电和运输方式等构成的 7 种生物柴油生产系统。结果表明化石柴油的 GHG 排放量为 214kgCO$_2$/1000km，而生物柴油的 GHG 排放量为 31~107kgCO$_2$/1000km。生物质气化间接制取液体燃料方面，Silalertruksa 等[71]研究了水稻秸秆制二甲醚的温室气体排放，并考虑将二甲醚分别用于柴油发动机和家用液化石油气的替代品，研究表明生物质制取二甲醚与传统柴油燃料和液化石油气相比，GHG 排放量分别下降了 14%~70% 和 2%~66%。Higo 和 Dowaki[72]分析了 9 种能源作物和 8 种林业废弃物制取二甲醚系统生命周期内 GHG 的排放，结果表明能源作物和林业废弃物的 GHG 排放量分别为 12.2~36.7gCO$_2$/MJ 和 16.3~47.2gCO$_2$/MJ。Shie 等[73]基于能值分析的生命周期方法，研究了等离子体焰炬、射频等离子体系统、下吸式气化、微波诱导技术 4 种生物质气化技术制取生物燃料的系统，生物质原料为水稻秸秆，研究范围从生物质的收集到生物油分配到使用点。结果表明 4 种技术都有正的能量收益，EROI 最高的是等离子体焰炬技术，能量消耗最多的阶段是运输和预处理，先压缩后运输和将产生的生物油返回系统使用是降低运输能耗的重要方式。

3）生物质基航空煤油的制取工艺

在生物质制取航空煤油方面，赵晶等[74]分析了煤、天然气、麻风树、能源藻、大豆、棕榈、油菜秆及亚麻荠 8 种航空燃料原料的可持续性，结果表明相比化石航空燃料，生物质航空替代燃料的化石能源消耗和 GHG 排放有不同程度的降低，其中大豆的 GHG 排放量最低。Stratton 等[75]对传统化石航空燃料、费-托生物航空燃料和可再生油加氢航空燃料的环境性能进行了分析，结果表明，化石航空燃料生命周期内的 GHG 排放量为 87.5gCO$_2$/MJ，以天然气、柳枝稷、煤为原料制取的费-托生物航空燃料的 GHG 排放量分别为 101.0gCO$_2$/MJ、17.7gCO$_2$/MJ、97.2gCO$_2$/MJ，以大豆、棕榈、油菜籽为原料制取的可再生油加氢航空燃料的 GHG 排放量分别为 37.0gCO$_2$/MJ、30.1gCO$_2$/MJ、54.9gCO$_2$/MJ。Laure 和 Pierre[76]计算了以能源藻为原料制取生物航空燃料的 GHG 排放量和一次能源消耗量，考虑的范围从原材料收集到最终废弃物处置，计算结果表明能量分配和厌氧消化处理方式下的能源藻生物航空燃料的 GHG 排放量分别为 29.4gCO$_2$/MJ 和 44.2gCO$_2$/MJ，一次能源消耗量分别为 0.85gCO$_2$/MJ 和 2.06MJ/MJ。生物质制取乙醇方面，Zhu 等[77]计算了以玉米秸秆为原料，直接(生物质气化一步法合成)和间接(生物质气化二步法合成)制取生物乙醇的 GHG 排放量和能量利用率，结果表明直接法和间接法制取生物乙醇的能量利用率分别为 0.38 和 0.41，GHG 排放量分别为–42.6gCO$_2$/MJ 和–46.3gCO$_2$/MJ，GHG 排放量为负值是因为该研究评价的范围为生物质种植到乙醇的制取，考虑了生物质种植过程的碳吸收，但未考虑乙醇使用过程的碳排放。Wang 等[78]以玉米、甘蔗为原料的第一代生物燃料的 GHG 排放量为 76gCO$_2$/MJ、45gCO$_2$/MJ，以玉米秸秆、柳枝稷和芒草为原料的第二代生物乙醇的 GHG 排放量分别为 23gCO$_2$/MJ、29gCO$_2$/MJ 和 22gCO$_2$/MJ。

综上所述，生物质能是我国能源的重要组成部分，是一笔巨大的可再生资源。把大量的生物质转化为高值的液体燃料是生物质能转化利用技术中最重要的组成部分。一方面，我国的生物质资源丰富但并没有高效地、规模化地利用，尤其是转化为液体燃料还有许多工作要做，液体燃料生产能力远低于预期目标，还未能为国家能源安全提供可靠的保障。生物质液体燃料技术急需实现突破性进展，不过在转化和利用过程中同其他可再生能源转化技术一样，不可避免地对环境有一定的影响。一方面要大力发展生物质液体燃料技术，提高能源利用效率；另一方面也要兼顾其对环境的影响，考虑能源转化效率、温室气体排放、空气污染物排放、能源安全、劳动就业、农村发展等。开发适合我国国情的生物质液体燃料的全生命周期模型与数据库及评价体系来分析可持续性，将对未来液体燃料技术的发展提供全面的、科学的指导。

2.4.2　全生命周期能源和环境评价现状

使用生物质作为替代能源的主要目的是减少各种化石能源利用过程中的 GHG 排放。LCA 遵循特定监管背景下的标准化程序，它的计算是以功能单位为基础的，评估设定的一般系统边界如图 2.10 所示。通常考虑三个主要阶段：生物质的种植、收获和运输(第一阶段)，涉及生产和升级的厂址业务(第二阶段)，废弃物回收和厂房拆除(第三阶段)。

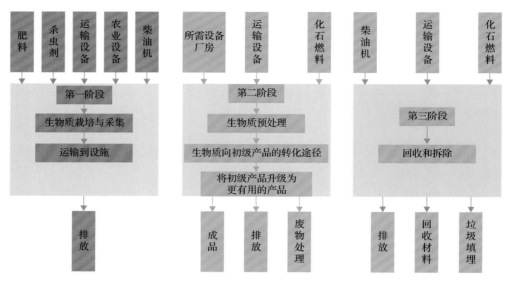

图 2.10   生物质燃料生产路径的生命周期分析

第一阶段考虑的环境问题主要包括土地利用变化、化肥和农药的应用、碳固定、土壤中清除生物质残留物以及原料的运输距离。生物质种植可以直接或间接地影响土地利用，直接土地利用影响是将以前未开发的区域直接转化为生产生物质液体燃料的原料产地，从而降低环境成本以增加效益。当对生物质原料的额外需求通过市场机制导致其他地方的土地利用发生变化，以保持相同的粮食作物生产水平时，就会发生间接土地利用。这两个因素都会显著影响土壤中的碳和营养物质含量并导致气候变化。因此，在生命周期评价中需要考虑这些因素。另外，在能源作物和其他用作生物质原料的作物中使用农药和化肥可以显著增加温室气体足迹，减少固碳并影响生物多样性；化肥生产设施也是甲烷、氮氧化物和碳排放的主要来源。生物质运输过程也是温室气体的重要来源，是构成系统边界的重要组成部分。

第二阶段的环境问题包括生物质原料的预处理方法(生物质致密、研磨、粉碎、干燥、分级等)、整体转化过程(热化学和生化转化法)等。预处理技术因使用的转化方法和原料类型的不同而存在很大差异，生物质转化方法在工艺和操作条件(温度、升温速度、压力等)上也有很大的不同。另外，生物质燃料生产时所用的大部分反应器都是用不锈钢制造的，不锈钢制造时所使用的铁矿石和铬矿，以及焦炭、石灰的生产和运输也会对环境产生负面影响。气化情况下的气体净化和分离需要使用有机溶剂、水及过滤器和旋风分离器，有害气体从过滤器和旋风分离器中排放出来，而废水和溶剂需要处理或再生。

第三阶段是 LCA 系统边界的最后阶段，需要考虑与回收和拆除有关的排放。这一阶段非常重要，但由于数据很难获取，在大多数研究中省略了这一阶段。目前，生物质燃料行业相对较新，大多数工厂还没有到拆除的地步。文献[79]总结了 Web of Science 和谷歌学术、百度学术等数据库中 2011～2018 年利用气化-费-托合成(F-TS)、热解、水解和发酵技术生产生物质燃料对环境影响的生命周期评估研究，结果发现大多数 LCA 研究集中在第一和第二阶段，很少有研究涵盖第三个阶段；另外，这些研究表明对 LCA 影响最大的因素是生物质种植、收获、生物质预处理和运输。因此，根据收集半径，就近获得生物质将显著减少与运输相关的排放；使用废弃生物质作为原料(第二代生物质燃料)将通过减少种植和收获步骤而变得更加环保。因此，利用废弃生物质生产生物质燃料在经济上和环境上都更加可行。总体而言，所有生物质燃料转换方法都显示出 GWP 降低，温室气体排放减少。从第一代原料(如玉米、甘蔗等)中获得生物质燃料可平均减少 50%～75% 的温室气体排放，第二代生物质燃料比第一代生物质燃料有更大的潜力，减少温室气体排放为 50%～100%，而以微藻为原料代表的第三代生物质燃料是在废水中培养，可减少约 76% 温室气体排放。因此，生物质液体燃料生产的经济和环境可持续性在很大程度上取决于原料及其相关成本。

2.4.3　全生命周期经济性评价现状

生物质液体燃料生产的路径取决于经济效益和对环境的影响。因此，技术经济性分析及生命周期评价是实现商业化、可持续性和完成替代燃料发展目标的主要途径。技术经济分析(TEA)是对生产生物质液体燃料的不同途径进行经济比较与评价的合理方法。文献[80]总结了 2002～2017 年发表的关于气化-费-托合成、快速热解-升级、水解和发酵技术生产生物质液体燃料的经济分析研究，其中涉及了 72～2000Mt/d 的生产规模(表 2.5)，这些研究以各自的生产成本作为经济指标，评估每一种替代生物质燃料的经济可行性。该文献表明对于大规模(2000Mt/d)的生产系统——第二代原料气化-费-托合成的生产成本为 4.27～5.00 美元/GGE(每加仑汽油当量)，热解生产成本为 2.00～3.09 美元/GGE；规模低于 1000Mt/d 的生产系统——第二代原料的气化-费-托合成的生产成本为 1.60～5.00 美元/ GGE，热解的生产成本为 2.20～9.40 美元/GGE。对于水解和发酵工艺，由于可用于第二代生物质燃料的技术经济分析有限，生产成本范围很难限定。在不同研究中，原料的成本(30～90 美元/Mt)之间存在很大差异，即使使用相同的原料和相同的途径，获得生物质液体燃料的成本也存在很大差异。这些变化将直接影响生物质液体燃料的生产成本。例如，木质生物质原料的成本为 58 美元/Mt(5 美元/GJ)，则生产生物质液体燃料的成本为 4.30～5.00 美元/GGE；而当原料成本为 23 美元/Mt(2 美元/GJ)时，则生产成本为 2.10～1.20 美元/GGE[81]。以玉米秸秆为原料且相同规模的生产工艺，原料成本按照 75 美元/Mt 计算，生产成本为 4.27～4.83 美元/GGE[82]；另外一项以玉米秸秆为原料的研究，假设原料成本为 83 美元/Mt，生产成本为 2.57 美元/GGE[83]。规模为 2000Mt/d 木材的快速热解，假设原料成本为 90 美元/Mt，生产成本则为 6.25 美元/GGE[84]。不同研究使用的不同原料所用的预处理方法不同，因此原料处理和加工成本差别很大。例如，规模为 2000Mt/d 的气化厂，使用木质生物质为原料处理和干燥的成本约为 18 美元，约占总投资的 18%；而在该气化厂，使用玉米秸秆作为原料的相同规模，成本占总投资的 19%。另外，规模为 72Mt 松木的快速热解，原材料处理和干燥成本数据报告显示，占总投资的 32%。因此，为了在不同的生物质液体燃料路径之间进行有意义的比较，即使考虑到生物质液体燃料的不同路径，也应该进行类似范围的研究。通过大量文献总结，第

表 2.5 生物质液体燃料转化路径的技术经济分析

技术	研究范围	规模	原料	产品	成本/(美元/GGE)
	费-托合成将生物质转化为液体	—	合成气	柴油 汽油	4.00
气化-费-托合成加氢处理	催化剂对柴油成本的影响	1923.7Mt/d	木材	柴油	钴基：4.30 铁基：5.00
	高温气化和低温气化投资和运营成本	2000Mt/d	玉米秸秆		高温(HT)：4.27 低温(LT)：4.83
	根据模拟和发表的研究估算燃料的成本	80Mt/h	木材		5.00
	有机废弃物和木质纤维素厌氧消化产生的沼气	—	生物气		F-T 液体：5.29
	海藻生产生物柴油技术	100t/a	海藻		7.90
	生产电力或运输燃料综合气化的技术经济性能	1000MW	煤占生物量 的 26%		生物量与二氧化碳 捕获：1.60
	生物质综合气化的长期和短期技术可行性和 经济性	200Mt/d	木材		短期：2.10 长期：1.20
气化-费-托合成	生产 F-T 液体的集成处理和分布式处理	550Mt/d	热解生物油	F-T 液体	分布：1.43 集成：1.56
催化裂解 与改质	两种催化裂解途径	2000Mt/d	微藻类	汽油 柴油	7.00～8.10
快速热解改质	生物质快速热解	2000Mt/d	红橡木		3.09
	催化剂再生配置生产生物质燃料的技术经济 可行性	72Mt/d	松木	液体 燃料	水解：9.39 加氢：9.04
	玉米秸秆快速热解和加氢处理生产汽油和柴 油的生产成本	2000Mt/d	玉米秸秆		2.57
	松木快速热解-加氢工艺生产液体燃料的经 济可行性	72Mt/d	松木	柴油 汽油	6.25
	脱脂微藻水解生产运输燃料的经济可行性	2000Mt/d	微藻类		2.60
水解	水解和加氢处理	2000Mt/d	木质生物质	运输 燃料	水解：4.44 加氢：2.52
	用于生产液体燃料的污水处理厂污泥的水解	100Mt/d	污水 污泥	柴油	4.90
发酵/酸 重整	生物质组分通过发酵转化为羧酸盐， 进而转化为燃料	40Mt/h	生物质	汽油 柴油	2.56
水解热解	可再生航空燃料生产	1000Mt/d	小麦 甜菜	喷气 燃料	水解：3.10 热解：4.40

二代原料通过气化-费-托合成产生生物质燃料的成本为 1.60～5.50 美元/GGE，快速热解-升级的生产成本为 2.60～9.30 美元/GGE，水解的生产成本为 3.10～4.44 美元/GGE。与气化-费-托合成和热解相比，水解使用第三代原料生产液体燃料的成本相对较低(约 2.60 美元/GGE)，这主要是因为水解容易接受高水分的原料(如藻类、污水、污泥等)而无须干燥成本，但由于其是一项较新的技术，在估算设备成本等方面存在很大的不确定性。对于发酵技术，由于在生物质燃料生产方面可获得的经济技术分析有限，很难具体

说明成本范围。

生物质液体燃料相对较高的生产成本是阻碍其技术发展的关键瓶颈。气化-费-托合成被认为是最有前途的生物质液体燃料生产技术之一，但其生产成本比其他生产路径要高很多；特别是在使用第二代原料的情况下，满足费-托合成要求的合成气提纯和调质占总生产成本的 12%～15%。水解液化技术是最具优势的生物质转化技术之一，该技术可实现生物质的全组分转化和利用，除了脂肪，碳水化合物和蛋白质也可以转化为生物原油。另外，生物质原料来源广泛，对原料含水率没有过分要求，减少了干燥的能耗和环节(可实现 70%以上含水率的生物质无去水转化)[85]。

2.5　生物质液体燃料土地利用变化及其研究现状

2.5.1　生物质液体燃料的土地利用变化

生物质液体燃料发展引起的土地利用变化(LUC)主要体现在用于生产生物质液体燃料的能源作物取代粮食作物而导致的直接土地利用变化(DLUC)和间接土地利用变化(ILUC)。直接土地利用变化是将以前未开发的区域直接转化为生产生物质燃料的原料产地，从而降低环境成本和增加效益[86,87]；当农作物种植用地取代牧场或森林时，直接土地利用变化可导致大量 GHG 排放。例如，印度尼西亚和马来西亚将低地热带雨林转为种植棕榈用于生产生物柴油，将释放约 700mg/hm^2 的 CO_2，由此产生的"碳债务"(CD)需要近 90 年的时间才能通过用生物柴油替代化石柴油来偿还[88]；将热带泥炭地雨林抽干种植棕榈树用于生产生物柴油，将释放约 3450mg/hm^2 的 CO_2，由此产生的"碳债务"需要 400 多年才能通过生物质燃料替代来偿还。只有在"碳债务"平衡后，生物质燃料才会成为减少碳排放的工具[44]，这取决于能源作物实施前的土地利用类型[80]。第一代生物质燃料的开发不可避免地增加了全世界土地利用的压力，当对生物质能源原料的额外需求通过市场机制导致其他地方的土地利用发生变化时，为保持相同的粮食/饲料作物生产水平，就会发生间接土地利用变化[89]。根据 Gawel 和 Ludwig[90]的研究，间接土地利用变化发生在以前用于种植粮食、饲料或纤维的土地转而用于生物质原料种植生产时，将原来的土地用途转移到可能具有高碳储量的替代区域。与直接土地利用变化相比，间接土地利用变化对生物质液体燃料原料的额外需求导致其他地方的土地利用发生变化，以保持与市场需求相同的粮食/饲料作物产量；或者在能源作物取代其他作物时，触发某个地方的土地(草地或林地等)转换成农田，以取代部分被取代的作物用地[91-94]，这一结果的出现是因为农业用地是一种有限的资源，而粮食/饲料对价格的变化不敏感[95]。例如，美国玉米种植的增加可能会影响亚马孙地区的森林砍伐，间接土地利用变化引起的 GHG 排放对生物多样性以及土壤和水质产生了不利的影响。但由于全球经济的挑战，间接土地利用变化的位置和规模以及生物质燃料引起的 GHG 排放是高度不确定的。因此，了解间接土地利用变化对理解生物质液体燃料的生产和使用相对于化石燃料是增加还是减少了 GHG 排放至关重要。表 2.6 为原料和生物质燃料的能量密度及液体燃料的能源效率。

表 2.6　原料和生物质燃料的能量密度及液体燃料的能源效率[79]

案例研究	能量密度-原料/(MJ/kg)	能量密度-生物质燃料/(MJ/kg)	能源效率/%
大豆制生物柴油	18.57	37.83	68.10
玉米制乙醇	14.92	29.85	59.40
柳树制乙醇	17.43	29.85	40.30
玉米秸秆热解油	16.64	42.60	62.30
秸秆残渣热解油	18.89	41.30	50.90
木材废弃物热解油	18.89	41.30	50.90
藻类制生物柴油	19.61	37.20	68.10

数据来源：GREET2016 数据库。

2.5.2　生物质液体燃料土地利用变化的研究现状

　　土地利用变化机制的出现，在一定程度上促进了生物质液体燃料的生产和使用，导致了世界范围内各种可能的土地用途之间的竞争；同时，生物质液体燃料使用减少了温室气体排放，缓解了气候变化，促进了能源安全。生物柴油和乙醇已被用于替代化石燃料以减少人为温室气体的排放[96]；但由于在量化原料生产的环境影响分析方面存在差异，并且在考虑 LUC 效应时遇到的多因素限制，生物质液体燃料在应用过程中有很多的可变性和不确定性，导致生物质液体燃料在缓解气候变化潜力方面存在很大争议[97]。法国环境与能源管理局为了确定生物质液体燃料生产对法国和国际市场(进口、出口、价格等)以及 LUC 的影响，通过最新研究表明法国的土地利用率相对有限。利用年度土地利用数据调查分析近二十年法国能源作物和粮食作物发展所产生的 DLUC 的影响，结果表明直到 2004 年能源和粮食作物面积的增加仅限于农业用地；从 2006 年开始，能源和粮食作物面积的增加影响了永久性草地。Kim 等[97]通过统计分析发现美国生物质液体燃料生产可能导致 ILUC；相比之下，Overmars 等[98]使用了相同的方法进行研究，结果表明 ILUC 的排放可能会将生物质液体燃料的 GHG 平衡从净减排转变为相对于化石燃料的净过剩排放。

　　多因素导致了土地利用变化，因此不可能通过历史数据和统计分析准确估算出生物质液体燃料开发对土地利用变化的影响[99]；另外，历史数据和统计分析的方法简化了市场机制，所得 ILUC 的预测结果并不准确。所以，建模是测量 DLUC 和 ILUC 最成功的方法[100]。一般来说，计算 ILUC 中的 GHG 排放等因素的模型分为经济模型和确定性模型。经济模型是为了预测某些商品的贸易流量变化对市场的影响，以便利用预先确定的情景做出政治决策，这些模型能够准确地指出生物质液体燃料的额外需求对全球土地利用的影响；主要包括部分均衡模型和一般均衡模型。部分均衡模型是针对特定的经济部门，估算个别作物的土地需求并允许它们通过交叉价格弹性来竞争土地。一般均衡模型是指作物产量对价格的反映并区分新土地和已耕地的作物产量，适用于所有的经济部门，用于描述国际贸易。另外，确定性模型(也称为生物物理模型)是假设额外的生物量生产导致额外的土地利用，但大多数研究者认为经济模型的分析更加准确贴切。

生物质液体燃料需求的增加引起 DLUC 和 ILUC 对环境产生了很多不利的影响,生命周期评价是目前最受欢迎的帮助分析环境问题的方法。生物质液体燃料的生命周期评价文献中区分了两种方法:归因性,也称为回溯性 LCA(aLCA);结果性,也称为前瞻性 LCA(cLCA)。aLCA 提供关于特定生命周期及其子系统的环境属性,它试图描述过去、当前或潜在未来产品系统的环境影响,独立于可能受其开发影响的其他产品或系统。在 aLCA 中,所研究的系统仅限于从"摇篮到坟墓"的单一生命周期;生命周期各子系统的技术数据在所考虑的地理区域内取平均值,以确定所研究产品的单位平均环境压力,与产品相关联的副产品通过应用分配系数或使用系统扩展进行处理。生物质液体燃料允许将农业原料生产和工业加工第一步造成的部分环境压力分配给副产物,能量分配仍然是处理副产品最常用的方法。因此,aLCA 将所有的影响都考虑在内,能够对生物质液体燃料的全生命周期进行全面评估。然而,随着欧洲和美国第一代生物质燃料的发展,生物质液体燃料生产需要通过间接市场机制对陆地生态系统和生物圈通量进行大规模改造,利用 cLCA 可以模拟生物质燃料需求的"冲击",也避免了副产品分配。因此,在理想情况下应将替代产品的替代作为动态市场互动的结果进行建模。这两种方法之间的差异主要是纳入了 ILUC 效应和自然生态系统向耕地转化造成的。

大多数关于生物质液体燃料 GHG 排放的生命周期分析表明,生物炭燃烧排放的 CO_2 是"碳中性"的。为了计算生物质液体燃料产生是否使用净"额外"生物量,需要考虑原料生产是否导致作物转移和土地清理。因此,如果不能证明间接土地利用变化没有发生,就不应该假设生物质液体燃料是"碳中性"的,这就导致了间接土地利用变化的估算很难量化[81]。由于用于核算间接土地利用变化对 GHG 排放影响的模型具有复杂性和可变性,土地利用变化很少被纳入 LCA 的研究中[101]。

2.6　生物质基酯类燃料性质及转化途径

目前,从生物质资源或生物质基衍生物出发转化合成酯类燃料已成为新兴产业,在我国以乙酰丙酸酯为主,潜在合成途径可概括为以下 6 种:生物质糖醇解合成乙酰丙酸酯、纤维素类生物质直接醇解合成乙酰丙酸酯、生物质经乙酰丙酸酯化合成乙酰丙酸酯、生物质经糠醇醇解合成乙酰丙酸酯、生物质经糠醛一步法转化合成乙酰丙酸酯以及生物质经 5-氯甲基糠醛(5-CMF)醇解合成乙酰丙酸酯。所有乙酰丙酸酯的合成途径均涉及酸性催化,因此寻找高效实用的催化体系以及酯类燃料的全生命周期评价是目前乙酰丙酸酯合成的研究重点之一。

2.6.1　生物质基酯类燃料性质

乙酰丙酸又名果糖酸、左旋糖酸,是继乙醇之后的新一代生物质资源平台化合物,其分子中包含了羰基和羧基,能够进行酯化、氧化还原、取代、聚合等多种反应。乙酰丙酸酯是生物质基酯类燃料中一类非常有潜力的新能源平台化学品,具有广泛的工业应用价值。乙酰丙酸酯是乙酰丙酸的酯化衍生物,别名 4-氧代戊酸酯、4-酮基戊酸酯或戊酮酸酯。乙酰丙酸酯类化合物主要有乙酰丙酸甲酯、乙酰丙酸乙酯和乙酰丙酸丁酯，均是短链的脂肪族化合物，其物理化学特性如表 2.7 所示。该类化合物通常具有芳香气味，可以溶于醇类、乙醚、氯仿等有机溶剂。从结构式可知，乙酰丙酸酯类含有酯基和羰基，可以发生取代、水解、缩合、加成等反应，因此是一类应用广泛的生物质材料，在香料、增塑剂、生物燃料等方面具有很大的应用价值。例如，乙酰丙酸甲酯可直接作为食品添加剂和香料，且其性质与生物柴油脂肪酸甲酯相似。

表 2.7 几种常见的乙酰丙酸酯的物化性质

类别	化学文摘号	分子式	分子量	沸点/℃	熔点/℃	密度/(g/mL)(25℃)	折射率(20℃)	闪点/℃
乙酰丙酸甲酯	624-45-3	$C_6H_{10}O_3$	130.1	196	−24	1.05	1.42	66.90
乙酰丙酸乙酯	539-88-8	$C_7H_{12}O_3$	144.2	206	−33	1.02	1.42	90.60
乙酰丙酸丁酯	2052-15-5	$C_9H_{16}O_3$	172.2	238	n/a	0.97	1.43	91.00

注：n/a 表示不适用。

乙酰丙酸乙酯可以作为一种新型的液体燃料添加剂，其和生物柴油性质相似，所以当以适当比例添加在柴油中时，可使柴油的燃烧更加环保，符合美国的柴油标准[31]。另外，还可以作为石化柴油和生物柴油等运输混合燃料，添加后能有效改善燃烧清洁度，且具备优良的润滑能力、闪点稳定性和低温流动性。表 2.8 比较了甲基叔丁基醚(汽油含氧添加剂)和几种乙酰丙酸酯的特性，可以看出添加相同质量的甲基叔丁基醚和乙酰丙酸酯，前者的燃烧需氧量明显高于后者，甚至是后者的两倍左右(乙酰丙酸甲酯)，但两类混合燃料的辛烷值却十分相似。同时，乙酰丙酸丁酯具有较好的低温流动性和高润滑性等优点，因此，其不仅是一种新型液体生物燃料，还可以应用于医药、运输和化妆品等行业。此外，乙酰丙酸酯分子中存在一个羰基和一个酯基，羰基上的碳氧双键为强极性键，碳原子为正电荷中心，当羰基发生反应时，碳原子的亲电中心起着决定性的作用。乙酰丙酸酯的羰基结构可以异构化得到烯醇式异构体，因此具有高的反应活性，可以作为反应底物参与加氢、氧化、水解、酯交换、缩合、加成等多种化学反应，衍生出数量众多的有工业意义的化学品，如 γ-戊内酯、双酚酯、乙酰丙酸乙烯等。

表 2.8 汽油添加剂甲基叔丁基醚和乙酰丙酸酯的特性比较

添加剂	含氧量/%	燃烧需氧量/%		辛烷值
		2.7 添加剂	2.0 添加剂	
甲基叔丁基醚	18	11.00	14.90	109.00
乙酰丙酸甲酯	37	5.40	7.30	106.50
乙酰丙酸乙酯	33	6.60	8.10	107.50
乙酰丙酸异丙酯	30	6.60	8.90	105.00
乙酰丙酸异丁酯	28	7.20	9.70	102.50

2.6.2 生物质基酯类燃料转化途径

目前开发的从生物质资源或生物质基衍生物出发转化合成酯类燃料(以乙酰丙酸酯为例)的潜在合成途径可概括为 6 种[40], 乙酰丙酸酯的主要合成途径总结如图 2.11 所示。

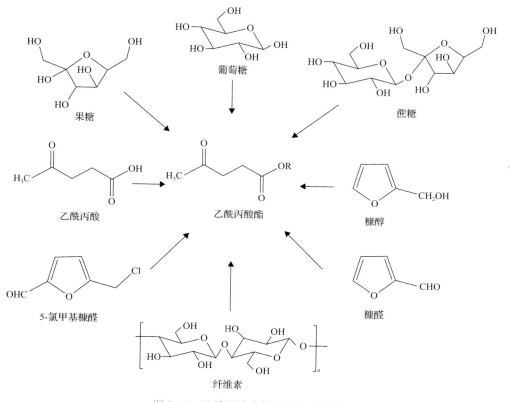

图 2.11 乙酰丙酸酯的主要合成途径

1. 生物质糖醇解合成乙酰丙酸酯

鉴于甲醇、乙醇等低级烷醇具有独特的物理和化学性质,高温高压下对生物质组分有良好的溶解性和反应性,近年来引起了人们较为广泛的关注。生物质糖醇解合成乙酰丙酸酯通常是指以己糖类碳水化合物(如蔗糖、葡萄糖、果糖)为原料,在低级烷醇体系中通过酸性催化剂高温催化降解制得乙酰丙酸酯。与研究较多的生物质资源水解反应相比,该过程可以最大限度地减少废水的处理和排放,环境污染小,生产工艺符合当今化学工业绿色化的发展趋势。此外,众多研究也表明[41,42],作为介质的醇有利于保护反应物中的活性羟基,抑制聚合物等腐殖质的形成,减少副反应,提高原料的有效利用率。

生物质糖醇解合成乙酰丙酸酯与水解生成乙酰丙酸的过程类似,是一个复杂的、连续的多步串联反应,通常认为的反应机理如图 2.12 所示。

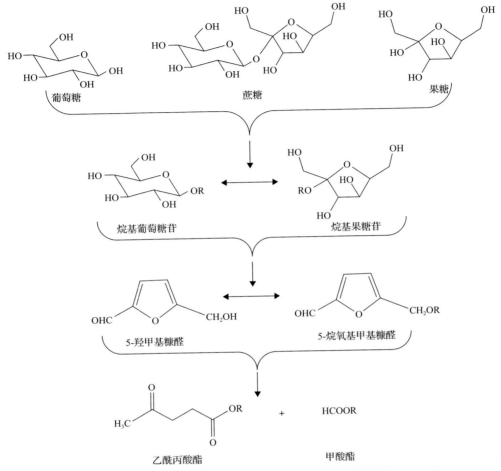

图 2.12 生物质糖醇解合成乙酰丙酸酯的过程机理

在醇体系中，葡萄糖式碳水化合物在酸催化作用下加热首先醇解生成烷基葡萄糖苷，随后异构化成烷基果糖苷；在酸性条件下，烷基果糖苷经加热进一步脱水生成 5-羟甲基糠醛和 5-烷氧基甲基糠醛；然后再进一步醇解生成等摩尔量的乙酰丙酸酯和甲酸酯。尽管该合成途径要经历多步中间过程，但反应可以在同一条件下、同一反应器中连续进行，生产工艺简单，过程条件容易控制，因此该转化合成途径也称为一锅式瀑布反应。反应完成后，根据体系中物质沸点的不同，产物乙酰丙酸酯容易从反应混合物中通过蒸馏分离获得，剩余未反应的醇可以回收循环使用。基于以上诸多优点，生物质糖醇解被认为是一条非常有发展潜力的合成乙酰丙酸酯的途径。

2. 纤维素类生物质直接醇解合成乙酰丙酸酯

纤维素是植物生物质的主要成分，也是自然界中分布最广、含量最多的一种非粮碳水化合物，占植物界碳含量的 50% 以上。纤维素类生物质直接醇解合成乙酰丙酸酯是将纤维素或含纤维素的生物质植物资源在醇反应体系中，经酸催化降解直接获得乙酰丙酸酯的方法[43]。该方法具有工艺简单、原料成本低的优点。纤维素类生物质直接醇解合成乙酰丙酸酯与水解生成乙酰丙酸的过程类似，是一个复杂的、连续的多步串联反应，一般认为的反应机理如图 2.13 所示。在醇体系中，生物质中的纤维素在酸催化下加热首先醇解生成烷基葡萄糖苷；在酸性条件下，烷基葡萄糖苷经加热进一步脱水生成 5-烷氧基甲基糠醛；然后再进一步醇解生成等摩尔量的乙酰丙酸酯和甲酸酯。该反应是一个连续的过程，可在同一反应器中直接转化完成。

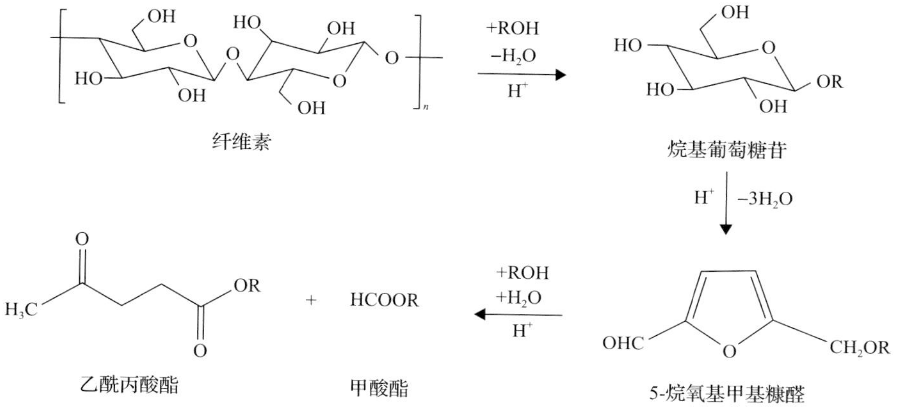

图 2.13　纤维素类生物质直接醇解合成乙酰丙酸酯的反应路径

3. 生物质经乙酰丙酸酯化合成乙酰丙酸酯

生物质经乙酰丙酸酯化合成乙酰丙酸酯的过程如下：首先将生物质水解得到乙酰丙酸，然后乙酰丙酸和醇类溶剂在催化剂的作用下发生酯化反应，得到相应的乙酰丙酸酯。生物质水解转化为乙酰丙酸的路径有两种，如图 2.14 所示：一种是戊聚糖水解得到糠醛，进一步加氢生成糠醇，再经酸化、水解、开环和重排生成乙酰丙酸；另一种是纤维素在酸催化下加热水解，经葡萄糖和 5-羟甲基糠醛等中间产物直接生成乙酰丙酸。第一类转化途径所得乙酰丙酸产率较高，但生产过程中的步骤较多、工艺复杂，导致经济性较差，不利于大规模生产。相比较而言，第二类途径的工艺过程简单，反应条件易于控制，产率亦较佳，且生产成本低，将成为今后生物质转化合成乙酰丙酸的主要方法。适当的醇酸摩尔比有利于目标产物的生成，多数研究以醇酸摩尔比在 5～10 时进行，过量的醇溶剂可能会限制反应物与固体催化剂之间的传质，同时会发生醇分子间的脱水，降低酯类产物的产率，而醇溶剂的不足则导致乙酰丙酸的不完全反应，造成原料浪费[44]。

以乙酰丙酸为原料的乙酰丙酸酯合成方法反应效率高、副产物少、产物易分离，但成本过高且对原料的纯度要求高，因此，实现工业化规模生产的成本较高。

4. 生物质经糠醇醇解合成乙酰丙酸酯

糠醛来源于木质纤维素类生物质中半纤维素的降解产物木糖，糠醇则由糠醛加氢还原得到。在酸性条件下，糠醇通过转化为乙酰丙酸，最终与醇反应生成乙酰丙酸酯，转化路线与乙酰丙酸类似，产物产率较高，可以作为合成乙酰丙酸酯的原料，反应途径如图 2.15 所示。

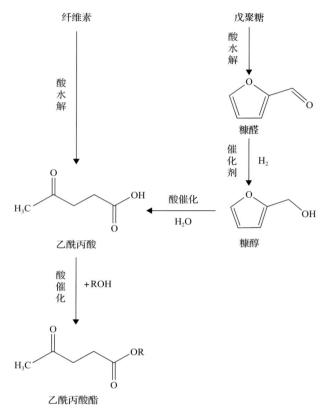

图 2.14 生物质基乙酰丙酸通过酯化制备乙酰丙酸酯

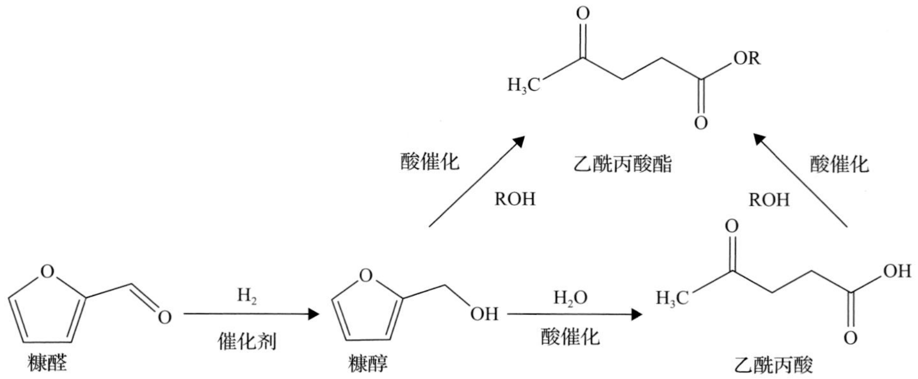

图 2.15 生物质经糠醇醇解制备乙酰丙酸酯

目前，糠醛的制取已具备较为成熟的生产工艺和路线，工业生产常用的原料主要有玉米芯、葵花籽壳、棉籽壳、甘蔗渣、稻壳、阔叶木等，常用的催化剂有硫酸、盐酸、重过磷酸钙、乙酸等。糠醛加氢转化合成糠醇的生产工艺可分为液相法和气相法两种。

由于液相法要求使用高压设备，存在能耗高、污染严重、无法连续操作等弊端，气相法替代液相法已成为国际上糠醇生产的主要发展趋势。传统转化合成主要以 Cu-Cr 氧化物系列作为催化剂，现阶段为适应环保要求主要开展了无 Cr 催化剂，包括 Cu 系、Ni 系、Co 系、非晶态 Ni-B 合金催化剂和分子筛催化剂的研究。

　　在反应过程中，糠醇醇解机制可以分为两步：第一步，糠醇和醇反应生成中间产物 2-(烷氧基甲基)呋喃，与相应的醇反应生成相应的中间产物，如与乙醇反应生成乙氧基甲基呋喃，与正丁醇反应生成丁氧基甲基呋喃；第二步，2-(烷氧基甲基)呋喃缓慢地转化为相应的乙酰丙酸酯。在这个过程中，糠醇醇解反应占主导作用，糠醇或者中间产物都有可能发生副反应。首先，在酸的催化作用下，糠醇的羟基和醇的羟基发生质子化和缩合反应，形成重要的中间产物 2-(烷氧基甲基)呋喃。这个反应过程很容易进行并且反应速率很快。而 2-(烷氧基甲基)呋喃转化至乙酰丙酸酯的过程较为复杂，反应速率较慢，所以整个过程的反应速率取决于这一阶段。

　　酸催化糠醇转化形成乙酰丙酸酯的反应过程还涉及多个重要中间体的形成，如图 2.16 所示。醇介质在 2-(烷氧基甲基)呋喃及其衍生物的不同位置上进行加成和亲核反应；随后，这些中间体通过质子化反应、消除反应和异构化等转化为乙酰丙酸酯。在这个过程中，糠醇会直接合成副产物腐殖质，这一反应路径与糠醇醇解的反应平行，两者互不干涉。由于糠醇的活性羟基发生酯化反应，会对糠醇形成有效保护，发生副反应的糠醇分子只占很小一部分。糠醇形成腐殖质的过程很复杂，普遍被接受的一种说法是在酸性催化剂的作用下，两个糠醇分子间形成—CH_2—键的链接，低聚物中氢负离子与

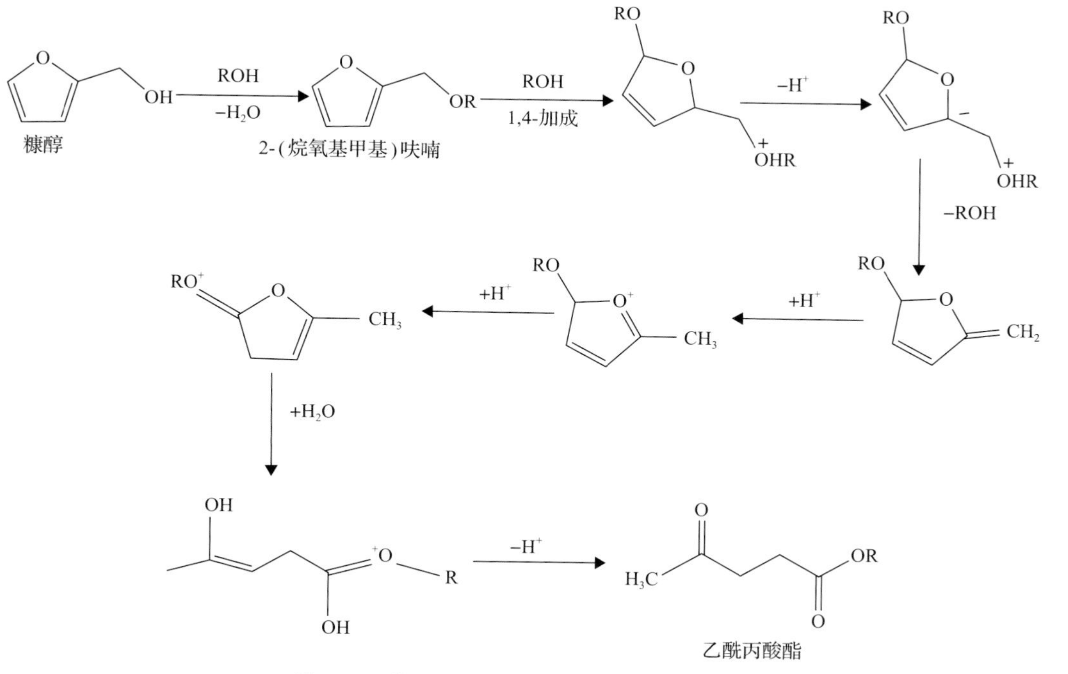

图 2.16　糠醇酸催化制备乙酰丙酸酯的路径

连接两个呋喃环和碳正离子的碳原子进行离子交换，而另一个低聚物中羟甲基质子化反应终止后脱水形成该碳正离子；同时，γ-二酮结构发生呋喃开环反应，就形成携带多个共轭双键和碳基的深棕色固体腐殖质[45,46]。

5. 生物质经糠醛一步法转化合成乙酰丙酸酯

糠醛可由半纤维素降解得到，是生物质降解产物中重要的平台化合物之一。传统乙酰丙酸酯的合成主要通过糠醛加氢还原为糠醇后再醇解得到。生物质经糠醛一步法转化合成乙酰丙酸酯的路径如图 2.17 所示。

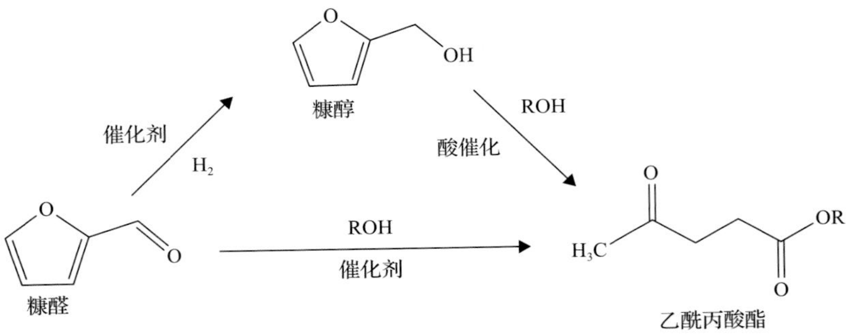

图 2.17　生物质经糠醛一步法转化合成乙酰丙酸酯反应过程

糖类化合物的酯化转化主要是通过转化成乙酰丙酸后形成 5-羟甲基糠醛，并最终经脱水和再水合作用得到酯类化合物。该反应过程的进行受反应时间、温度和催化剂浓度等因素的影响，温度范围在 120～250℃，但在此条件下经常伴随有烷基醚的生成[47]，阻碍了溶剂的回收利用和目标产物的分离，给工业化应用生产带来了困难。

糠醛的化学性质活泼，加氢后的产物复杂，如糠醇、2-甲基呋喃、2-甲基四氢呋喃、呋喃、四氢呋喃和多元醇等，所以糠醛加氢的方向难以控制。重金属盐催化糠醛转化为糠醇的同时如果还能提供酸性位点，就可以使糠醇进一步转化为乙酰丙酸酯。目前，糠醛一步转化为乙酰丙酸酯的技术尚未成熟，产业化开发仍然存在困难，所以糠醛一步合成乙酰丙酸酯集成催化反应还需要进一步研究。

6. 生物质经 5-氯甲基糠醛醇解合成乙酰丙酸酯

生物质经 5-氯甲基糠醛醇解合成乙酰丙酸酯是指纤维素等己糖类生物质在盐酸溶液中先降解生成 5-氯甲基糠醛，分离获得的 5-氯甲基糠醛再经醇解制取乙酰丙酸酯，合成路线如图 2.18 所示[48]。

生物质中纤维素经 5-氯甲基糠醛醇解转化合成乙酰丙酸酯的途径，生物质能有效降解成小分子化合物 5-氯甲基糠醛是进一步实现燃料和化学品高效转化合成的关键[49]。最初开发的 5-氯甲基糠醛高效制备过程如下：将纤维素、含 5%(质量分数)氯化锂的浓盐酸溶液和二氯乙烷加入分离塔中，65℃下加热回流连续萃取 18h；然后补加氯化锂浓盐酸溶液继续反应萃取 12h；反应后，合并萃取液，蒸馏回收溶剂，得到残余产物。残余

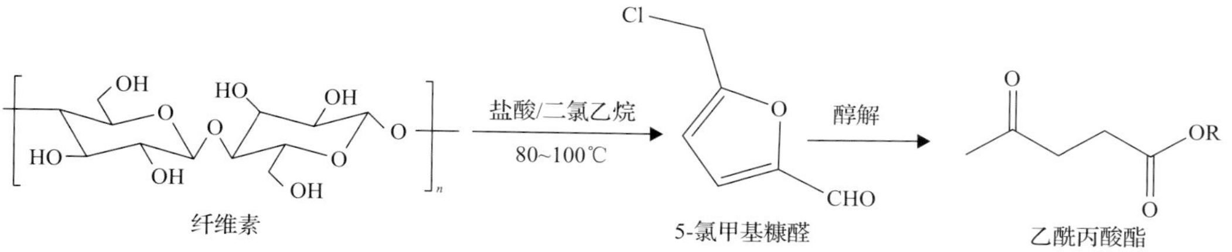

图 2.18　生物质基 5-氯甲基糠醛制备乙酰丙酸酯

产物经色谱分析发现主要成分为 5-氯甲基糠醛，收率达 71%，另含少量的 2-羟基乙酰基呋喃(8%)、5-羟甲基糠醛(5%)和乙酰丙酸(1%)，这些小分子有机物收率合计达 85%，过滤后可得少量的黑色腐殖质固体(5%，质量分数)。在相同条件下，分别以葡萄糖、蔗糖代替纤维素作为原料，5-氯甲基糠醛分离收率分别为 71%和 76%。对比发现，降解葡萄糖得到的 5-氯甲基糠醛收率并未高于直接降解纤维素。因此，认为在该过程中，纤维素的水解不是限制反应速率的主要因素，而葡萄糖的脱水才是关键，此现象可为纤维素解聚提供新的启发。

　　5-氯甲基糠醛尽管不能作为燃料直接使用，但它是一种高反应活性的化学中间体，容易高效转化成其他燃料化学品。比如，经水解可得到 5-羟甲基糠醛和乙酰丙酸；经醇解可得到 5-烷氧基甲基糠醛和乙酰丙酸酯；加氢还原可转化合成 5-甲基糠醛等。在无催化剂的作用下，在不同的醇体系中 5-氯甲基糠醛都容易发生醇解，并且获得较高收率的乙酰丙酸酯。

　　综上可知，纤维素生物质经 5-氯甲基糠醛二步法转化合成乙酰丙酸酯的总收率可达 60%以上，转化效率较高，且反应条件较温和，这为生物质转化合成乙酰丙酸酯开辟了一条新的可行途径。

2.6.3　生物质基乙酰丙酸及酯类燃料研究现状

　　乙酰丙酸，又名果糖酸、左旋糖酸，生物质在水解条件下可生成乙酰丙酸，乙酰丙酸是继乙醇之后的新一代生物质资源平台化合物，其分子中包含了羰基和羧基，能够进行酯化、氧化还原、取代、聚合等多种反应(图 2.19)[102,103]，乙酰丙酸作为一种新型、绿色的平台化合物备受人们关注，经过化学转化可以生产出许多高附加值产品，如琥珀酸、聚合物、除草剂、医药、食用香料、溶剂、增塑剂、防冻剂等[104]，除此之外，乙酰丙酸加氢生成甲基四氢呋喃可生产汽油替代燃料，乙酰丙酸与乙醇、丁醇等反应生成乙酰丙酸乙酯、乙酰丙酸丁酯可生产柴油替代燃料[105]。从生物质中获取乙酰丙酸，进而生成乙酰丙酸酯类等替代燃料的研究，越来越受到人们的关注。

　　美国在生物质水解及替代燃料研究方面处于领先水平。BioMetics 公司在纽约州能源研究与发展的资助下开发了将纤维素类生物质转化成乙酰丙酸的 Biofine 工艺，该技术采用液相酸水解工艺，乙酰丙酸的收率高达 70%，使乙酰丙酸的生产成本大幅度下降。乙酰丙酸加氢生成甲基四氢呋喃工艺正在实现工业化[106]。Stephen 博士用甲基四氢呋喃、乙醇和天然气副产烃类混合物制造 p-系列替代燃料，已取得了包括中国在内的 26 个国家

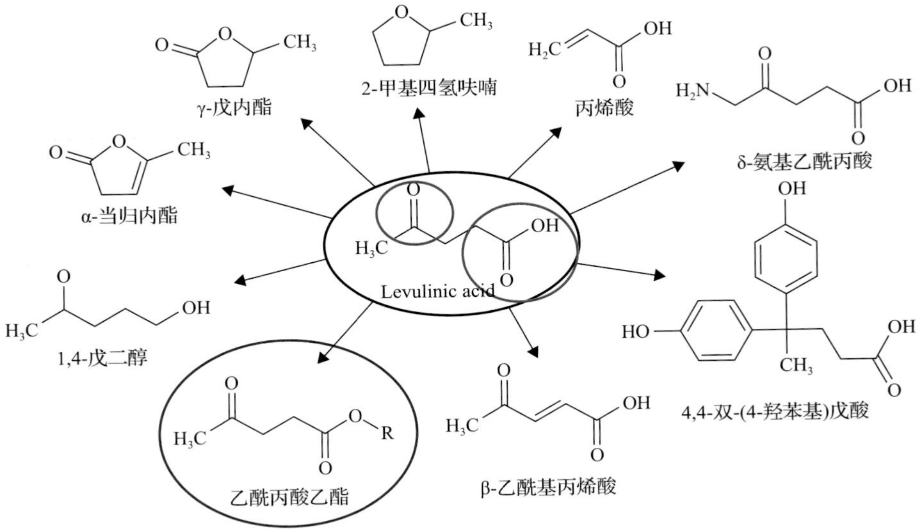

图 2.19 平台化合物乙酰丙酸涉及的反应

专利, p-系列替代燃料适用于可变燃料汽车[107]。乙酰丙酸酯类可以将乙酰丙酸与醇类通过酯化反应制得，有研究者将乙酰丙酸甲酯和乙酰丙酸乙酯作为柴油的添加剂，这些酯类的性质与低硫柴油配方中常用的脂肪酸甲酯性质比较接近。目前研究最为广泛的是由 Biofine 和 Texaco 提出的将乙酰丙酸乙酯作为低烟柴油的添加组分用于普通柴油发动机。

目前，我国乙酰丙酸生产厂家较少，在乙酰丙酸加氢合成甲基四氢呋喃的技术及工艺方面尚未形成实际生产工艺，国内相关研究报道及专利很少，而在以乙酰丙酸乙酯生产柴油替代燃料的研究及应用评价方面国内几乎是空白。

1. 乙酰丙酸研究现状

乙酰丙酸可以由糠醇催化水解法和生物质直接水解法两种方法获得[108]。目前，生物质直接水解法制备乙酰丙酸已成为制备乙酰丙酸的主要方法。本节的乙酰丙酸主要是建立在木质纤维素生物质的基础上，木质纤维素生物质转化为乙酰丙酸是一个比较复杂的反应，包含了许多副产物和中间产物(图 2.20)。半纤维素和纤维素是生物质的主要组成部分，并以碳水化合物形式存在，可以在水解情况下转化为低分子量的糖类，并以此为途径转化为平台化合物，该途径的木质纤维素生物质无须经过复杂的预处理，通过物理的或化学的方法直接转化为平台化合物，其中，常见的平台化合物代表有糠醛、5-羟甲基糠醛和乙酰丙酸等。这些平台化合物制备过程比较简单，一般以无机酸为催化剂，在一定温度、压力反应条件下，直接将木质纤维素生物质进行水解就能获得。相比于其他转化途径，该转化途径具有工艺简单，并且纤维素、半纤维素的利用率高等优点，是生物质开发利用的有效方法之一[108]。

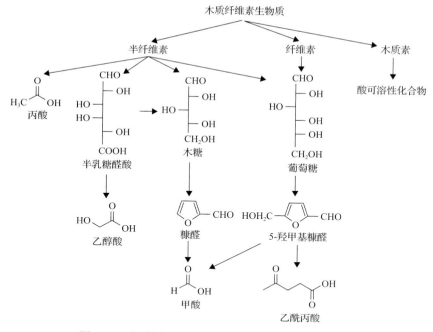

图 2.20　木质纤维素生物质转化为乙酰丙酸及副产物

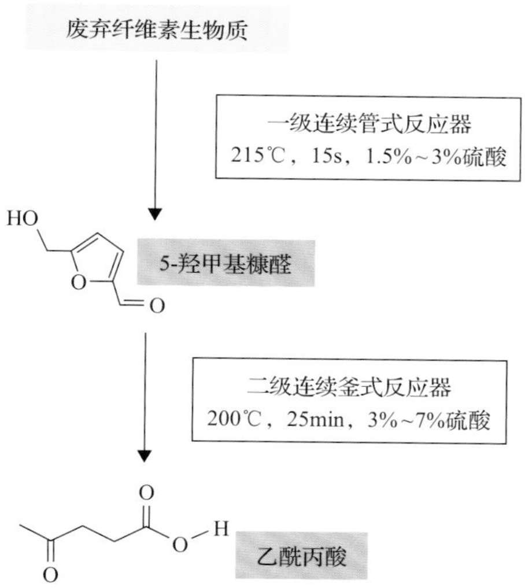

美国 BioMetics 公司在纽约州能源研究开发局的资助下开发了将纤维素类生物质转化成乙酰丙酸的 Biofine 工艺[109]。纤维素生物质由贮罐经高压泵进入一级管式反应器中，高压蒸汽由底部直接通入，于 215℃、1.5%～3%稀硫酸条件下连续水解 13.5～16s。纤维素分解为己糖单体和低聚物，半纤维素水解为戊糖和低聚物，两部分又继续水解为糠醛和 5-羟甲基糠醛。水解物料经管式反应器进入二级反应器，继续在 200℃的条件下水解 20～30min，使 5-羟甲基糠醛水解为乙酰丙酸。乙酰丙酸可由反应器底部连续流出（图 2.21）。乙酰丙酸的收率可以达到 70%，该方法具有收率高、副产物少、分离简单等优点。

Biofine 工艺主要以造纸废料为原料，而且高温高压酸性水解严重腐蚀设备，需用锆金属材料作高压反应器的内壁，固定资产投资较大。Biofine 乙酰丙酸生产流程如图 2.22 所示。

图 2.21　纤维素类生物质转化成乙酰丙酸的 Biofine 工艺

美国内布拉斯加大学开发了一种双螺杆挤压机法，用来连续生产乙酰丙酸[110]。该工艺简化流程如图 2.23 所示。该工艺采用双螺杆挤压机作为反应器，在其内部有多段温度段。原料和稀酸混合后经过挤压机时，在挤压机内经过 100℃→120℃→150℃的加热段，历经 80～100s，能够连续地完成加热和催化反应过程。该工艺具有连续性强，反应步数少，反应时间短等优点，非常适合商业化生产，收率可达48%以上。

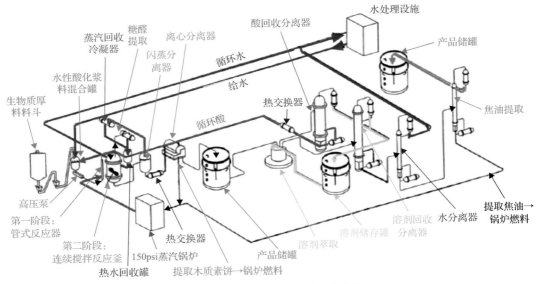

图2.22　Biofine乙酰丙酸生产流程

1psi=6.89476×10³Pa

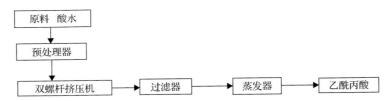

图2.23　内布拉斯加大学开发的双螺杆挤压机法连续生产乙酰丙酸的工艺

Rodriguez[110]以木质纤维素（如甘蔗渣、玉米棒子、稻壳等）为原料在高压反应釜中制备乙酰丙酸和糠醛。首先，在密闭反应器中，饱和压力下，以一定的速率加热到160～170℃，用1%的稀硫酸为催化剂，稀硫酸与原料的体积与质量之比为8∶1；其次，打开反应器的阀门，在此温度下蒸馏分离，制得糠醛，得率为10.52%；最后，关闭反应器阀门，快速升温到185～210℃，以1.62%的稀硫酸为催化剂，稀硫酸与纤维素的体积与质量之比为16∶1，水解制得乙酰丙酸，得率为14.20%。

美国Arkenol公司[111]以含有纤维素和半纤维素的生物质为原料，20%～30%的硫酸为催化剂，在80～100℃条件下，水解原料二次，经固液分离后合并二次水解液，然后在80～120℃下进一步水解。水解产物用阴离子树脂色谱柱层析分离硫酸和有机物，有机物经过常压蒸馏和减压蒸馏得到乙酰丙酸，得率为48%。

近年来，国内在生物质制取乙酰丙酸方面也有较多的研究，但多数为实验室水平或小试阶段。研究多以农林剩余物为原料，也有以糖类为原料。徐桂转等[112]利用木屑为原料，探讨了在高温（170～250℃）、稀酸（质量分数为1%～5%）的条件下制备乙酰丙酸的工艺条件。根据水解方式的不同，确定采用无机酸为催化剂水解木屑有利于乙酰丙酸的生成。在此基础上，分别研究了不同硫酸含量、反应温度、粒度、液固质量比和反应时间对木屑转化为乙酰丙酸产率的影响。结果表明，温度 210℃，硫酸质量分数 3%，液固质量比 15∶1，木屑粒度 20～40 目，反应时间 30min 条件为较优的工艺。该工艺条件下，乙酰丙酸的产率为 17.01%。常春等[113]考查了不同温度、硫酸浓度、原料粒度、液固质量比和反应时间对小麦秸秆转化为乙酰丙酸产率的影响。结果表明，温度在 210～230℃，硫酸浓度 3%，液固比 15∶1，反应时间 30min 条件为较优的工艺条件，乙酰丙酸产率为19.2%。李湘苏[114]采用 WO_3/ZrO_2 固体酸水解农作物废弃物稻谷壳粉制备乙酰丙酸。研究结果表明，原料粒度 140 目、固体酸用量 3.0%、反应时间 40min、反应温度 230℃、液固比 11∶1 为最佳工艺条件，在该条件下，乙酰丙酸的最佳得率为 22.71%。李静等[115]以蔗糖为原料，在硫酸催化下制备乙酰丙酸，主要考察了反应时间、反应温度、蔗糖浓度、硫酸浓度对乙酰丙酸产率的影响。实验结果表明，反应时间 60min，反应温度 110℃，蔗糖浓度 0.4mol/L，硫酸浓度 3.5mol/L 条件下乙酰丙酸的产率最高，可达 43.31%。刘泰等[116]研制了固体超强酸催化剂 $S_2O_8^{2-}/ZrO_2\text{-}TiO_2\text{-}Al_2O_3$，并以蔗糖为原料，催化水解法制备乙酰丙酸。通过单变量法考察了催化剂的焙烧温度、催化剂的投加量、蔗糖浓度、反应温度、反应时间等对乙酰丙酸相对收率的影响，并采用了正交试验来确定最佳工艺条件。研究结果表明，当催化剂的焙烧温度为 550℃、蔗糖浓度为 15g/L、催化剂用量为蔗糖质量的 15%、反应温度为 200℃、反应时间为 60min 时，乙酰丙酸的相对收率最大，达到 72.28%。李利军等[117]研制了固体超强酸催化剂 $S_2O_8^{2-}/聚乙二醇\text{-}TiO_2\text{-}M_1O_3$（M=Al,Cr），并以赤砂糖为原料，催化水解法制备乙酰丙酸。通过单变量法考察了催化剂焙烧时间、催化剂用量、赤砂糖浓度、反应温度和反应时间等对乙酰丙酸收率的影响，并通过正交试验确定最佳工艺条件。结果表明，在催化剂焙烧时间 120min、赤砂糖浓度为10g/L、催化剂用量为赤砂糖质量的 15%、反应温度 200℃和反应时间 120min 条件下，乙酰丙酸收率达 39.98%。杨莉和刘毅[118]以花生壳作为生物质水解原料；葡萄糖产率和乙酰丙酸收率均随着温度提高而提高，葡萄糖产率最高可达到 75%以上（180℃），乙酰丙酸产率最高可达到 20%以上（220℃）；硫酸和盐酸的效果明显好于磷酸和硝酸。对于有机酸来说，温度对原料的质量损失影响不大，徘徊在 40%左右；温度越高，葡萄糖产率受到抑制，乙酰丙酸相对转化率较高，草酸水解时可达到 25%以上（220℃）；草酸的效果明显好于乙酸和柠檬酸。

2. 乙酰丙酸的酯化研究现状

乙酰丙酸乙酯，又名戊酮酸酯、4-酮基戊酸酯或 4-氧代戊酸酯，常见有乙酰丙酸甲酯、乙酰丙酸乙酯、乙酰丙酸丁酯等短链脂肪酯，是一类具有芳香气味的无色透明或黄色液体，易溶于乙醇、乙醚、氯仿等大多数有机溶剂，一些具体的物化性质参见表 2.7[119]。

生物质转化为乙酰丙酸酯包含 4 种潜在合成途径：直接酸催化醇解法、经乙酰丙酸酯化、经 5-氯甲基糠醛醇解和经糠醇醇解[120]，其中生物质经乙酰丙酸酯化合成乙酰丙酸酯是目前最常用的方法，该方法一般要经过生物质的预处理(粉碎)、水解、分离及酯化，最后生成乙酰丙酸乙酯，简要流程为：①预处理过程对生物质进行粉碎，以便于进行水解，生物质粒径过大不容易进入反应器，粒径过小又耗电过大；②生物质水解法制取乙酰丙酸可以通过间歇催化水解法和连续催化水解法来实现；③水解后的生物质包含乙酰丙酸、糠醛、甲酸和水，其中糠醛可以再循环水解生成乙酰丙酸；④水解得到的乙酰丙酸在催化剂的条件下与乙醇进行反应生成乙酰丙酸乙酯[121]。

以硫酸作为催化剂比较经济，硫酸能够吸收反应过程中生成的水，使酯化反应效率更高。何柱生和赵立芳[122]研制了以分子筛为载体的固体超强酸催化乙酰丙酸和乙醇合成乙酰丙酸乙酯，反应条件温和、副反应少，对乙酰丙酸与乙醇的酯化反应进行了优化，得到最佳条件：$V_醇：V_酸 = 5：6$(V表示体积)，反应时间为1.5h，油浴温度为110℃，催化剂用量为乙酰丙酸质量的5%，酯平均收率为96.5%。Bart 等[123]研究了反应物摩尔比、硫酸浓度和反应温度对乙酰丙酸与正丁醇酯化的反应速率和平衡转化的影响，根据反应机理，进行了动力学拟合。王树清等[124]采用强酸性阳离子树脂作为催化剂，环己烷为带水剂，以乙酰丙酸和正丁醇为原料合成乙酰丙酸丁酯，最高收率超过90%。

在化学催化剂或者生物酶催化剂作用下，乙酰丙酸可与醇类发生酯化反应生成乙酰丙酸酯类。Yadav 和 Borkar[125]利用脂肪酶为催化剂，使乙酰丙酸与正丁醇反应合成乙酰丙酸正丁酯。研究了脂肪酶的种类、搅拌转速、酶的用量、反应温度、乙酰丙酸和正丁醇摩尔比、催化剂特性等对酯化反应的影响。研究结果表明，以四丁基二甲醚为溶剂，在60℃的反应温度、2h的反应时间、1：2的乙酰丙酸与正丁醇摩尔比条件下，乙酰丙酸的转化率最高达到90%。Lee 等[126]选择固定化脂肪酶作为生物催化剂，在30mL的密闭玻璃瓶中，利用响应面方法对实验进行优化。得到最佳的反应时间为41.9min，温度为51.4℃，乙醇与乙酰丙酸的摩尔比为1.1：1，酶量为292.3mg，乙酰丙酸的转化率达到了96%。Dharne 和 Bokade[127]以蒙脱石为载体、杂多酸为催化剂，利用乙酰丙酸和正丁醇制备乙酰丙酸正丁酯，研究了杂多酸种类、催化剂用量、乙酰丙酸和正丁醇摩尔比等参数与酯化反应的关系。得到了最佳反应温度为120℃、反应时间为4h、乙酰丙酸和正丁醇摩尔比为6：1、催化剂和乙酰丙酸的质量比为10：1、杂多酸负载量为20%；乙酰丙酸转化率可达97%，乙酰丙酸丁酯选择性为100%。除酸催化外，生物酶也被应用于乙酰丙酸酯化过程中，它具有反应条件更加温和、能耗低等优点。脂肪酶是一种非常有效的乙酰丙酸酯化催化剂。

美国 Biofine 公司利用生物质转化为液体燃料的联产技术[128]，生产乙酰丙酸乙酯和生物柴油。1000kg 的生物质首先经过酸水解后生成250kg乙酰丙酸、150kg糠醛、500kg固体剩余物和100kg甲酸，乙酰丙酸再和乙醇进行酯化反应生成乙酰丙酸乙酯，另外固体剩余物和甲酸经过高温分解生成生物炭和生物油，生物油再经过升级提纯生成最终可替代柴油的生物油。该系统实现了生物质到液体燃料的联产反应，实现了高效率的生物质到乙酰丙酸乙酯和生物油的转化，此工艺的整个流程见图2.24。

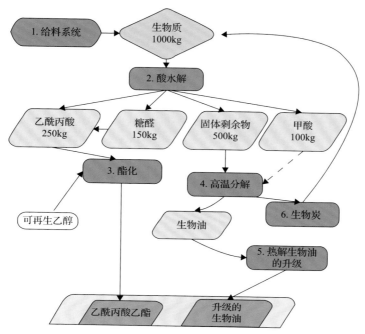

图 2.24　生物质生产乙酰丙酸乙酯和生物油的联产系统流程示意图

3. 乙酰丙酸乙酯柴油机利用现状

一般来说，车用代用燃料应具备以下特点：①资源丰富，价格较低；热值满足内燃机的需要；②能够在一定方面降低排放；③内燃机的结构改动要小或基本不改动，技术上可行；④对内燃机的可靠性无不良影响[129]。生物质液体燃料作为代用燃料在内燃机尤其是柴油机中的应用研究较多。

相对于汽油发动机，柴油机具有更高的能效、更长的工作寿命和更低的一氧化碳排放，但是对环境影响比较严重的烟度和 NO_x 排放却比较高[130]。研究者认为在柴油中添加氧化剂可以解决上述问题[131]，并且有报道指出当燃料中氧的质量分率达到 38%时就可以达到零排放[132]。常用于柴油氧化剂的化合物为生物柴油、醇类和醚类。生物柴油其实是动植物油脂或餐饮废弃油(地沟油)与短链醇类的酯化产物[133,134]，而柴油则是长链芳烃的混合物，所以它们之间的性质不太一样，生物柴油具有较高的十六烷值、黏度和闪点，以及较低的热值，这些不同会影响混合燃料在柴油机内的燃烧性能和排放[135]。Barabás 等[131]研究表明，由于生物柴油较低的热值，柴油-生物柴油-生物乙醇混合燃料性能降低，特别是在低负荷时降低更明显；CO 和 HC(碳氢化合物)排放降低，在中低负荷时降低更显著；而 CO_2 和 NO_x 排放则升高。Buyukkaya 等[134]研究表明生物柴油(菜籽油)的燃烧性能与标准柴油接近，并可以降低尾气的烟度和 CO 排放，然而其燃油消耗率则升高。Rakopoulos 等[136]运用实验测定了柴油中添加乙醇后的性能和排放，发现尾气烟度、NO_x 和 CO 排放变化不大或稍微有所降低，HC 排放有所增加，油耗率随乙醇加入量的增加而增加，但是热效率稍微有所提高。随后他们又运用实验测定并对比了添加正丁醇对柴油性能和排放的影响[137]。Luján 等[138]研究表明生物柴油适用于柴油引擎，至少在添加比较少的时候引擎是正常运转的，生物柴油的油耗率有所升高但是引擎效率基本保持不变，尾气中颗粒物浓度、CO 和 HC 排放降低，而 NO_x 排放升高。Huang 等[139]指出乙醇-正丁醇-柴油混合燃料的 BTE 和柴油相当，油耗率升高，尾气烟度降低，CO 和 HC 排放在某些状态下降低，NO_x 排放随不同的引擎转速、负荷和燃料混合比例而变化。Clikten[140]运用实验测定了菜籽油和大豆油与甲醇酯化后的生物柴油的性能和排放，指出普通柴油引擎无须改装即可使用这类液体燃料，而由于生物柴油较低的热值和较高的黏度，柴油机性能有所下降，尾气烟度和 CO 排放也有所降低，而 NO_x 排放增加。Huang 等[139]研究结果表明伴随着甲醇-柴油和乙醇-柴油的使用，油耗率和 NO_x 排放增加，而 BTE、尾气烟度、CO 和 HC 排放降低。Clikten[140]运用实验研究表明添加高含氧量和高挥发度的添加物，如二乙醚和乙醇，可以使生物柴油-柴油混合燃料综合能效更高。另外，还有研究表明生物柴油混合燃料的使用可以降低尾气中醛类的排放[45]。另外，虽然有大量关于醇类作为柴油添加剂的研究，但是限制该技术的障碍还没有被完全克服，相对于柴油，乙醇的密度和黏度比较低，如果不添加其他助溶剂，它很难和柴油形成稳定的混合燃料[139]。而从动植物油脂酯化而来的生物柴油的低温性能很差，此时其黏度会变得比柴油大得多，增加了燃料输送的压力，这一特性限制生物柴油在低温环境中的应用[47]。

　　最近有研究表明乙酰丙酸乙酯是一种比较有潜力的柴油添加剂[48]。另外 Biofine 工艺将己糖转化为乙酰丙酸的转化率高达 50%[141,142]，这一工艺大大降低了乙酰丙酸乙酯作为柴油添加剂的使用成本。乙酰丙酸乙酯的氧含量达到了 33%，DIBANET 报道了一种由 20%乙酰丙酸乙酯，79%柴油和 1%助剂组成的具有 6.9%氧含量的新型混合燃料，该燃料清洁高效，润滑性能好，有效降低硫的排放，符合《柴油燃料油标准规范》（ASTM D975—2017a）的各项柴油标准[143]。Camobreco 等[48]则研究了乙酰丙酸乙酯浓度达 20%的混合生物柴油的云点、流动点和低温过滤堵塞点等参数，并研究了超低硫柴油（ULSD）中添加乙酰丙酸乙酯对酸值、氧化安定性、动力黏度和闪点的影响，得出在乙酰丙酸乙酯添加量小于 15%（体积分数）时，有指标满足《与生物柴油混合燃料的柴油机混合燃料（B100）标准规范》（ASTM D6751—2007b）标准。这些研究为乙酰丙酸乙酯作为柴油添加物提供了数据基础。

　　国内对生物柴油、甲醇、二甲醚等在柴油机中的利用的研究较多。其中，使用生物柴油发动机的输出功率有所下降，燃油消耗率高于石化柴油，燃油消耗率随生物柴油添加比例增大而增加，CO、HC 以及烟度等排放均比石化柴油有所降低，CO_2、NO_x 排放有所上升。由于生物质基乙酰丙酸乙酯是一种新的液体燃料，在国内外都没有详细地对其在内燃机上燃烧及排放性能进行研究，给该液体燃料的推广及使用造成了一定的难度，在国内对其在柴油机上燃烧及排放性能的研究几乎为空白，目前，更没有以乙酰丙酸乙酯为核心并且理化特性满足《B5 柴油》（GB/T 25199—2017）的调和燃料。

4. 乙酰丙酸乙酯全生命周期研究现状

　　生命周期评价最早出现于 20 世纪 60 年代末的美国，当时的研究机构针对包装品进行生命周期分析，也被称为资源与环境状况分析。1969 年，美国中西部研究所对可口可乐公司的饮料包装瓶进行了从原材料采掘到废弃物最终处理的全过程的跟踪与定量分析，并得出一次性塑料瓶较可回收玻璃瓶更具环境友好性的研究结论[144]。液体燃料生命周期的研究早期出现在 20 世纪 90 年代的欧美等发达国家和地区，鉴于交通能源消耗巨大，环境污染严重和环保意识加强，车用液体燃料的生命周期评价研究应运而生。Furuholt[145]用生命周期评价方法分析了常规汽油、含添加剂 MTBE 的汽油和柴油的能源消耗与排放。研究表明，含添加剂 MTBE 的汽油的潜在环境影响要大于常规汽油，含添加剂 MTBE 的柴油的潜在环境影响要小于常规汽油。后来出现了生物质能源方面的生命周期评价。Kaltschmitt 等[45]对生物质能产品进行了生命周期分析，得出生物质能产品与化石燃料相比具有明显的环保优势，并结合德国在生物质能方面的发展路线，对不同的生物质能生命周期的能耗、CO_2、N_2O、SO_2 和 NO_x 分别进行了分析。美国国家可再生能源实验室[146]对重组汽油、含 10%（体积分数）乙醇的汽油（E10）和含 95%（体积分数）乙醇的汽油（E95）的生命周期排放物进行了研究和比较，研究表明，与重组汽油相比，E10（乙醇为生物质基乙醇）的生命周期排放几乎没有变化，E95（乙醇为生物质基乙醇）降低 CO_2 排放可达 96%，同时 NO_x、SO_2 和颗粒物（PM）排放也大幅降低，但挥发性有机化合物（VOC）与 CO 排放有所增加。后来，美国国家可再生能源实验室[48]又对公交车用生物柴油进行了生命周期能耗与排放影响分析，结果表明，与柴油相比，生物柴油的使用可以减少 95% 的石油消耗和 70% 的化石能源消耗；能够减少 CO_2 达 78%，PM、CO、和 SO_2 等排放均有不同程度下降，NO_x 和 HC 排放有所上升，而 HC 排放量的增加来源于生物柴油生产过程。

国内在液体燃料方面的生命周期评价起步并不算晚。1997 年我国与美国合作进行的项目，将煤基代用燃料路线与原油基代用燃料路线进行对比，对多种汽车替代液体燃料方案进行了分析[141]。目前对生物质液体燃料的分析评价较多，主要集中在生物乙醇、生物柴油、生物质基二甲醚等方面[144-147]。胡志远等[147]对木薯乙醇汽油的生命周期进行过分析，结果表明：与普通汽油相比，乙醇汽油的生命周期能耗有所增加；SO_x、NO_x 排放有所增加，其余包括温室气体在内的排放物均有所减少。张艳丽等[143]结合国内 4 家燃料乙醇生产企业的示范工程，对其全生命周期过程的能源消耗、环境影响和经济成本提供了定量的评价结果，为评价、对比"非粮"乙醇和"粮食基"乙醇提供了科学、权威的数据，结果表明，发展甜高粱和木薯等非粮乙醇是可行的，与玉米乙醇相比具有较强的优势。李小环等[146]计算了木薯乙醇生命周期的温室气体排放量，并将间接排放分解到 43 个行业部门，研究表明，木薯乙醇生命周期温室气体净排放总量为 96.2g/MJ，其中直接和间接排放量分别为 130.2g/MJ 和 36.9g/MJ，光合作用吸收 CO_2 70.9g/MJ；间接排放中，排放最多的部门是电力、热力的生产和供应业，占间接排放总量的 32.2%。邢爱华等[148]评估了生物柴油项目对环境的影响，统计了以菜籽油、麻风树油、地沟油为原料的生物柴油全生命周期（包括作物的种植、收获、运输、预处理，以及生物柴油的生产和配送和消费）的各种污染物排放。结果表明：生物柴油全生命周期中，CO_2 排放量低于石化柴油，HC、CO 排放量与石化柴油接近，NO_x、$PM_{2.5}$ 量略高于石化柴油，SO_2 排放量远高于石化柴油。朱祺[149]从能源结构角度分析得出生物柴油全生命周期的石油消耗与柴油路线相比下降了 90% 左右，从环境排放角度分析得出生物柴油全生命周期环境排放显著下降，其中麻风树籽油和菜籽油等生物柴油与柴油相比，CO_2 排放下降了 50% 左右；与柴油相比，在车辆运行阶段，生物柴油在降低 CO、PM 的排放上有一定优势。胡志远等[147]建立了大豆、油菜籽、光皮树和麻风树 4 种原料基生物柴油生命周期能耗和排放评价模型，结果表明：与石化柴油相比，大豆和油菜籽基生物柴油全生命周期能耗与石化柴油相差不大；光皮树和麻风树基生物柴油的全生命周期能耗比石化柴油降低 10% 左右；全生命周期 CO、PM_{10}、HC、SO_x 和 CO_2 排放均降低，NO_x 排放有所升高。易红宏等[150]研究了在燃料中分别添加不同比例的生物质基乙醇和甲酯带来的生命周期能耗与污染物排放变化，其中乙醇的使用没有降低化石燃料消耗，甲酯的使用可降低 20% 左右；乙醇使用增加了 NO_x 排放，而甲酯可降低约 50% 的 NO_x 排放；乙醇和甲酯的加入均能降低车用阶段的 PM_{10} 排放；燃料生产阶段的 SO_2 排放在全生命周期中约占 80%；甲酯的使用可降低 VOC 排放。师新广等[151]以生产规模为 1000t/a 的玉米秸秆气化合成二甲醚系统为例，计算了系统整体能量效率及产生的温室效应，采用常规能源对玉米秸秆气进行转化，使用生命周期分析方法对玉米秸秆的生长、收集、压缩、气化及二甲醚的合成和利用等过程的温室效应与能耗进行了分析，结果表明，生产二甲醚的总能耗为产出二甲醚总能量的25%，玉米秸秆固定的二氧化碳为生产和使用二甲醚过程中排放的二氧化碳总量的 77%，说明在玉米秸秆气化合成二甲醚及二甲醚的使用过程中存在着温室气体的排放，但与化石燃料相比，其仍然有很大的减排作用。

以上综述可知，基于生命周期方法的煤基、天然气基液体燃料，生物柴油、生物乙醇、生物质基二甲醚等的研究已经在国内外开展，但对于生物质基乙酰丙酸乙酯的相关研究还没有。利用生命周期分析方法，研究分析生物质基乙酰丙酸乙酯的生命周期能耗、温室气体排放及经济性指标，将有利于全面、正确地分析生物质基乙酰丙酸乙酯生产和利用过程对环境的影响及能源消耗，并以此为依据提供改善环境、降低能耗及提高经济性的技术。

5. 生物质基酯类燃料土地利用变化研究现状

乙酰丙酸酯也是一种重要的化工原料，可应用于食品、医药、化妆品、涂料、橡胶等行业[152]。乙酰丙酸酯分子中存在一个羰基和一个酯基，羰基上的碳氧双键为强极性键，具有高的反应活性，可以作为反应底物参与加氢、氧化、水解、酯交换、缩合、加成等化学反应，生成 γ-戊内酯、双酚酯、乙酰丙酸乙烯等[153]。

科学技术部在"十二五"期间重点完成了生物质水解制备乙酰丙酸燃料关键技术，建立了以生物质为原料水解生产乙酰丙酸乙酯联产糠醛小试、中试、示范工程，完成了系列生物质柴油替代燃料配方设计和生产，为进一步的全生命周期研究提供了基础。目前，我国已在河南、内蒙古、福建等地建立了生物质基乙酰丙酸酯类燃料小试、中试和示范基地，为车用替代燃料的推广使用奠定了良好的基础。作为一种新兴的生物质燃料，生物质基酯类燃料具有很好的清洁燃料特性和较高的经济价值，相对于传统柴油，生物质基酯类燃料具备减排优势和潜力[154]。另外，采用生命周期软件对玉米秸秆基乙酰丙酸乙酯联产糠醛工艺中的能耗、温室气体、标准排放等环节进行评估。同时进行了敏感性分析，即增加和减少秸秆投入会导致能耗和环境排放的增加和减少，用全生命周期评价的方法证明了秸秆随意焚烧会导致大量的非甲烷挥发性有机物(NMVOC)、CO、NO_x 和 PM_{10} 排放。然而,目前对于生物质基酯类燃料的全生命周期分析还存在不足,还没有构建生物质基酯类燃料的车用替代燃料分析评价体系。

生物质基酯类燃料生产的原料多为农业剩余物,而农业剩余物的获取与土地利用直接相关,用于评估土地利用变化的不同的模型和方法在分析结果方面存在很大差异,相同方法在政策实践、农业和非农土地转换的产量以及土地用途等方面差异更大,土地利用变化对生物酯类燃料环境的影响促进了几种产品之间的替代以及受到若干其他因素的驱动,土地利用变化影响机制是研究的核心与关键。生物质基酯类燃料的生产或消费及全生命周期过程,是否会对全球能源作物价格上涨和土地使用的变化带来影响还未厘清。生物质基酯类燃料如果产生土地利用的变化,那么将会对碳排放产生正面还是负面的影响值得探讨。生物质基酯类燃料的原料主要为农作秸秆等,酯类燃料主要从制取、使用过程对农作物秸秆需求和使用产生影响,之后对农作物种植产生影响,进而对土地利用的类型和耕地面积产生一定的影响,包括土壤变化、固碳多少等,存在多个中间环节,因此对生物质基酯类燃料的间接土地利用变化研究更加具有现实意义。

随着生物质基酯类燃料生产技术的进步和其生产成本的下降,生物质基酯类燃料作为汽柴油替代燃料应用将逐步推广,但国内外对其生命周期能耗、环境排放、经济性和土地利用变化的影响研究还有诸多不足。因此,有必要以大宗生物质资源(如农作物秸秆)为原料,典型的生物质基酯类燃料(乙酰丙酸乙酯)为技术路线,深入开展全生命周期能源和环境性、经济性、土地利用变化分析评价,进而促进生物质基酯类燃料的推广和生物质资源的合理化、规模化利用。而在规模化利用之前,有必要开展土地利用变化影响的研究,为生物质基酯类燃料的长远发展提供更全面的评价保障机制。

2.7　本章小结

国家对节能减排的要求越来越高,各种可再生能源发展战略规划不断出台;而国内外木质纤维素类生物质液化技术的各种商业化尝试均困难重重,举步维艰。第二代生物燃料技术通常是对废弃物的资源化利用,对于解决能源问题和环境问题都具有重大意义。然而,目前的产业化进程已经落后于计划,这不仅需要深入研究其原理和内在规律,也需要从更宏观角度着眼,找到问题的症结所在。基于以上研究背景,本章以生物质热化学转化和生化转化液体燃料机理与调控为依托,从全生命周期的视角综合阐述了生物质液体燃料能源和环境、经济性评价以及在土地利用变化方面的研究现状;进而以生物质基酯类燃料为研究对象,综合阐述了生物质基酯类燃料的性质及转化途径,初步分析了生物质基酯类燃料全生命周期评价及土地利用变化的研究现状,以期为建立生物质基全生命周期能效和环境、㶲、经济性与土地利用影响分析方面的评价体系做铺垫。

参 考 文 献

[1] Marulanda V A, Gutierrez C, Alzate C. Advanced Bioprocessing for Alternative Fuels, Biobased Chemicals Bioproducts[M]. Cambridge: Elsevier, Woodhead Publishing, 2019.

[2] Moriarty P, Honnery D. Global renewable energy resources and use in 2050[J]. Managing Global Warming, 2019: 221-235.

[3] Mercure J F, Pablo S. On the global economic potentials and marginal costs of non-renewable resources and the price of energy commodities[J]. Energy Policy, 2013, 63: 469-483.

[4] Yang J, He Q, Niu H B, et al. Hydrothermal liquefaction of biomass model components for product yield prediction and reaction pathways exploration[J]. Applied Energy, 2018, 228: 1618-1628.

[5] Biswas B, Kumar J, Bhaskar T. Chapter 10-Advanced Hydrothermal Liquefaction of Biomass for Bio-Oil Production, in Biofuels: Alternative Feedstocks and Conversion Processes for the Production of Liquid and Gaseous Biofuels[M]. 2nd ed. New York: Academic Press, 2019: 245-266.

[6] Gollakota A, Kishore N, Gu S. A review on hydrothermal liquefaction of biomass[J]. Renewable and Sustainable Energy Reviews, 2018, 81: 1378-1392.

[7] Winjobi O, Shonnard D R, Bar-Ziv E, et al. Techno-economic assessment of the effect of torrefaction on fast pyrolysis of pine[J]. Biofuels, Bioproducts and Biorefining, 2016, 10(2): 117-128.

[8] Zhang Q, Chang J, Wang T, et al. Review of biomass pyrolysis oil properties and upgrading research[J]. Energy Conversion and Management, 2007, 48(1): 87-92.

[9] 魏庭玉. 木质纤维素类生物质转化为液体燃料的能源-环境-经济综合评价[D]. 杭州: 浙江大学, 2020.

[10] Lu Q, Li W Z, Zhu X F. Overview of fuel properties of biomass fast pyrolysis oils[J]. Energy Conversion & Management, 2009, 50(5): 1376-1383.

[11] Shen J, Igathinathane C, Yu M, et al. Biomass pyrolysis and combustion integral and differential reaction heats with temperatures using thermogravimetric analysis/differential scanning calorimetry[J]. Bioresoure, 2015, 185: 89-98.

[12] Abnisa F, Daud W. A review on co-pyrolysis of biomass: an optional technique to obtain a high-grade pyrolysis oil[J]. Energy Conversion and Management, 2014, 87: 71-85.

[13] Galadima A, Muraza O. In situ fast pyrolysis of biomass with zeolite catalysts for bioaromatics/gasoline production: a review[J]. Energy Conversion and Management, 2015, 105: 338-354.

[14] Lda B, Ywa B, Yla B, et al. Microwave-assisted pyrolysis of formic acid pretreated bamboo sawdust for bio-oil production[J]. Environmental Research, 2020, 182: 108988.

[15] 唐亚鸽. 高温高压快速加氢热解半焦气化及燃烧特性研究[D]. 太原: 太原理工大学, 2023.

[16] Appell H R, Fu Y C, Friedman S, et al. Converting organic wastes to oil[J]. International Society for Optics and Photonics, 1975: 253178.

[17] Minowa T, Kondno T, Sudirjo S T. Thermochemical liquefaction of indonesian biomass residues[J]. Biomass and Bioenergy, 1998, (14): 517-524.

[18] Fatma K, Bolat E. Coprocessing of a turkish lignite with a cellulosic waste material 2. The effect of coprocesing on liquefaction yields at different reaction pressures and sawdust/ ligniteratios[J]. Fuel Processing Technology, 2002, (75): 109-116.

[19] Freel B A, Graham R G. Method and Apparatus for a Circulating Bed Transport Fast Pyrolysis Reactor System: EP0513051A1[P]. 1991-01-30.

[20] Yamada T, Ono H. Rapid liquefaclion of lignceilulosic waste by using ethylene carbonate[J]. Bioresource Technology, 1999, (70): 61-67.

[21] Kurmoto Y, Takeda M, Koizumi A, et al. Mechanical properties of polyurethan filmns prepared from liquefied wood with polyrmeric MDI[J]. Bioresource Technology, 2000, (74): 151-157.

[22] Heitz M. Solvent effect on liquefaction solubilisation and profiles of tropical prototype wood, eucalyptu, in presence of simple alcohols, ethylene glycol, water and phenols. Research in Thermochemical[J]. Biomass Conversion, 1988: 429-438.

[23] Motta I L, Miranda N T, Filho R M, et al. Biomass gasification in fluidized beds: a review of biomass moisture content and operating pressure effects[J]. Renewable and Sustainable Energy Reviews, 2018, 94(11): 998-1023.

[24] Sansaniwal S K, Pal K, Rosen M A, et al. Recent advances in the development of biomass gasification technology: a comprehensive review[J]. Renewable and Sustainable Energy Reviews, 2017, 72: 363-384.

[25] Tijmensen M, Faaij A, Hamelinck C N, et al. Exploration of the possibilities for production of Fischer Tropsch liquids and power via biomass gasification[J]. Biomass & Bioenergy, 2002, 23(2): 129-152.

[26] Guettel R, Kunz U, Turek T. Reactors for Fischer-Tropsch synthesis[J]. Chemical Engineering & Technology, 2008, 31(5): 746-754.

[27] Koll P, Metzger J O. Thermal decomposition of cellulose and chitn in over critical acetone[J]. Angewandte Chemie International Edition, 1978, 90(10): 802-803.

[28] Goudriaan F, Vandw S, Zeevalkink J, et al. The HTU process for biomass liquefaction; R&D strategy and potential business development[C]. Proceedings of the 4th Biomass Conference of the Americas, New York, 1999: 789-795.

[29] 钱学仁, 李坚. 兴安落叶松木材超临界乙醇萃取研究[J]. 东北林业大学学报, 2000, 28(4): 21-24.

[30] 杜海凤, 闫超. 生物质制备液体燃料技术的研究[J]. 当代化工, 2016, 45(8): 1997-2000.

[31] Chung D, Cha M, Guss A M, et al. Direct conversion of plant biomass to ethanol by engineered Caldicellulosiruptor bescii[J]. Proceedings of the National Academy of Sciences of the United States of America, 2014, 111(24): 8931-8936.

[32] Gonzalez U, Schifter I, Diaz L, et al. Assessment of the use of ethanol instead of MTBE as an oxygenated compound in Mexican regular gasoline: combustion behavior and emissions[J]. Environmental Monitoring and Assessment, 2018, 190(12): 700.1-700.15.

[33] Gírio F M, Fonseca C, Carvalheiro F, et al. Hemicelluloses for fuel ethanol: A review[J]. Bioresource Technology, 2010, 34(1): 57-68.

[34] Hassan S S, Williams G A, Jaiswal A K. Emerging technologies for the pretreatment of lignocellulosic biomass[J]. Bioresource Technology, 2018, 262: 310-318.

[35] Alw A, Cjdn A, Lpdsv A, et al. Lignocellulosic biomass: acid and alkaline pretreatments and their effects on biomass recalcitrance-conventional processing and recent advances[J]. Bioresource Technology, 2020, 304: 122848.

[36] Nguyen T Y. Overcoming factors limiting high-solids fermentation of lignocellulosic biomass to ethanol[J]. Proceedings of the National Academy of Sciences of the United States of America, 2017, 114(44): 11673-11678.

[37] Pereira F B, Romaní A, Ruiz H A, et al. Industrial robust yeast isolates with great potential for fermentation of lignocellulosic biomass[J]. Bioresource Technology, 2014, 161(3): 192-199.

[38] Aldridge X E. Recovery of ethanol from fermentation broths by catalytic conversion to gasoline[J]. Industrial & Engineering Chemistry Process Design and Development, 1984, 23: 733-737.

[39] Dickson R, Ryu J H, Liu J J. Optimal plant design for integrated biorefinery producing bioethanol and protein from Saccharina japonica: a superstructure-based approach[J]. Energy, 2018, 164(10): 1257-1270.

[40] 雷廷宙, 林鹿, 王志伟. 生物质水解转化酯类燃料及化学品[M]. 北京: 科学出版社, 2019.

[41] Bai Y Y, Zhai Y J, Ji C X, et al. Environmental sustainability challenges of China's edible vegetable oil industry: from farm to factory[J]. Resources, Conservation and Recycling, 2021, 170: 105606.

[42] Hellweg S, Mila C L. Emerging approaches, challenges and opportunities in life cycle assessment[J]. Science, 2014, 344(6188): 1109-1113.

[43] Kargbo H, Harris J S, Phan A N. "Drop-in" fuel production from biomass: critical review on techno-economic feasibility and sustainability[J]. Renewable and Sustainable Energy Reviews, 2021, 135: 110168.

[44] Morales M, Quintero J, Conejeros R, et al. Life cycle assessment of lignocellulosic bioethanol: environmental impacts and energy balance[J]. Renewable and Sustainable Energy Reviews, 2015, 42: 1349-1361.

[45] Kaltschmitt M, Reinhardt G A, Stelzer T. Life cycle analysis of biofuels under different environmental aspects[J]. Biomass and Bioenergy, 1997, 12(2): 121-134.

[46] Fu G Z, Minns C D E. Life cycle assessment of bio-ethanol derived from cellulose[J]. International Journal of Life Cycle Assessment, 2003, 8: 137-141.

[47] Bull S R. Renewable alternative fuels: alcohol production from lignocellulosic biomass[J]. Renewable Energy, 1994, 5(5-8): 799-806.

[48] Camobreco V, Sheehan J, Duffield J, et al. Understanding the life-cycle costs and environmental profile of biodiesel and petroleum diesel fuel[J]. SAE Paper, 2000, 1: 1487.

[49] Woertz I C, John B, Du N, et al. Life cycle GHG emissions from microalgal biodiesel-a CA-GREET model[J]. Environmental Science & Technology, 2014, 48(11): 6060-6068.

[50] Sanchez S T, Woods J, Akhurst M, et al. Accounting for indirect land-use change in the life cycle assessment of biofuel supply chains[J]. Journal of the Royal Society Interface, 2012, 9(71): 1105-1119.

[51] Odum H T. Emergy evaluation of an OTEC electrical power system[J]. Energy, 2000, 25(4): 389-393.

[52] Dewulf J O, Langenhove H V, Muys B, et al. Exergy: its potential and limitations in environmental science and technology[J]. Environmental Science & Technology, 2008, 42(7): 2221-2232.

[53] Sciubba E. Exergy destruction as an ecological indicator[J]. Encyclopedia of Ecology, 2008: 1510-1522.

[54] Wong A, Zhang H, Kumar A. Life cycle water footprint of hydrogenation-derived renewable diesel production from lignocellulosic biomass[J]. Water Research, 2016, 102: 330-345.

[55] Benavides P T, Cronauer D C, Adom F, et al. The influence of catalysts on biofuel life cycle analysis (LCA)[J]. Sustainable Materials & Technologies, 2017, 11: 53-59.

[56] Kendall A, Yuan J. Comparing life cycle assessments of different biofuel options[J]. Current Opinion in Chemical Biology, 2013, 17(3): 439-443.

[57] Cherubini F, Bird N D, Cowie A, et al. Energy-and greenhouse gas-based LCA of biofuel and bioenergy systems: key issues, ranges and recommendations[J]. Resources, Conservation and Recycling, 2009, 53(8): 434-447.

[58] Rocha M H, Capaz R S, Lora E, et al. Life cycle assessment (LCA) for biofuels in Brazilian conditions: a meta-analysis[J]. Renewable & Sustainable Energy Reviews, 2014, 37: 435-459.

[59] Dunn J B. Biofuel and bioproduct environmental sustainability analysis[J]. Current Opinion in Biotechnology, 2019, 57: 88-93.

[60] Kazi F K, Fortman J A, Anex R P, et al. Techno-economic comparison of process technologies for biochemical ethanol production from corn stover[J]. Fuel, 2010, 89(supp-S1): 20-28.

[61] Kwiatkowski K, Górecki B, Korotko J, et al. Numerical modeling of biomass pyrolysis—heat and mass transport models[J]. Numerical Heat Transfer, 2013, 64(3): 216-234.

[62] Klein-Marcuschamer D, Oleskowicz-Popiel P, Simmons B A, et al. Technoeconomic analysis of biofuels: a wiki-based platform for lignocellulosic biorefineries[J]. Biomass and Bioenergy, 2010, 34(12): 1914-1921.

[63] Ning S K, Hung M C, Chang Y H, et al. Benefit assessment of cost, energy, and environment for biomass pyrolysis oil[J]. Journal of Cleaner Production, 2013, 59(15): 141-149.

[64] Peters J F, Iribarren D, Dufour J. Simulation and life cycle assessment of biofuel production via fast pyrolysis and hydroupgrading[J]. Fuel, 2015, 139(1): 441-456.

[65] Zaimes G G, Soratana K, Harden C L, et al. Biofuels via fast pyrolysis of perennial grasses: a life cycle evaluation of energy consumption and greenhouse gas emissions[J]. Environmental Science & Technology, 2015, 49(16): 10007-10018.

[66] 党琪. 生物质热解油催化改性提质实验研究及全生命周期评价[D]. 杭州: 浙江大学, 2014.

[67] 胡志远. 车用生物柴油生命周期评价及多目标优化[D]. 上海: 同济大学, 2006.

[68] Sills D L, Paramita V, Franke M J, et al. Quantitative uncertainty analysis of life cycle assessment for algal biofuel production[J]. Environmental Science & Technology, 2013, 47(2): 687-694.

[69] Herrmann I T, Jrgensen A, Bruun S, et al. Potential for optimized production and use of rapeseed biodiesel. Based on a comprehensive real-time LCA case study in Denmark with multiple pathways[J]. The International Journal of Life Cycle Assessment, 2013, 18(2): 418-430.

[70] Humbert S, Marshall J, Shaked S, et al. Intake fraction for particulate matter: recommendations for life cycle impact assessment[J]. Environmental Science & Technology, 2011, 45(11): 4808-4816.

[71] Silalertruksa T, Gheewala S H, Sagisaka M, et al. Life cycle GHG analysis of rice straw bio-DME production and application in Thailand[J]. Applied Energy, 2013, 112(10): 560-567.

[72] Higo M, Dowaki K. A life cycle analysis on a bio-DME production system considering the species of biomass feedstock in Japan and Papua New Guinea[J]. Applied Energy, 2010, 87(1): 58-67.

[73] Shie J L, Chang C Y, Chen C S, et al. Energy life cycle assessment of rice straw bio-energy derived from potential gasification technologies[J]. Bioresource Technology, 2011, 102(12): 6735-6741.

[74] 赵晶, 郭放, 阿鲁斯, 等. 未来航空燃料原料可持续性研究[J]. 北京航空航天大学学报, 2016, 42(11): 2378-2385.

[75] Stratton R W, Wong H M, Hileman J I. Life cycle greenhouse gas emissions from alternative jet fuels[R]. Cambridge: Massachusetts Institute of Technology, 2010.

[76] Laure P, Pierre C. Sensitivity of technical choices on the GHG emissions and expended energy of hydrotreated renewable jet fuel from microalgae[J]. Oil & Gas Science & Technology, 2014, 71(6): 301-315.

[77] Zhu L, Guo W, Shi Y, et al. Comparative life cycle assessment of ethanol synthesis from corn stover by direct and indirect thermochemical conversion processes[J]. Energy & Fuels, 2015, 29(12): 7998-8005.

[78] Wang M, Han J, Dunn J B, et al. Well-to-wheels energy use and greenhouse gas emissions of ethanol from corn, sugarcane and cellulosic biomass for US use[J]. Environmental Research Letters, 2012, 7(4): 045905.

[79] Romijn H A. Land clearing and greenhouse gas emissions from Jatropha biofuels on African Miombo Woodlands[J]. Energy Policy, 2011, 39(10): 5751-5762.

[80] Elobeid A, Moreira M M R, Zanetti de Lima C, et al. Implications of biofuel production on direct and indirect land use change: evidence from Brazil[J]. Biofuels, Bioenergy and Food Security, 2019: 125-143.

[81] Swanson R W, Platon A, Satrio J A, et al. Techno-economic analysis of biomass-to-liquids production based on gasification[J]. Fuel, 2010, 89: S11-S19.

[82] Brown T R, Thilakaratne R, Brown R C, et al. Techno-economic analysis of biomass to transportation fuels and electricity via fast pyrolysis and hydroprocessing[J]. Fuel, 2013, 106: 463-469.

[83] Hu W. Techno-economic, uncertainty, and optimization analysis of commodity product production from biomass fast pyrolysis and bio-oil upgrading[J]. Fuel, 2015, 143(1): 361-372.

[84] 黄志航, 袁红. 生物质及其衍生物醇解制备乙酰丙酸乙酯研究进展[J]. 现代化工, 2021, 41(8): 42-46.

[85] 王志伟. 生物质基乙酰丙酸乙酯混合燃料动力学性能研究[D]. 郑州: 河南农业大学, 2013.

[86] Lucia L D, Ahlgren S, Ericsson K. The dilemma of indirect land-use changes in EU biofuel policy-an empirical study of policy-making in the context of scientific uncertainty[J]. Environmental Science & Policy, 2012, 16: 9-19.

[87] Strapasson A, Woods J, Meessen J, et al. EU land use futures: modelling food, bioenergy and carbon dynamics[J]. Energy Strategy Reviews, 2020, 31: 100545.

[88] Welfle A, Thornley P, Röder M. A review of the role of bioenergy modelling in renewable energy research & policy development[J]. Biomass and Bioenergy, 2020, 136: 105542.

[89] Communities CotE. Biofuels progress report: report on the progress made in the use of biofuels and other renewable fuels in the member states of the European Union[R]. Brussels, 2006.

[90] Gawel E, Ludwig G. The iLUC dilemma: how to deal with indirect land use changes when governing energy crops?[J]. Land Use Policy, 2011, 28(4): 846-856.

[91] Barr M R, Volpe R, Kandiyoti R. Liquid biofuels from food crops in transportation – a balance sheet of outcomes[J]. Chemical Engineering Science: X, 2021, 10: 100090.

[92] Hill J D, Nelson E, Tilman D. Environmental, economic, and energetic costs and benefits of biodiesel and ethanol biofuels[J]. Proceedings of the National Academy of Sciences, 2006, 103(30): 11206-11210.

[93] Schils R L, Eriksen J, Ledgard S F, et al. Strategies to mitigate nitrous oxide emissions from herbivore production systems[J]. Animal, 2013, 7: 29-40.

[94] Johansson R, Meyer S, Whistance J, et al. Greenhouse gas emission reduction and cost from The United States biofuels mandate[J]. Renewable and Sustainable Energy Reviews, 2020, 119: 109513.

[95] Dumortier J, Dokoohaki H, Elobeid A, et al. Global land-use and carbon emission implications from biochar application to cropland in the United States[J]. Journal of Cleaner Production, 2020, 258: 120684.

[96] Wang M. Updated energy and greenhouse gas emission results of fuel ethanol[J]. The 15th International Symposium on Alcohol Fuels, 2005, 9: 26-28.

[97] Kim S, Dale B E, Heijungs R, et al. Indirect land use change and biofuels: mathematical analysis reveals a fundamental flaw in the regulatory approach[J]. Biomass and Bioenergy, 2014, 71: 408-412.

[98] Overmars K, Edwards R, Padella M, et al. Estimates of indirect land use change from biofuels based on historical data[R]. JRC Science and Policy Report, 2015: 26819.

[99] Wang M, Wu M, Huo H. Life-cycle energy and greenhouse gas emission impacts of different corn ethanol plant types[J]. Environmental Research Letters, 2007, 2（2）: 109-118.

[100] Ahlgren S, Lucia L D. Indirect land use changes of biofuel production-a review of modelling efforts and policy developments in the European Union[J]. Biotechnology for Biofuels, 2014, 7（1）: 35.

[101] Girisuta B, Janssen L P B M, Heeresa H J. Green chemicals a kinetic study on the conversion of glucose to levulinic acid[J]. Chemical Engineering Research and Design, 2006, 84（A5）: 339-349.

[102] 林鹿, 薛培俭, 庄军平, 等. 生物质基乙酰丙酸化学与技术[M]. 北京: 化学工业出版社, 2009.

[103] 常春, 马晓建, 岑沛霖. 新型绿色平台化合物乙酰丙酸的生产及应用研究进展[J]. 化工进展, 2005, 24（2）: 350-356.

[104] 张挺, 常春. 生物质制备乙酰丙酸酯类转化路径的研究进展[J]. 化工进展. 2012, 31（6）: 1224-1229.

[105] JeanPaul L, Wouter D, Rene J H. Conversion of furfuryl alcohol into ethyl levulinate using solid acid catalysts[J]. Chemistry and Sustainability, 2009, （2）: 437-441.

[106] Fang Q, Hanna M A. Experimental studies for levulinic acid production from whole kernel grain sorghum[J]. Bioresource Technology, 2002, 81（3）: 187-192.

[107] 常春. 生物质制备新型平台化合物乙酰丙酸的研究[D]. 杭州: 浙江大学, 2006.

[108] Biofine Incorporated. Production of levulinic acid from carbohydrated containing-materials: US 5608105[P]. 1998-10-28.

[109] Board of Regants, University of Nebraska Lincoln. Method and apparatus for production of levulinic acid via reactive extrusion: US 5859263[P]. 1999-01-12.

[110] Rodriguez R E. Process for jointly producing furfural and levulinic acid from bagasse and other lignocellulosic material: S3701789[P]. 1972-10-31.

[111] Farone W A, Cuzens J E. Method for the production of levulinic acid and its derivatives: ZA19970010038[P]. 2023-09-02.

[112] 徐桂转, 马俊军, 岳建芝. 生物质制备乙酰丙酸的影响因素研究[J]. 河南农业大学学报, 2007, 41（5）: 584-587.

[113] 常春, 马晓建, 岑沛霖. 小麦秸秆制备新型平台化合物-乙酰丙酸的工艺研究[J]. 农业工程学报, 2006, 22（6）: 161-164.

[114] 李湘苏. WO₃/ZrO₂固体酸水解稻谷壳制备乙酰丙酸的优化研究[J]. 江苏农业科学, 2012, 40（9）: 267-268.

[115] 李静, 王君, 张晔, 等. 酸催化水解蔗糖制取乙酰丙酸[J]. 化工进展, 2012, 31（S）: 57-59.

[116] 刘焱, 李利军, 刘柳, 等. 固体超强酸催化剂$S_2O_8^{2-}$/ZrO₂-TiO₂-Al₂O₃制备乙酰丙酸[J]. 化工进展, 2012, 31（9）: 1975-1979.

[117] 李利军, 刘焱, 刘柳, 等. 固体超强酸催化剂$S_2O_8^{2-}$/聚乙二醇-TiO₂-M₁O₃（M=Al,Cr）制备乙酰丙酸[J]. 工业催化, 2012, 20（5）: 64-68.

[118] 杨莉, 刘毅. 花生壳常压酸水解制备乙酰丙酸[J]. 花生学报, 2012, 41（3）: 27-32.

[119] Rowley R L, Wilding W V, Oscarson J L, et al. DIPPR Data Compilation of Pure Compound Properties[R]. New York: Design Institute for Physical Properties AIChE, 2004.

[120] 彭林才, 林鹿, 李辉. 生物质转化合成新能源化学品乙酰丙酸酯[J]. 化学进展, 2012, 24（5）: 801-809.

[121] 邱建华. 生物质稀酸水解制备乙酰丙酸的实验研究[D]. 郑州: 郑州大学, 2006.

[122] 何柱生, 赵立芳. 分子负载TiO₂/SO₄²⁻催化合成乙酰丙酸乙酯的研究[J]. 化学研究与应用, 2001, 13（5）: 537-539.

[123] Bart H J, Reidetschlager J, Schatka K, et al. Kinetics of esterification of levulinic acid with n-butanol by homogeneous catalysis[J]. Industrial and Engineering Chemistry Research, 1994, 33（1）: 21-25.

[124] 王树清, 高崇, 李亚芹. 强酸阳离子交换树脂催化合成乙酰丙酸丁酯[J]. 上海化工, 2005, 30（4）: 14-16.

[125] Yadav G D, Borkar I V. Kinetic modeling of immobilized lipase catalysis in synthesis of *n*-butyl levulinate[J]. Industrial and Engineering Chemistry Research, 2008, 47(10): 3358-3363.

[126] Lee A, Chaibakhsh N, Rahman M B A, et al. Optimized enzymatic synthesis of levulinate ester in solvent-free system[J]. Industrial Crops and Products, 2010, 32(3): 246-251.

[127] Dharne S, Bokade V V. Esterification of levulinic acid to *n*-butyl levulinate over heteropolyacid supported on acid-treated clay[J]. Journal of Natural Gas Chemistry, 2011, 20(1): 18-24.

[128] DIBANET. The Production of Sustainable Diesel-Miscible Biofuels from the Residues and Wastes of Europe and Latin America [EB/OL]. (2009-07-01)[2023-09-12]. https://cordis.europa.eu/project/id/227248.

[129] 王贺宾, 周龙保. 含氧燃料添加剂对柴油机性能和排放的影响[J]. 内燃机学报, 2001, 19(1): 1-4.

[130] Windom B C, Lovestead T M, Mascal M, et al. Advanced distillation curve analysis on ethyl levulinate as a diesel fuel oxygenate and a hybrid biodiesel fuel[J]. Energy Fuels, 2011, 25: 1878-1890.

[131] Barabás I, Todoruţ A, Bǎldean D. Performance and emission characteristics of an CI engine fueled with diesel-biodiesel-bioethanol blends[J]. Fuel, 2010, 89(12): 3827-3832.

[132] Miyamoto N, Ogawa H, Nurun N M, et al. Smokeless, low NO_x, high thermal efficiency, and low noise diesel combustion with oxygenated agents as main fuel[J]. International Congress & Exposition, Detroit, 1998, 107(4).

[133] Pahl G. Biodiesel: Growing A New Energy Economy[M]. Vermont: Chelsea Green Publishing, White River Junction, 2005.

[134] Buyukkaya E. Effects of biodiesel on a DI diesel engine performance, emission and combustion characteristics[J]. Fuel, 2010, 89(10): 3099-3105.

[135] Kousoulidou M, Fontaras G, Ntziachristos L, et al. Biodiesel blend effects on common-rail diesel combustion and emissions[J]. Fuel, 2010, 89(11): 3442-3449.

[136] Rakopoulos D C, Rakopoulos C D, Kakaras E C, et al. Effects of ethanol-diesel fuel blends on the performance and exhaust emissions of heavy duty DI diesel engine[J]. Energy Conversion and Management, 2008, 49(11): 3155-3162.

[137] Rakopoulos D C, Rakopoulos C D, Giakoumis E G, et al. Effects of butanol-diesel fuel blends on the performance and emissions of a high-speed DI diesel engine[J]. Energy Conversion and Management, 2010, 51(10): 1989-1997.

[138] Luján J M, Bermúdez V, Tormos B, et al. Comparative analysis of a DI diesel engine fuelled with biodiesel blends during the European MVEG-A cycle: performance and emissions(Ⅱ)[J]. Biomass and Bioenergy, 2009, 33(6-7): 948-956.

[139] Huang J, Wang Y, Li S, et al. Experimental investigation on the performance and emissions of a diesel engine fuelled with ethanol-diesel blends[J]. Applied Thermal Engineering, 2009, 29(11-12): 2484-2490.

[140] Celikten I. Comparison of performance and emissions of diesel fuel, rapeseed and soybean oil methyl esters injected at different pressures[J]. Renewable Energy, 2010, 35(4): 814-820.

[141] 孙柏铭, 严瑞. 生命周期评价方法及在汽车代用燃料中的应用[J]. 现代化工, 1998, (7): 34-39.

[142] 胡志远, 张成, 蒲耿强, 等. 木薯乙醇汽油生命周期能量、环境及经济性评价[J]. 内燃机工程, 2004, 25(1): 13-16.

[143] 张艳丽, 高新星, 王爱华, 等. 我国生物质燃料乙醇示范工程的全生命周期评价[J]. 可再生能源, 2009, 27(6): 63-68.

[144] 张亮. 车用燃料煤基二甲醚的生命周期能耗、环境排放与经济性研究[D]. 上海: 上海交通大学, 2007.

[145] Furuholt G. Life cycle assessment of gasoline and diesel[J]. Resources, Conservation and Recycling, 1995, 14(3-4): 251-263.

[146] 李小环, 计军平, 马晓明, 等. 基于EIO-LCA的燃料乙醇生命周期温室气体排放研究[J]. 可再生能源, 2009, 27(6): 63-68.

[147] 胡志远, 谭丕强, 楼狄明, 等. 不同原料制备生物柴油生命周期能耗和排放评价[J]. 农业工程学报, 2006, 22(11): 141-146.

[148] 邢爱华, 马捷, 张英皓, 等. 生物柴油环境影响的全生命周期评价[J]. 清华大学学报(自然科学版), 2010, 50(6): 917-921.

[149] 朱祺. 生物柴油的生命周期能源消耗、环境排放与经济性研究[D]. 上海: 上海交通大学, 2008.

[150] 易红宏, 朱永青, 王建昕, 等. 含氧生物质燃料的生命周期评价[J]. 环境科学, 2005, 26(6): 28-32.

[151] 师新广, 雷廷宙, 王志伟, 等. 玉米秸秆基二甲醚的生命周期能耗和温室气体排放分析[J]. 可再生能源, 2009, 27(3): 60-64.

[152] 刘仁庆. 纤维素化学基础[M]. 北京: 科学出版社, 1985.

[153] Aoun W B, Gabrielle B, Gagnepain B. The importance of land use change in the environmental balance of biofuels[J]. Oilseeds and Fats, Crops and Lipids, 2013, 20: D505.

[154] Reinhard J, Zah R. Consequential life cycle assessment of the environmental impacts of an increased rapemethylester(RME) production in Switzerland[J]. Biomass and Bioenergy, 2011, 35(6): 2361-2373.

生物质基酯类燃料全生命周期模型建立

生命周期评价是一种对产品及其生产工艺活动给环境造成的影响进行评价的客观过程。它通过对能源和物质消耗、环境排放进行量化和分析，从而评估能量、物质利用对环境的影响，最终寻求改善产品或工艺的途径。生命周期评价贯穿于产品生产使用全过程，包括原材料的开采，产品的制造、运输、销售，产品使用、维护、回收处理[1,2]。

3.1 生命周期评价理论概述

3.1.1 生命周期评价理论

生命周期评价，又被称为"从摇篮到坟墓"分析、"资源和环境的状况"分析等，其基本思想是力图在源头预防和减少环境影响，而不是等问题出现后再去解决，是和末端处理相对的，它是对产品从原料开采、加工，直到产品最终使用和废弃物处置的整个生命过程进行全面的、系统的分析以及在产品的功能、能耗和污染排放之间寻求合理的平衡。生命周期评价有助于给产业、政府或非政府组织中的决策者提供信息，如战略规划、确定优先项达到对产品、过程的设计或再设计的目的。

3.1.2 环境、能源和经济因素确定

生命周期评价理论的起始主要用于环境和能源方面的分析评价，经济方面考虑得非常少，实际上产品的生命周期中，从原料生产过程、产品制造过程、运输过程、使用过程、回收循环和废弃物处理过程都伴随着资金流。为改善选定产品的能源效率和环境性能，可能会采取很多经济可行的不同措施，从而需要选择实施方案，这样，经济性因素就成为重要的甚至是决定性的因素。科技进步及环境意识增强，产品的开发和推广应用、项目活动的开展等一般都要从经济、能源和环境等方面综合考虑，才能真实地反映客观情况。

在生命周期评价中，评价系统对环境的影响，产品生产、使用和废弃过程中污染物的排放是重要的评价内容。生物周期分析中多数用到设备的排放因子，在国外，许多排放因子已经编订成册。在中国，因为同类的排放因子还没有被规范地收集和整理，所以出现了我国设备引用国外排放因子的情况，这在一定程度上降低了生命周期分析的科学性。系统边界条件是区分要分析的系统与环境的重要基础条件。生命周期的环境和能耗分析主要分析系统和边界上的能量和物质流。生命周期分析的经济性分析，就考虑了系统和边界上的资金流。资金流可以认为是伴随着物质流和能量流的价值转换，主要包括系统的初投资、物料购买、能源购买、销售收入、税收等。由流入系统边界的物质流和

能量流而引起的资金流可以用市场价格表示；系统内部流出的资金流可以用成本来表示。在财务基准收益率等一定的情况下，物质和能量的价格与成本只可用无量纲系数表示。如果市场波动经济因素较大，可以用敏感性分析等来保证经济分析的可靠性。

3.2　生命周期评价方法及分析软件

3.2.1　生命周期评价方法

LCA 的概念于 1990 年由国际环境毒理与环境化学学会(The Society Environmental Toxicology and Chemistry, SETAC)首次提出，并在 20 世纪 90 年代得到了快速发展，国际标准化组织(ISO)于 2006 年出台了 LCA 的国际标准，促进了 LCA 的发展。根据《环境管理生命周期评价原则与框架》(ISO 014040—1999)标准的定义，LCA 的基本框架如图 3.1 和图 3.2 所示。LCA 是一个综合的评价工具，考虑了对自然环境、人体健康和资源的所有影响因素，能够避免环境影响在不同生产阶段、地域和环境影响类别之间的转移[3]。而生物质转化制取液体燃料作为一种固体废弃物资源化利用方式，是涉及多个过程的复杂化工系统，存在环境影响转移的可能，因此与其他环境影响评价方法相比，LCA 更适用于对生物质转化过程的环境性进行分析。

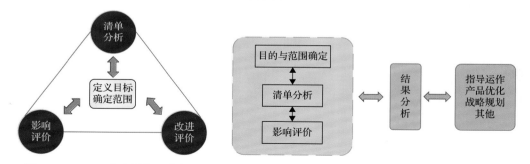

图 3.1　SETAC 生命周期评价框架　　　　图 3.2　ISO 生命周期评价框架

这种评价方法通过对整个过程的能源和物质消耗、环境污染物排放进行分析，进而评估能量、物质利用过程对环境的影响，最终寻求改善产品或工艺的途径。

生物质燃料生命周期的研究早期出现在 20 世纪末、21 世纪初的欧美等发达国家，鉴于传统交通能源消耗巨大，环境污染严重和环保意识加强，生物质基车用液体燃料的生命周期评价研究越来越受到重视。生物质能生命周期经济、能耗和环境排放研究是全球能源学术界重点发展方向之一，其相关的分析评价是衡量生物质燃料利用方式的重要途径[4,5]。最初的生物质燃料生命周期评价主要集中在生物柴油、生物乙醇等[6,7]，侧重于交通燃料的生命周期分析，主要研究对比了生物柴油和乙醇与汽油的能耗及环境气体排放，由于边界条件及分析方法的限制，得出生物柴油的使用可以减少 95% 的石油消耗和 70% 的化石能源消耗，以及 78% 的 CO_2，生物质基乙醇可降低 96% 的 CO_2 排放[8,9]。德国研究人员较早地对不同发展路线的生物质能生命周期能耗、CO_2、N_2O、SO_2 和 NO_x 进行了分析，为生物质燃料生命周期分析提供了基础[6]。Woertz 等对微藻基生物柴油进行了生命周期能耗与环境影响的评价[10]。

　　生命周期评价解释是根据研究目标与范围，对 LCIA 生命周期影响评价结果进行分析，解释原因，形成结论并提出建议。目前，LCA 在欧美日等发达国家和地区已得到普遍应用，并成为产品开发、环境认证和规避贸易壁垒的重要手段。商业化的生命周期评价软件也发展迅速，应用比较多的有荷兰的 SimaPro、德国的 GaBi、美国的 GREET 等，相比国外，国内 LCA 的研究起步较晚，目前国内的商业 LCA 软件主要以成都亿科环境科技有限公司研发的 eBalance 软件为代表，其是国内首个具有自主知识产权的通用型 LCA 软件，并且提供中国以及世界范围的高质量数据库支持，适用于各种产品的 LCA 分析。

　　LCIA 过程包括分类、特征化、标准化和权重分析四个阶段。分类是根据清单分析结果，将输入和输出值分类成不同的环境影响类型；特征化是选择相关的特征模型，根据环境机理将该影响类别下的所有物质采用统一的单位表示成一个影响分数(如 CO_2 作为"全球变暖潜力"影响类型下的特征因子)；标准化是以社会总体活动作为背景值，将所有的环境影响类别表达为一个尺度下的相对值；权重分析是在考虑研究目的的基础上，表示不同影响类别的相对重要性。目前使用较多的权重方法主要有：瑞典环境研究所采用人类对环境的价值观念来评估环境影响；荷兰莱顿大学研发的 LCA 方法，对各类环境影响的权重采用"目标距离原则"；丹麦技术大学开发的 LCA 方法，采用政策目标距离确定不同环境影响类型的权重因子等方法[1]。根据《环境管理-生命周期评估-原则和框架》(ISO 2006a)的定义，分类和特征化是必要步骤，标准化和权重分析是可选步骤。

　　LCI 是进行生命周期影响评价的基础，根据确定的系统边界和功能单位，建立生命周期模型，收集和量化产品生命周期内的输入(资源)和输出(排放)。过程数据分为两种类型，一种是从实际生产过程记录或文献调查获得的原始数据，被称为实景过程数据，另一类是从现有 LCA 数据库获得的投入系统的原料或能源的生产数据，称为背景过程数据，背景过程数据一般代表市场平均，虽然数据的质量低于实景过程数据，但使用背景过程数据可大幅度减少 LCA 工作量和难度。目前欧洲已经开发了 Ecoinvent、Agri-footprint、ELCD 等数据库，国内目前比较完整的数据库是四川大学开发的 CLCD 数据库。

3.2.2　生命周期分析软件

　　生命周期评价研究需要大量数据支持，这些数据的获取、分析、归类需要大量的时间。数据来源的多样性和评价数据的复杂性促使了生命周期评价软件的研发。目前，国际上已经开发出多种生命周期评价软件。当前比较著名的生命周期评价软件有：荷兰莱顿大学环境科学中心开发的 SimaPro 软件、德国斯图加特大学开发的 GaBi 软件、加拿大国际可持续发展研究所开发的 Athena 软件、英国 Pira International 公司研发的 PEMS 软件、日本产业环境管理协会开发的 JEMAI-LCA 软件、瑞典 Chalmers Industriteknik 开发的 LCAiT 软件等。其中比较常用的生命周期评价软件为 SimaPro 和 GaBi，下面对这两款软件进行介绍。

1. SimaPro 软件

　　SimaPro 软件是生命周期评价中目前应用最为广泛的评价软件之一。其集成了生命周期评价方法,如 Eco-Indicator99、Eco-Indicator95、Ecopoints97、CML92、CML2(2001)、EDIP/UMIP、EPS2000 等,由 Dutch Input Out Database95、BUWAL250、Data Archive、IDEMAT2001、Ecoinvent 等 8 个数据库联合组成。其目的主要在于简化流程及量化数据,由于各环节的评估过程与结果均可用系统流量(包括物质与能量)方式表示,设计工程师不需要花太多时间去了解生命周期分析的具体过程及数据,便能以生命周期的观念来改善产品设计,进而达到保护环境的目的。该软件于 1990 年首度推出,其每一代的发展都代表着生命周期影响评价方法的更新,但仍保留原有的评价方法,供使用者参考选用。以下是其主要特点。

可完整应用于生命周期评价——清单及影响评估的各个阶段,也可应用于不同生命周期工序阶段。针对不同工序的编目清单数据管理,既可以在该阶段进行简单分析,又可以只作为数据保存,而在整个生命周期评价中进行数据计算;具有丰富的环境负荷数据库,如 ETH-ESU96(能源、电力制造、运输)、BUWAL250(包装材料的产品、运输、销售及最后处置方面)、IDEMAT2001(不同材料、工艺和工序的工业设计方面)、Dutch concrete(水泥及混凝土)、IVAM(用于建筑部门的超过 100 种材料和 250 种工艺生产的有关能源和运输方面)、FEFCO(造纸业方面)等;用户可以选择一种评价方法模型进行单一评价,也可以同时针对一种产品或服务选择多种评价模型进行对比评价;使用界面良好,提供向导式的评价模式,自动生成评价工艺流程图,大幅度降低了专业软件的使用难度,便于用户使用和易于理解;数据处理的图形化,可以直观地描述各工序对整个产品或材料的环境负荷的贡献。该软件也正在将技术、经济分析引入评价体系中。最新系统中包含数据不确定性分析和敏感性分析。该软件最大的特点是整合不同的数据库,将不同来源的数据分级储存,因此兼顾实用性与保密性,该软件数据来源清楚,选单式的指令容易学习,对于环境冲击评估可利用不同的特征化、标准化及权重方法。

SimaPro 软件在实际应用过程中,首先需要绘制生命周期流程图,即"从摇篮到坟墓"的全过程,并在每一具体的过程中,定义其需要输入和输出的数据。例如,在 SimaPro 软件中构建一个产品的生命周期评价模型,需要通过如下程序实现。首先需要定义产品的生产过程,通过将产品的生产过程与原材料的生产过程相联系,明确产品的物质构成,这些过程可以与其他过程连接,SimaPro 软件会保持这些连接,说明为进行装配所需要的其他生产和运输过程。然后将已完成的装配阶段与生命周期阶段相联系,输入使用过程,如能量、运输使用,应同时将这些过程与定义的这个生命周期阶段相联系。在生命周期内输入关于废弃物处置的数据。废弃物处置一般会与废弃物处理过程相联系,这样就足够描述废弃物的后续处理过程了,而 SimaPro 软件会保存这种联系。

通过上述步骤,可以建立一个完整的产品生命周期结构图,对于实现这类结构图的可视化是十分方便的。

2. GaBi 软件

GaBi 软件主要用于分析物质代谢和生命周期评价。GaBi 软件拥有全面的功能、完善的界面、便捷的操作和模拟分析等优点,既可为数据输入、管理和使用提供清晰的框架，又可针对研究对象的每个过程单元方便地建立相应的物质流输入和输出，还能实现环境设计、温室效应等的核算，将过程单元进行连接、展示详细的物流全景图。其主要有以下特点：GaBi 具有强大的数据库，有超过 5000 种生命周期评价常用数据库资料组，涵盖各种行业生产，如能源、金属、钢铁、塑料、制造、电子、建材、纺织等，同时还有扩展数据库，可以根据行业需求进行扩展。GaBi 软件的数据库是全世界唯一的、每年都更新的、可持续的数据库，确保使用者可以用最新的数据和方式开展研究工作；成组数据保存和再调用特点。由 GaBi 用户数据库中的内容可以创建内容的自身特点，通过特殊的过滤节点保存数据包，然后作为一个独立的数据库对象调用；GaBi 软件可以换取电子数据文件来交流环境产品声明并改进了生命周期清单数据的导入和导出；自动计算复杂流程图并显示各单元名称及流量；流程进行层次化结合，使生命周期流向结构清晰；数据库的分类整理完善，从而容易找到数据；可进行敏感度分析、冲击分析与成本分析。

以 GaBi6.0 软件为例，简单介绍其操作流程。GaBi6.0 软件是将确定的评价对象编辑成一个计划方案来分析的。首先，列举产品的材料清单，详细说明产品生产的相关信息；其次，根据研究目的和研究范围，建立系统的边界和研究对象的模型，将整个生命周期分解为多个解决方案，然后分解成不同的工艺技术；再次，使用拖放插入的工艺方案，形成过程之间的联系，形成计划全过程；最后，将每个计划连接，并最终完成平衡技术。

3.3　生物质基酯类燃料全生命周期模型及分析流程

3.3.1　生物质基酯类燃料全生命周期模型

以生物质类生物、化学、热化学转化液体燃料机理与调控为依托，以全生命周期的视角，利用热力学方法和技术经济分析手段，以生物质基乙酰丙酸甲酯为研究对象，建立全生命周期能效和环境、㶲、经济性、土地利用影响分析方面的评价体系，进而分析全生命周期能效和环境、经济性、土地利用影响、㶲效率与污染物消耗㶲分布规律。具体研究内容为：利用全生命周期分析方法，综合能效和环境性及㶲分析指标，针对玉米秸秆基乙酰丙酸甲酯，建立从原料到车用燃料使用各个阶段的能耗与环境分析模型；详细考虑农作物生长阶段的土地、肥料、农药、灌溉、能源(柴油)、电力等投入，收集运输阶段的农用设备和运输设备，液体燃料制备及利用阶段的能源、原材料、土地占有等，深入研究玉米秸秆制备乙酰丙酸甲酯过程各个环节的能耗和环境排放(温室气体和标准气体排放)，分析生物质基乙酰丙酸甲酯(以下将其称为生物质基酯类燃料)全生命周期的消耗㶲分布和不同污染物类型消耗㶲分布。另外，以农作物秸秆为例，对比分析直接焚烧与酯类液体燃料转化利用对环境的影响，尝试通过模拟自然环境下秸秆焚烧系统，进而计算和考虑农业废弃物随意焚烧等造成的污染物增加量，最终与生物质基酯类燃料进行对比；提出全生命周期环境性指标，分析全生命周期评价系统收益㶲与污染物消耗㶲的比值。总体研究方案如图 3.3 所示。

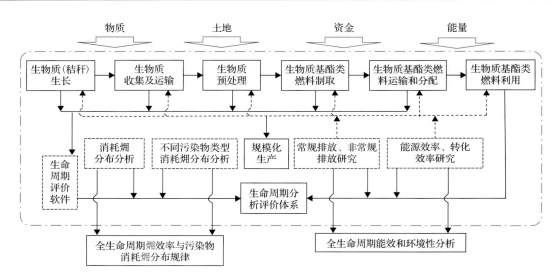

图 3.3　研究方案

3.3.2　生物质基酯类燃料全生命周期分析流程

太阳能可以给农作物的生长提供光照和热量，因此，生物质能作为一种可再生能源，一定程度上来说，是与太阳能密不可分的。在生物质能源转化利用过程中会产生二氧化碳，这些二氧化碳又会经过生物质的光合作用被等量吸收，从而实现二氧化碳排放与吸收的平衡。然而，人类的存在及其行动方式势必会对生物质的生长利用产生影响，这样就造成了二氧化碳排放与吸收的差异性[11]。此外，从矿井到车轮的分析方法常被应用于车用燃料能效及环境性的评价分析中。因此，对于生物质制备乙酰丙酸甲酯作为车用燃料的全生命周期分析过程，可选取从生物质(田地)到酯类燃料使用(车轮)的评价方式，针对生物质生产、收集和运输、预处理、水解和酯化合成液体燃料、燃料分配运输及其燃烧与排放等阶段进行全面综合的分析，为生物质液体燃料车用提供技术支撑和评价参考。

本节进行的生物质基酯类燃料全生命周期能效及环境性分析评价流程如图 3.4 所示。

如图 3.4 所示，生物质生产为生物质基酯类燃料和化学品生命周期分析的起点，中间通过转化合成为酯类燃料，最终以酯类燃料车用耗尽为结束。从图 3.4 中可以看出，整个生命周期分析过程可以分为三个阶段：①原料阶段(包括生物质生产、收集和运输)；②燃料阶段(主要为生物质预处理、酯类燃料的水解和酯化及产品运输和分配)；③使用阶段(酯类燃料的车用)。而物质、能量、资金以及环境排放构成了整个系统的外部环境。模型中物质、能量(主要包括太阳能、生物质、原煤及原油等)、资金为输入源，温室气体和标准气体排放、能量为输出源，其中输出的能量主要为乙酰丙酸甲酯[12]。

在能耗评价中，需要对全生命周期的各个阶段及环节进行能耗分布分析、能源效率分析、㶲效率分析和生物质能等可再生能源利用比例及效率分析，从而掌握能源利用分布情况、㶲效率和能值提升空间、生物质能源的自给率等。

生命周期分析综合评价指标很多，尤其是环境影响指标，但各个指标的环境性量化研究和环境效益转化的评价体系研究较少。图 3.5 为玉米秸秆制备乙酰丙酸甲酯全生命

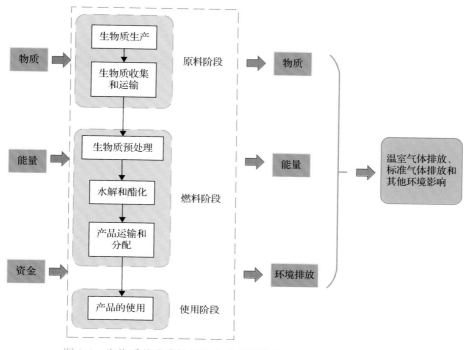

图 3.4　生物质基酯类燃料全生命周期能效及环境性分析评价流程

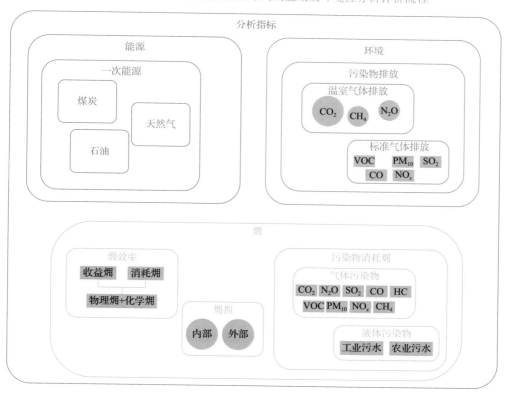

图 3.5　全生命周期评价主要分析指标

周期评价的能源消耗、温室气体和标准气体排放及㶲分析主要考虑的分析指标。因此，重点研究农业剩余物酯类燃料全生命周期综合评价阶段划分、综合评价指标体系，最终建立一套适合我国国情的农业剩余物酯类燃料通用分析模型、完整的数据库和综合评价体系具有重要意义。

3.4   生物质基酯类燃料全生命周期综合评价阶段划分

3.4.1   生物质生产

农业废弃物液体燃料全生命周期边界条件：按照农业废弃物生长阶段、农业废弃物收集运输阶段和农业废弃物酯类燃料制备及利用阶段进行划分，其中，在农业废弃物生长阶段主要考虑土地、肥料、农药、灌溉、能源(柴油)、电力等投入，同时考虑化肥厂、农药厂、炼油厂等在制备肥料、农药和柴油中的能源与原材料的投入及排放。在农业废弃物收集运输阶段需要重点投入农用设备和运输设备，上述设备制造主要来源于炼钢厂，因此需要考虑钢材生产的能源和材料投入及排放，如图 3.6 所示。在农业废弃物酯类燃料制备及利用阶段，在技术路线上主要有农业废弃物原料预处理、水解/醇解等反应、产物分离提纯、酯化/加氢反应、燃料分配、车用燃料/供热/制冷/发电，在这一阶段，主要考虑各个环节的能源、原材料、土地占有等的消耗、投入和排放。

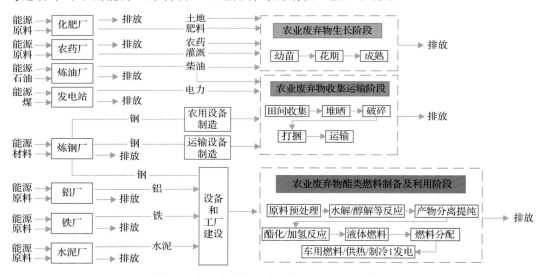

图 3.6   农业废弃物酯类燃料全生命周期系统图

玉米秸秆是我国农作物秸秆的重要组成部分，资源量十分丰富，年产量为 3.5 亿 t 以上，是农业废弃物中最大的组成部分。在玉米秸秆利用方式中，能源化利用是玉米秸秆的主要途径。本节以玉米秸秆作为水解酯化制备生物质基酯类燃料的原料，对全生命周期分析中需考虑的边界条件进行界定，高效地从资源数据库中选择合适的数据信息并建立清单数据库，明晰清单数据库对能源效率和环境评价的影响程度，对生物质能源系统进行生命周期能效和环境的综合影响分析评价，并借助我国典型的酯类燃料转化项目进行全生命周期分析，为政策制定提供有利的生命周期分析数据和借鉴模型。玉米秸秆水解酯化制备生物质基酯类燃料的技术、环境、可持续及经济潜力巨大。其中，理论潜力包括自然和气候因素、物理限制、初始能源的量化分析；地理潜力主要是土地的使用和边界土地的限制；技术潜力分为技术限制和系统性能；可持续潜力着重分析有机废弃物的回收率和其他可持续因素；经济潜力重点预测技术成本、燃料成本，并分析经济约束。玉米秸秆水解酯化制备生物质基酯类燃料可分为负面因素和正面因素分析。其中，负面因素主要有运输成本高，预处理成本高，氮肥分解过程释放氮氧化物，在运输过程中会消耗汽油/柴油等；正面因素能有效解决能源安全问题，并提供一套行之有效的处理农业废弃物的解决方案，可以降低温室气体排放，解决秸秆焚烧等难题，还可为农村提供电力保障，以及提供农村就业、创业机会，促进农村经济发展，防治大气污染等。

在农业废弃物原料的生产阶段，确定谷草比是农业废弃物原料生产阶段的重要环节，通过确定不同地区、不同粮食主产物和农业废弃物原料的谷草比，建立基于时间变化和空间差异的谷草比数据库、谷草比分布区域图是农业废弃物液体燃料全生命周期评价的首要环节。以我国主要的农作物生产地区为例，通过在不同季节、不同地区进行农业粮食产区调研、采样收集分析，研究粮食和农业废弃物的谷草比，建立数据库，进而绘制不同粮食作物、不同区域谷草比分布图，如图 3.7 所示。

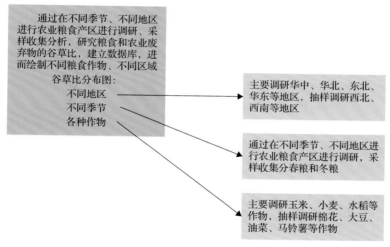

图 3.7　不同区域谷草比分布图

针对粮食及农作物秸秆全生命周期评价中生产阶段能耗和环境排放的分配方式主要有三种：①所有能耗及环境排放分配给粮食，不考虑秸秆的分配；②粮食与秸秆各占 50%；③以谷草比、价格比等参数计算后进行划分。第一种分配方式的不合理之处在于随着有机废弃物资源化利用技术的发展及有机固废绿色化循环使用理论的提出，农作物秸秆资源被逐步转化为能源产品，在转化利用过程中也承担了一定能耗与环境排放的分配。第二种划分方式的不合理之处在于过高地计算了农作物秸秆的价值，这样会因达不到预期目标给秸秆的资源化利用造成过多的压力。而第三种分配方式综合考虑了粮食和秸秆的生长需求、环境效益、经济价值、利用规模等方面，并结合谷草比、价格比等参数计算出较为科学的划分比例，因此被广泛采用。在第三种分配方式中，农作物秸秆生产过程的能源消耗及环境排放仍需将柴油和电力能耗、水资源灌溉、农药化肥使用、占地面积、粮食和秸秆价格、环境生态和社会效益等考虑在内(图3.8)。这里以农业废弃物原料中的玉米秸秆为例，其中，玉米价格大约为玉米秸秆价格的10倍，玉米秸秆的谷草比为玉米的1.2倍，进而得出玉米和玉米秸秆的分配比约为8.3∶1，即89.20%的排放划分给玉米，而玉米秸秆的排放占10.80%。

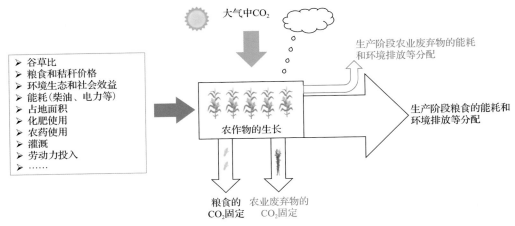

图 3.8　玉米和玉米秸秆生产过程产生的能耗及环境排放

农业废弃物原料生产阶段的边界条件是需要合理考虑的，通常需要考虑能耗、占地、化肥投入等，同时是否延伸到种子的培育、人工投入、机械制造等，这一点值得进一步讨论。目的就是确定原料生产阶段的最佳边界条件，即边界因素需要考虑得尽量多，但又要在适当的时候合理收敛。一般情况下，对于归类一致的、整体占比小于1%或者更小的因素可以忽略。农业废弃物酯类燃料转化过程中，对减少废弃物所带来的环境和生态效益需要进行计算和确定。对河南三种主要的农业废弃物做了分析，其中小麦秸秆每年约3500万t，年露天焚烧量约1250万t；玉米秸秆每年约2100万t，年露天焚烧量约735万t；稻秆每年约550万t，年露天焚烧量约97万t。三种秸秆由于露天燃烧引起大气中$PM_{2.5}$升高约20万t，SO_2升高1万多吨，同时造成NO_x、CO和温室气体不同程度升高。所以，全生命周期考察减少废弃物所带来的环境减排效益应予以考虑。

3.4.2　生物质收集和运输

农作物秸秆等生物质能量密度较低，空隙较大，因而堆积密度往往较小。例如，玉米秸秆的密度为煤炭的1/10左右，木屑的密度为煤炭的1/5左右。因此其运输所占空间较大，运费成本较高。农作物秸秆按种植面积来说，物源密度(单位面积内秸秆的质量)

很低，以年亩[①]产 2t 计算，玉米秸秆产量密度约为 3kg/m²，所以收集和运输困难[12]。在农作物收获季节，秸秆容易获得，但秸秆水分过大。在忙收忙种的季节，如果秸秆没有被及时收集，就会耽误农业生产而被丢弃或随意焚烧。秸秆的收集受天气的影响也较大，如遇到下雨、下雪等天气，运输条件将大打折扣。综上所述，生物质资源是可再生的清洁能源，但是生物质的堆积密度小，体积大且松散，秸秆等的收集受天气因素影响较大，给生物质的收集带来了困难，增加了其运输、储存等费用。相比于化石能源，玉米秸秆等农业废弃物的能量密度较低，因此在确定秸秆的利用规模之前，要考虑原料收集半径的问题。玉米秸秆收集主要包括秸秆的收购和运输，其收集过程的能耗和环境排放主要由运输车辆产生。

在农业废弃物原料的收集和运输阶段，可利用系数的确定应考虑农业废弃物还田等利用方式对能源化利用过程中收集系数的影响，同时结合农业废弃物饲料化、材料化等，研究农业废弃物原料可利用系数和能源化可利用系数。根据农业废弃物资源本身的特性，对于耕地面积系数的确定也是需要考虑的。随着计算机技术水平的进步，应通过全球定位系统(GPS)、农业地理信息系统等，精确地研究农作物种植的时间和空间差异，来确定不同农作物种植面积在整个区域面积和农作物总种植面积中的占比，不同农作物不同收获时间，如夏收或秋收农作物种植种类及面积；由此来确定农业废弃物资源对应的变化。

对于收集运输半径，应根据农村相关的道路发展程度、液体燃料转化系统的规模及原料年消耗量、原料可利用系数、耕地面积系数等，确定农业废弃物原料分布与液体燃料转化系统的实际路径距离或收集运输半径。某种农业废弃物收集运输的面积为某种农业废弃物产量年消耗量与平均农业废弃物产量、谷草比、农业废弃物损耗系数、耕地面积系数、某种农业废弃物种植面积系数等的比，由此来计算某种农业废弃物的收集半径。对于车辆运输能源和排放因子，应分析不同运输工具在不同道路的情况，如水泥路面、沙土路面、柏油路面等不同路面，空载、满载、半载等不同工况下的能源消耗、排放情况，建立相应的数据库；同时，还需确定车辆在整个生命周期用于秸秆收集运输的使用时间占比，最终确定车辆在农业废弃物原料收集运输过程的单位距离能耗和排放。

而对于全生命周期评价中收集及运输阶段使用的公式总结如式(3.1)~式(3.5)。

秸秆理论资源量：

$$J' = \sum_{i=1}^{n} S_i L_i \theta_i \eta_i \tag{3.1}$$

式中，S_i 为某种粮食种植面积，km²；L_i 为某种农作物平均粮食产量，t/km²；θ_i 为某种秸秆谷草比，kg/kg；η_i 为某种秸秆收集系数，%。

玉米秸秆收集半径：

$$R' = \sqrt{\frac{Q_y}{\pi \xi \theta \lambda (1 - \mu)}} \tag{3.2}$$

---

① 1 亩≈666.67m²。

$$Q_y = \frac{D_a}{\alpha} \tag{3.3}$$

式中，Q_y 为秸秆每年消耗量，t/a；ξ 为耕地面积系数；θ 为秸秆年产量，t/km²/a；λ 为农作物种植面积系数；μ 为秸秆减量系数；D_a 为酯类燃料年生产规模，t/a；α 为秸秆酯类燃料转化量，kg/kg。

耗油量：

$$q = \frac{\left(g_1\dfrac{L}{2v_1} + g_0\dfrac{L}{2v_0}\right)N_{en}}{m\dfrac{L}{2}} = \left(\frac{g_1}{v_1} + \frac{g_0}{v_0}\right)\frac{N_{en}}{m} \tag{3.4}$$

式中，g_1 为耗油量(满载)，kg/(kW·h)；L 为平均运程，km；v_1 为平均车速(满载)，km/h；g_0 为耗油量(空载)，kg/(kW·h)；v_0 为平均车速(空载)，km/h；N_{en} 为额定功率，kW；m 为车载质量，10^3kg。

消耗柴油的热量：

$$Q_o = qLmE_o \tag{3.5}$$

式中，E_o 为柴油热值，MJ/kg，柴油平均低位发热量为 42.5MJ/kg(或 35MJ/L)。

运输秸秆的货车选用农用柴油车，由于秸秆密度较低，每次平均载玉米秸秆的质量为 0.5t 左右，以农村沙砾路面为基础条件，对应的参数见表 3.1。

表 3.1　秸秆运输车辆参数值

满载车速 /(km/h)	空载车速 /(km/h)	满载耗油量 /[kg/(kW·h)]	空载耗油量 /[kg/(kW·h)]	功载比 /(kW/kg)
25	35	0.38	0.31	0.0072

秸秆收集运输过程中消耗的柴油热量可以由式(3.4)、式(3.5)计算获得。运输车辆不考虑在全生命周期内，这些车辆可以更多地被利用到运输秸秆之外的工作。基于运输过程油耗和柴油机排放因子(表 3.2)[13]，可以计算该阶段的能耗、温室气体排放、标准气体排放。

表 3.2　运输车辆的温室气体和标准气体排放因子　　　　(单位：g/MJ)

温室气体		标准气体				
CH₄	CO₂	NMVOC	CO	NOₓ	PM	SO₂
CH_4	CO_2	NMVOC	CO	NO_x	PM	SO_2
0.0042	74.04	0.085	0.47	0.28	0.041	0.016

柴油生产过程的能耗、温室气体排放、标准气体排放可由 Ecoinvent 数据库计算。同样的数据计算存在于酯类燃料及化学品的运输过程中。

3.4.3　生物质基酯类燃料转化

1. 生物质预处理

不同的秸秆化学组分相似，而密度等性质差别较大，密度作为重要的物理特性参数，对秸秆利用和转化装置的经济性有直接影响，对于生物质水解反应也有较大的影响[13]。图 3.9 给出了部分秸秆在粒度为 15～25mm 时的堆积密度。

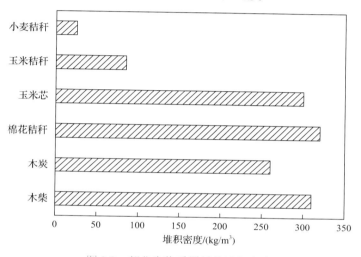

图 3.9　部分生物质原料的堆积密度

从图 3.9 中可以看出，实际存在着两类秸秆原料，一类是林业剩余物及棉花秸秆等，它们的堆积密度在 250～300kg/m³；另一类是农业废弃物中的软质秸秆，它们的堆积密度远小于第一类，如玉米秸秆的堆积密度相当于第一类的四分之一，而小麦秸秆的堆积密度相当于第一类的十分之一。

采用的生物质切揉制粉机主要用于玉米秸秆，设备粉碎能力为 5～10t/h；设备电耗 ≤15kW·h/t；粉碎后物料的粒度为 3～30mm，并可根据实际需要调整。粉碎后的生物质（玉米秸秆）需进一步粉碎，制成 80 目以下的生物质粒度才适合水解，实验采用的粉碎设备粉碎及进一步粉碎合计电耗为 20kW·h/t。

全生命周期评价中生物质基酯类燃料转化阶段使用的公式如下。

原料预处理消耗原煤量：

$$Q_c = 3.6E_e / \eta_e \eta_{grid} \tag{3.6}$$

式中，E_e 为消耗电量，(kW·h)⁻¹；η_e 为发电效率，%；η_{grid} 为电网输配效率，%。

目前中国的火电厂发电平均效率为 38%，电网输配效率为 93.25%[14]。中国电力生产过程的能耗、温室气体排放、标准气体排放可由 Ecoinvent 数据库计算。

2. 生物质水解和酯化

水解和酯化阶段，玉米秸秆的湿度一般控制在 15%左右，粒度为 5～15mm，水解剩余物自然晾晒干燥后的湿度为 15%左右，因此水解剩余物的干燥能耗没有考虑到生命周期分析当中。玉米秸秆和水解剩余物的空气干燥基低位热值(LHV)分别为 14.38MJ/kg 和 18.52MJ/kg。玉米秸秆和水解剩余物的收到基工业分析和空气干燥基的化学分析如表 3.3 所示。

表 3.3　玉米秸秆和水解剩余物的工业分析和化学分析　　　　　　(单位：%)

原料	工业分析(质量分数)				化学分析(质量分数)			
	V	FC	A	M	Ch1	Ch2	Ch3	Ch4
玉米秸秆	64.69	15.23	5.15	14.93	33.85	27.46	16.42	22.27
水解剩余物	67.13	11.56	6.41	14.90	11.18	3.63	36.16	49.04

注：V 表示挥发分；FC 表示固定碳；A 表示灰分；M 表示水分；Ch1 表示纤维素；Ch2 表示半纤维素；Ch3 表示木质素；Ch4 表示其他。

1) 水解

料仓内被粉碎的生物质(玉米秸秆)由斗提机运到螺旋输送机，之后将玉米秸秆分配到立式水解塔的装料口，待装料完毕，进入 $10m^3$ 立式水解塔，同时通入蒸汽及稀酸溶液，在 145℃、≤0.5MPa 条件下保温 2h。经螺旋挤浆机固料后得到 pH 为 3、含水量为 65%的水解渣。之后水解渣进入 $10m^3$ 蒸煮塔，并通入亚硫酸镁溶液和工艺水，在 165℃、0.9MPa 条件下保温 3h。再经螺旋挤浆机固料后得到 1.4t 纤维素，将纤维素、工艺水、硫酸通入 $3m^3$ 水解反应釜，并以 5t/h 的流速通入大于 240℃的蒸汽/导热油，在≤230℃、3MPa 条件下进行间歇式反应，经除酸罐、过滤罐、乙酰丙酸暂储罐吸附分离后得到浓度＞98%的乙酰丙酸。

2) 产物分离

在立式水解塔中反应后的溶液经螺旋挤浆机进行第一次产物分离，将糖液多效蒸发后依次通入深度酸解塔、粗馏塔、糠醛分离罐、水洗/精制塔、精制冷凝器后得到浓度为 98%的糠醛。水解渣进入蒸煮塔反应后经螺旋挤浆机进行第二次产物分离得到红液，红液浓缩后得到木质素磺酸镁盐。二次产物分离后的纤维素粗料经水热反应釜、除酸罐、过滤罐、乙酰丙酸暂储罐吸附分离后制得浓度＞98%的乙酰丙酸。

3) 酯化

精制后的乙酰丙酸与甲醇、硫酸在 $1m^3$ 酯化反应釜中≤160℃、6MPa 条件下反应 1h 后进入甲醇/乙酰丙酸精馏塔，最终反应生成浓度为 99%的乙酰丙酸甲酯。

而玉米秸秆(以年消耗 4350t 为例)水解酯化合成乙酰丙酸甲酯的流程图及物料平衡表如图 3.10 和表 3.4 所示。

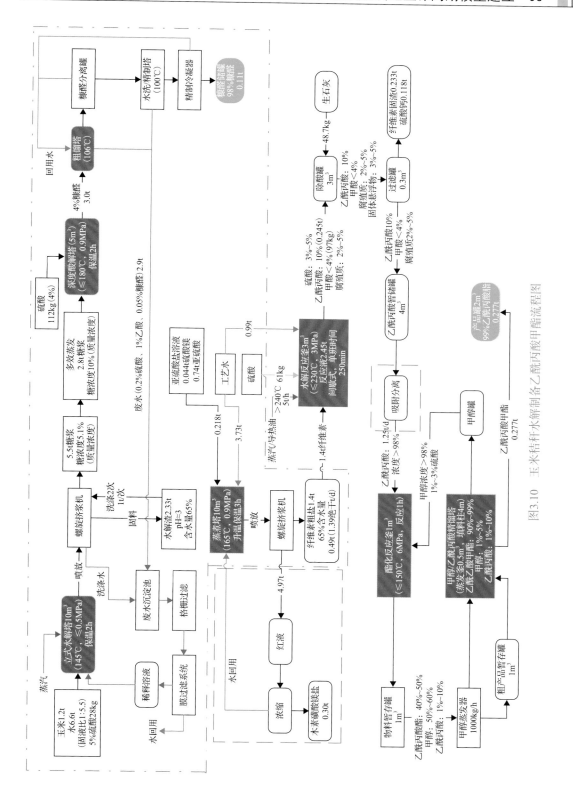

（图3.10　玉米秸秆水解制备乙酰丙酸甲酯流程图）

表 3.4 玉米秸秆水解制备乙酰丙酸甲酯物料平衡 （单位：t/a）

系统输入		系统输出	
项目	数值	项目	数值
玉米秸秆(绝干)	4350	乙酰丙酸甲酯	1000
硫酸	243	糠醛	397
硫酸镁	160	木质素磺酸镁盐	1083
亚硫酸	631	硫酸钙	426
生石灰	177	回用水、稀酸溶液等	40380
甲醇	8000	纤维素固渣	841
水	41035	废水	10469
总计	54596	总计	54596

在水解和酯化阶段，水主要用于水解、蒸馏、分离、提纯，以及用作蒸汽、冷凝和循环冷却水等。钢材的消耗约为 20t，整个水解系统的使用寿命为 12~15 年。

系统电力消耗主要由水泵、风扇等组成，耗电功率约为 116kW，系统设计运行为年运行 8000h。总计电力消耗约为 928000kW·h。约 1000t 的秸秆燃料也需要考虑在内。该阶段由于电力消耗带来的能耗、温室气体和标准气体的排放可参考预处理阶段的计算方法。

水解和酯化阶段的蒸汽由水解剩余物和玉米秸秆燃烧获得，该系统年消耗玉米秸秆燃料 1450t，消耗水解剩余物 1907t。生物质锅炉的热效率为 90%。锅炉供热过程每年产生生物质灰渣约 184t。作为燃料的 1450t 玉米秸秆生命周期经历的阶段为生物质生长、收集、粉碎和燃烧，除燃耗阶段外，其他阶段的分析方法与前面一致。玉米秸秆和水解剩余物在锅炉中燃烧后的排放用尾气分析仪(Testo360，德图)和气相色谱(7890A，安捷伦，美国)进行分析。排放因子如表 3.5 所示。

表 3.5 生物质锅炉排放因子 （单位：g/MJ）

温室气体排放		标准气体排放				
CH_4	CO_2	NMVOC	CO	NO_x	PM	SO_2
0.0036	82.5027	0.0021	0.019	0.0208	0.0189	0.0033

在考虑酯类车用燃料过程中，水解副产物的能耗和排放可以从系统中扣除。目前国内还没有糠醛的生命周期排放等的记录，而糠醛的生命周期能耗可以参考文献，大约为 600kW·h/t[15]。全生命周期木质素磺酸镁盐等化学品的分析参考部分数据来自 Ecoinvent 数据库。

3.4.4 生物质基酯类燃料运输和分配

乙酰丙酸酯类燃料可以销售到加油站，假设平均运输距离是 20km，中型运油车每次运输大约 4t 燃料，运输过程的生命周期评价可参考 Ecoinvent 数据库。

3.4.5　生物质基酯类燃料使用

乙酰丙酸酯的性质与生物柴油相似，可以作为石化柴油和生物柴油等运输混合燃料，添加后能有效改善燃烧清洁度，且具备优良的润滑能力、闪点稳定性和低温流动性。根据柴油机对乙酰丙酸甲酯柴油混合燃料[ML5：5%（体积分数）的乙酰丙酸甲酯和 95%（体积分数）的柴油]的测试，ML5 的功率和扭矩与纯柴油相似，理化特性符合《B5 柴油》（GB/T 25199—2017）中生物柴油调和燃料(B5)的指标要求。纯柴油和 ML5 在柴油机中的排放情况如表 3.6 所示。测试过程没能检测到 N_2O，但这部分相对于 CO_2 的排放量来说，对全球温室气体变化影响很小[16]。

表 3.6　柴油机排放因子测试和计算　　　　　　　（单位：g/MJ）

种类	温室气体排放		标准气体排放				
	CH_4	CO_2	NMVOC	CO	NO_x	PM_{10}	SO_2
柴油	0.0051	75.6090	0.0543	0.6468	0.2218	0.0602	0.0162
ML5	0.0048	81.7754	0.0521	0.5131	0.2165	0.0297	0.0154
ML	−0.0034	258.0465	−0.0111	−3.3095	0.0654	−0.8414	−0.0066

由表 3.6 可以看出，相对于纯柴油，ML5 的排放中 CO 和 PM_{10} 下降比较明显。纯柴油、ML5 和 ML 的低位热值分别为 35.53MJ/L、34.93MJ/L 和 23.52MJ/L。所以，0.05L 的 ML（1.18MJ）和 0.95L 的纯柴油（33.75MJ）组成了 1L 的 ML5（34.93MJ），ML 和纯柴油分别占 ML5 低位热值中的 3.38%和 96.62%。所以，ML5 的排放因子可由式(3.7)计算得出：

$$ML5 排放因子=0.0338×乙酰丙酸甲酯排放因子(ML)+0.9662×柴油排放因子 \quad (3.7)$$

3.4.6　生物质基酯类燃料清单分析

通过综合考虑从生物质生长到酯类燃料的运输，结合 Ecoinvent 数据库，能耗和材料消耗等如表 3.7 所示(由于酯类燃料的使用仅仅考虑了排放，能耗和材料等消耗未列入表中)。

表 3.7　生命周期清单分析(以生产使用 1t 酯类燃料为例)

	项目	数量	单位
玉米秸秆生产	柴油	5.67	kg
	电力	10.71	kW·h
	氮肥	7.36	kg
	磷肥	2.55	kg
	钾肥	3.14	kg
	农药	0.03	kg
	耕地占用	581.22	m^2

续表

项目		数量	单位
玉米秸秆的收集	柴油	9.64	kg
玉米秸秆预处理	电力	102.58	kW·h
	钢铁（使用周期内）	0.24	kg
水解酯化	电力	928	kW·h
	生物质燃料	3.42	t
	钢铁（使用周期内）	2.42	kg
	水	41.04	t
	甲醇	8000	kg
	硫酸	243	kg
	硫酸镁	160	kg
	亚硫酸	631	kg
	生石灰	177	kg
	工业土地占用	29.06	m^2
	糠醛（产品）	−397	kg
	木质素磺酸镁盐（产品）	−1083	kg
酯类燃料运输	柴油	1.65	kg

3.5　本章小结

一方面，国家对节能减排的要求越来越高，各种可再生能源发展战略规划不断出台；而另一方面，国内外木质纤维素类生物质液化技术的各种商业化尝试均困难重重，举步维艰。第二代生物燃料技术通常是对废弃物的资源化利用，对于解决能源问题和环境问题都具有重大意义。然而，目前的产业化进程已经落后于计划，这不仅需要深入研究其原理和内在规律，也需要从更宏观的角度着眼，找到问题的症结所在。基于以上研究背景，以生物质转化乙酰丙酸甲酯系统及乙酰丙酸甲酯作为车用燃料为研究对象，考察了生物质基乙酰丙酸甲酯的生物质的生产、收集和运输、预处理、水解和酯化、燃料运输和分配及燃烧使用等环节，定义了车用燃料生物质基乙酰丙酸甲酯生命周期的系统边界，建立了能源消耗、环境污染物排放及经济性分析的模型。为生物质基酯类燃料全生命周期的能效与环境、㶲效率、经济性及土地利用变化的分析提供支撑。

参 考 文 献

[1] 杨建新，徐成，王如松. 产品生命周期评价方法及应用[M]. 北京：气象出版社，2002.

[2] 邓南圣，王小兵. 生命周期评价[M]. 北京：化学工业出版社，2003.

[3] Finnveden G, Hauschild M Z, Ekvall T, et al. Recent developments in life cycle assessment[J]. Journal of Environmental Management, 2010, 91(1): 1-21.

[4] Hellweg S, Mila C L. Emerging approaches, challenges and opportunities in life cycle assessment[J]. Science, 2014, 344(6188): 1109-1113.

[5] Morales M, Quintero J, Conejeros R, et al. Life cycle assessment of lignocellulosic bioethanol: environmental impacts and energy balance[J]. Renewable and Sustainable Energy Reviews, 2015, 42: 1349-1361.

[6] Kaltschmitt M, Reinhardt G A, Stelzer T. Life cycle analysis of biofuels under different environmental aspects[J]. Biomass and Bioenergy, 1997, 12(2): 121-134.

[7] Fu G Z, Minns C D E. Life cycle assessment of bio-ethanol derived from cellulose[J]. International Journal of Life Cycle Assessment, 2003, 8: 137-141.

[8] Bull S R. Renewable alternative fuels: alcohol production from lignocellulosic biomass[J]. Renewable Energy, 1994, 5(5-8): 799-806.

[9] Camobreco V, Sheehan J, Duffield J, et al. Understanding the life-cycle costs and environmental profile of biodiesel and petroleum diesel fuel[J]. SAE Paper, 2000, 1: 1487.

[10] Woertz I C, John B, Du N, et al. Life cycle GHG emissions from microalgal biodiesel-a CA-GREET model[J]. Environmental Science & Technology, 2014, 48(11): 6060-6068.

[11] Hu J, Lei T, Wang Z, et al. Economic, environmental and social assessment of briquette fuel from agricultural residues in China: a study on flat die briquetting using corn stalk[J]. Energy, 2014, 64: 557-566.

[12] 王志伟. 生物质基乙酰丙酸乙酯混合燃料动力学性能研究[D]. 郑州: 河南农业大学, 2013.

[13] Khan M F S, Akbar M, Xu Z, et al. A review on the role of pretreatment technologies in the hydrolysis of lignocellulosic biomass of corn stover[J]. Biomass & Bioenergy, 2021, 155: 106276.

[14] 张怀春. 火力发电厂锅炉经济运行讨论及分析[J]. 锅炉技术, 2011, 42(4): 38-40.

[15] Xiang D, Yang S, Li X, et al. Life cycle assessment of energy consumption and GHG emissions of olefins production from alternative resources in China[J]. Energy Conversion and Management, 2015, 90: 12-20.

[16] Hong J, Zhou J, Hong J. Environmental and economic impact of furfuralcohol production using corncob as a raw material[J]. International Journal of Life Cycle Assessment, 2015, 20: 623-631.

第 4 章

生物质基酯类燃料全生命周期的能效和环境性分析

能源资源是人类社会生存和发展的重要物质基础，也是中国全面建成小康社会、加快推进社会主义现代化的重要物质基础。而如今，能源消费还处于石油时代，全球一次能源消费量中，石油所占比例超过 1/3。中国是石油资源相对贫乏的国家，石油人均资源量仅为世界平均水平的 1/15 左右。1993 年至今，中国成为石油净进口国，石油消费量已经翻了几番，成为世界第二大石油消费国。不久，中国将与世界一同面临石油资源枯竭的困境。与此同时，温室气体排放所引起的全球气候变化问题也越来越受到各国的广泛关注，化石能源的大量开发和利用，是造成环境污染的主要原因之一。中国作为当今发展速度最快的发展中国家，国际和国内情形都不允许我们走发达国家"先发展后治理"的工业化老路。

能源安全的保障和环境保护的要求，迫使我们去寻找新的替代能源。生物质能源由于其所具有的可再生、环境友好等特点，受到世界各国的高度重视。生物质能源按照生物质的特点及转化方式可分为固体生物质燃料、液体生物质燃料和气体生物质燃料。其中，液体生物质燃料就其产业化技术成熟度和发展前景来说是可再生能源开发利用的重要方向。然而，在生物质能源转化利用过程中会产生二氧化碳，这些二氧化碳又会经过生物质的光合作用被等量吸收，从而实现二氧化碳排放与吸收的平衡。然而，人类的存在及其行动方式势必会对生物质的生长利用产生影响，这样就造成了二氧化碳排放与吸收的差异性[1]。因此，本章对于生物质制备乙酰丙酸乙酯作为车用燃料的全生命周期分析过程，选取从生物质(田地)到酯类燃料使用(车轮)的评价方式，针对生物质生长、收集和运输、预处理、水解和酯化合成液体燃料、燃料运输和分配及其燃烧与排放等阶段进行全面综合的分析，为生物质液体燃料车用提供技术支撑和评价参考。

4.1 生物质燃料产业发展的环境和生态贡献

为了打造多元化的能源供给体系，缓解能源安全威胁，中国在 20 世纪末着手发展生物质液体燃料产业。政府发展生物质燃料产业的初衷是考虑其在宏观层面的外部性影响：一方面，生物质燃料能够提供额外的燃油供给，保证经济持续增长，缓解国际原油价格的输入影响，减少对国内一般价格水平变动的冲击；另一方面，生物质燃料体现出对环境和生态的改善作用，从国家宏观层面反映的社会收益更应值得关注。现阶段，生产燃料乙醇的合理原料主要是以木薯和甘薯为代表的淀粉类作物、以甜高粱为代表的糖类作物和以秸秆为代表的纤维素；生产生物柴油的合理原料主要是以麻风树和黄连木为代表的油料作物、废弃餐饮油(地沟油)。针对上述原料的生物质燃料的生产潜力，众多研究进行了较为详尽的测算，但是，面对作为可再生能源的生物质燃料，在环境、生态收益中的分析涉及较少,既有成果只关注理论产量这一指标。有效利用中国政府的财政补贴投入,需要进一步分析和梳理生物质燃料较传统燃料体现出来的对环境和生态的正外部性影响,从而制定更加合理的扶持计划,最大化实现新能源产业的社会经济价值。文献[2]从生物质燃料产业发展所带来的对环境和生态贡献的经济价值度量角度出发,提出了农林废弃物利用的减排收益(表 4.1)并估算了中国生物质燃料潜在产能和减排收益(表 4.2),作为补充生物质液体燃料全生命周期的能效和环境性领域的相关研究。

表 4.1　中国农林废弃物利用的减排收益　　　　　　　　　　(单位:亿元)

年份	2015	2020	2050	2030
SO_2 治理成本	1.7	4.2	4.7	6.1
NO_x 治理成本	3.9	8.0	9.3	12.8
CO_2 碳汇收益	227.6	674.2	723.1	921.9
总收益	233.2	686.4	737.1	940.8

表 4.2　中国生物质燃料潜在产能和减排收益

年份	2015	2020	2050	2030
燃料乙醇产量/万 t	583.2	1395.4	3270.1	5354.0
生物柴油产量/万 t	137.5	563.01	323.3	3279.1
燃料乙醇减排收益/亿元	43.4	103.9	243.5	398.6
生物柴油减排收益/亿元	9.8	40.3	94.7	234.8
总收益/亿元	53.2	144.2	338.2	633.4

　　中国液体生物质燃料产业发展具有明显的社会收益,这是该产业正外部性的体现。通过对各类原料开发和搜集战略的安排,该产业所带来的社会收益中贡献最大的将是边际土地开发利用所带来的涵养水源保持水土的生态收益,另外来自固碳释氧和地沟油的收益也占据重要比例,利用生物质燃料的减排未来将有明显的收益。目前,液态生物质燃料产业在中国还处于起步阶段,国家政策重心明朗,该技术的发展能够产生巨大的生态环境效应,是中国亟待发展的新兴能源产业,具有广阔前景。

4.2　全生命周期能源和环境分析流程

　　生物质生产为生物质基酯类燃料和化学品生命周期分析的起点,中间通过转化合成酯类燃料,最终以酯类燃料车用耗尽为结束。整个生命周期分析过程可以分为三个阶段[2]。然而,在生命周期分析范围内,针对环境影响指标的评价是比较匮乏的,尤其缺少将各个指标环境性量化和环境效益转化的评价体系。

4.3　全生命周期能源消耗分析

　　《环境管理生命周期评价原则与框架》(ISO 14040—1999)、《环境管理产品寿命生命周期评价要求和准则》(ISO14044—2006)中详细地给出了从原料到燃料的全生命周期分析框架,而生命周期中的能源消耗分析就是由上述框架发展而来。基于框架,能源消耗将按照一次能源(如原煤、原油、生物质等)进行折算[3,4]。生物质基酯类燃料和化学品制备过程中,都会有除原料外的能源消耗,而这些能源消耗也都按照一次能源进行折算[5]。通常来说,生物质基酯类燃料生产过程中交通工具、设备、建筑等的制造维护等阶段对生命周期的影响极小,往往可忽略不计[6]。因此,在酯类燃料车用过程中,车辆生产制造所伴随的物质及能源消耗可忽略。以玉米秸秆制备酯类燃料为例,针对其生产过程中 CO_2 的吸收与排放进行计算,可分析整个系统的 CO_2 捕捉及储存潜能[7]。因此,本节选取从秸秆到燃料的分析方法对生物质基酯类燃料及其车用的全部环节进行能源消耗评价,由图 3.4 可知,整个生命周期过程可以分为三个阶段:原料阶段、燃料阶段、使用阶段。

首先可将整个系统分为以下 6 个环节:生物质生产、收集和运输、粉碎预处理、生物质基酯类燃料的生产、酯类燃料和化学品的运输、酯类燃料的车用。而这 6 个环节又可以构成系统边界条件的 3 个子阶段:S1(农作物秸秆收集阶段)、S2(酯类燃料生产阶段)以及 S3(酯类燃料使用阶段)。选择 Simapro 为 LCA 系统分析软件。生物质基酯类燃料全生命周期环境能耗评价流程如图 4.1 所示。

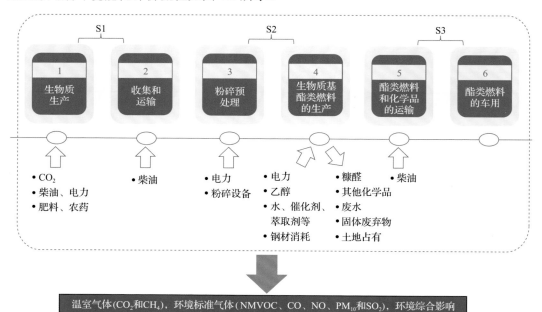

图 4.1 生物质基酯类燃料全生命周期环境能耗评价流程

从图 4.2 可以看出,整个系统的能源消耗为 109921MJ/t,其中 104123MJ/t 来自生物质(玉米秸秆)的水解酯化,为总能源消耗的 94.73%。而乙酰丙酸乙酯的热值为 24.2GJ/t,折算成能源消耗为 4.54MJ/MJ,其中 4.30MJ 来自玉米秸秆。生物质基酯类燃料在整个能源分布中占比最大,可达 96.80%,而玉米秸秆在生产阶段的能源消耗占比达 97.80%。化石能源的消耗占能源总消耗的 2.1%,是在生产阶段除玉米秸秆能源消耗外最大的。对于各个环节来说，玉米秸秆在生产及运输阶段的能源消耗基本相同，而生物质基酯类燃料能源消耗最低的环节为运输阶段。此外，化石能源在生产阶段的能源消耗为化石能源总消耗的 39.50%（将玉米秸秆能耗排除在外的情况下）。在整个酯类燃料制备过程中，玉米秸秆与化石能源能耗比为 17.9∶1，从该比例中不难看出，系统具有较好的可再生性。

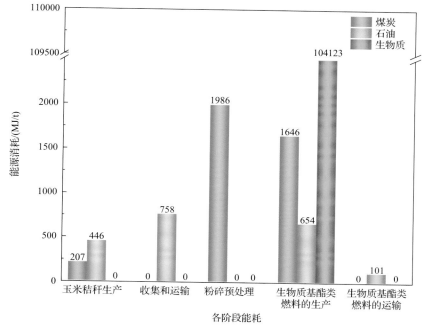

图 4.2　生产 1t 乙酰丙酸乙酯的能耗分布图（秸秆生产-燃料运输）

玉米秸秆制备乙酰丙酸乙酯的相关数据如表 4.3 所示。

表 4.3　玉米秸秆基乙酰丙酸乙酯原料阶段相关数据

项目	数值
玉米秸秆（含水 15%）处理规模/(t/a)	3530
玉米秸秆产量/(t/km²/a)	576
玉米秸秆减量系数	0.50
耕地面积系数	0.70
玉米种植系数	0.50
玉米秸秆收集半径/km	4.10
实际收集距离/km	14.10

由于玉米秸秆制备酯类燃料联产糠醛的反应过程中未参加反应的部分占比达 88%，而这部分也可按照玉米秸秆进行折算，假设玉米秸秆产出量为 2000t，则 CO_2 吸收量为

$$G_1 = 0.12 \times 44 \times \frac{3000}{30} = 528t \tag{4.1}$$

农作物秸秆收集阶段能耗：综上所述，年消耗玉米秸秆量为 3000t，假设酯类燃料厂家与玉米种植区域相距 10km，则平均收集半径为 14.10km。按照每次收集量为 0.50t 秸秆进行计算，运输工具为柴油车，则每段行程柴油能耗为 108MJ，因此，可计算出收集 3000t 玉米秸秆的柴油总消耗量 $E_2 = 6.5 \times 10^5 \text{MJ}$。

酯类燃料生产阶段能耗：由以上分析可知，生物质预处理环节玉米秸秆制备乙酰丙酸乙酯的能耗可以按照一次能源的消耗量进行折算。粉碎每吨生物质过程中的电力消耗约为 20kW·h，那么，3530t 秸秆原料预处理过程中电力总能耗为 $7.06 \times 10^4 \text{kW·h}$。通过查询国内相关电厂数据，发电效率和电网输配效率分别可按照 37% 和 93% 进行计算，则原料预处理阶段能耗折算为标准煤后的能量 $E_3 = 6.29 \times 10^5 \text{MJ}$。

玉米秸秆水解和酯化阶段主要原料消耗情况如表 4.4 所示。

表 4.4　主要原料消耗情况表　　　　　（单位：t）

名称	数量	备注
秸秆(干)	3000	购买
水	36000	购买
水解废渣	540	自产
糠醛渣	2.52	自产
催化剂	15	购买
萃取剂	15	购买
硫酸	75	购买
碳酸钠	30	购买
乙醇	30	购买

以年产 3000t 的玉米秸秆水解制备乙酰丙酸乙酯系统为例，每年运行时间按 300d 计算，水泵、通风照明等系统在燃料生产过程中的电力消耗共计 60kW，则需消耗电力 $4.32 \times 10^5 \text{kW·h}$；生产所需能耗主要在糠醛制取和乙酰丙酸乙酯制取过程，全年共消耗 10000t 蒸汽，这些蒸汽消耗来自燃烧 540t 糠醛渣和 2000t 生物质燃料。

系统中蒸汽锅炉的燃烧效率按 90% 进行计算，则 3000t 玉米秸秆水解酯化过程中一次能源消耗量为 $E_{4,a} = 4.51 \times 10^6 \text{MJ}$，而此阶段锅炉蒸汽消耗玉米秸秆和水解残渣能量为 $E_{4,b} = 4 \times 10^7 \text{MJ}$。

其中，2000t 生物质成型燃料(用于锅炉燃烧)生长、收集、成型阶段能耗如表 4.5 所示。

表 4.5　2000t 生物质成型燃料(用于锅炉燃烧)生长、收集、成型阶段能耗

阶段	生长阶段	收集阶段	成型阶段
燃料消耗	$4.0 \times 10^7 \text{MJ}$(石油)	$4.10 \times 10^5 \text{MJ}$(石油)	$4.93 \times 10^5 \text{MJ}$(煤)

玉米秸秆基乙酰丙酸乙酯生产过程中的能耗为：间接煤消耗 $4.93 \times 10^5 \text{MJ}$，生物质消

耗 $4.0×10^7$MJ，石油消耗 $4.10×10^5$MJ。

　　玉米秸秆基乙酰丙酸乙酯运输阶段能耗：以酯类燃料能够由加油站收购及销售为前提，且乙酰丙酸乙酯厂家与加油站相距 10km。利用柴油机进行收集和运输，每段行程大约运输 2t 酯类燃料，并消耗柴油 328MJ，那么，372t 酯类燃料运输过程中累计柴油消耗量为 $6.10×10^5$MJ。

　　使用阶段能量消耗：测试发现，当乙酰丙酸乙酯的添加量为 5%时，柴油机依然正常运行，但与纯柴油相比，排烟污染减少，因此可以说明将乙酰丙酸乙酯与柴油复配使用能有效减少能源消耗。

　　生物质基酯类燃料的能源消耗分布情况如表 4.6 所示。

表 4.6　全生命周期能源消耗分布表　　　　（单位：10^6MJ）

项目	数值
生物质收集和运输	0.65
生物质预处理	0.629
生物质水解、酯化	44.51
生物质基酯类燃料的运输和分配	0.61
总计	46.40

　　从表 4.6 中的能耗分布情况得知，生物质基酯类燃料生产过程中燃料的运输和分配环节能耗最少，而收集与预处理阶段的能源消耗基本相同，生物质水解、酯化阶段消耗能量最多，为总能源消耗的 95%以上。因此，大力发展生物质水解酯化合成液体燃料技术，提高水解、酯化效率，降低制备能耗，是生物质基酯类燃料绿色高效低耗发展的重要途径。

4.4　全生命周期环境性分析

　　与能源消耗分析类似，全生命周期评价中温室气体和标准气体排放的分析依然选取从原料到燃料的框架。CO_2、CH_4 和 N_2O 构成了整个系统的温室气体排放，而将它们分别与各自地球变暖指数相乘[8-10]，又都可以转化成以 CO_2 为基准的温室气体排放量[如式 (4.2) 所示]。而不包含 NMVOC、CO、SO_2、NO_x 以及 PM_{10} 为主要的标准气体排放。能源材料消耗、有机废弃物排放、土地变化和燃料车用等过程是温室及标准气体排放分析的基础[11]。其中，消耗水、钢铁、化学品等的数据可以通过查询 Ecoinvent 数据库得到。功能单元主要包括能源消耗分析以及温室气体和标准气体排放分析，这里以 1t 乙酰丙酸乙酯的生产和使用为基准。

$$GHG_{FTF} = CO_{2,FTF} + 23CH_{4,FTF} + 296N_2O_{FTF} \qquad (4.2)$$

式中，$CO_{2,FTF}$、$CH_{4,FTF}$、N_2O_{FTF} 分别为 CO_2、CH_4、N_2O 的排放因子，g/MJ。

　　计算方法分析：假设生物质基酯类燃料全生命周期评价的各阶段由 P 个环节组成

$(0 \leqslant t \leqslant P)$，总共有 L 种排放物输出 $(0 \leqslant i \leqslant L)$，使用 M 种工艺燃料 $(0 \leqslant j \leqslant M)$，并有 N 种能源使用装置 $(0 \leqslant k \leqslant N)$ 及一次能源 $(0 \leqslant s \leqslant N)$ 的投入利用。那么，每一种分析指标需要进行计算的数量都能通过各环节的分析结果推导获得。

原料和燃料阶段：假设酯类燃料的生产量为 Y_t，在某一环节 t 中，共使用了 k 种能源装置，并投入了 j 种工艺燃料，那么，可计算出 t 环节的能源消耗为 $\sum\limits_{k=1}^{k}\sum\limits_{j=1}^{j}Q_{t,k,j}$，该环节的排放物量为 $\sum\limits_{k=1}^{k}\sum\limits_{j=1}^{j}\sum\limits_{i=1}^{i}F_{t,k,j,i}$，进而得出整个阶段所有环节的总能源消耗以及排放物量为 $\sum\limits_{t=1}^{t}\sum\limits_{k=1}^{k}\sum\limits_{j=1}^{j}Q_{t,k,j}$ 和 $\sum\limits_{t=1}^{t}\sum\limits_{k=1}^{k}\sum\limits_{j=1}^{j}\sum\limits_{i=1}^{i}F_{t,k,j,i}$，最后将各个阶段的能源消耗换算成一次能源后再进行排放物量的计算。

使用阶段：根据上述分析过程，燃料车用过程中车辆设备的能源消耗可以忽略不计。污染排放物的计算是此阶段主要的计算指标，车辆共消耗 H_t 酯类燃料，折算为能量 V（单位为 MJ）。而排放物 i 的排放因子为 $f_{EL,i}$（单位为 g/MJ），那么，可计算得出排放物 i 的排放量 $F_{EL,i} = V \times f_{EL,i}$。

全生命周期：此阶段需要计算的指标为酯类燃料全生命周期过程的一次能源消耗和排放因子。由上述分析可以得出，一次能源消耗可以表示为 $\sum\limits_{s=1}^{s}\sum\limits_{k=1}^{k}\sum\limits_{j=1}^{j}Q_{s,k,j}$，第 i 种排放物总量表示为 $\sum\limits_{s=1}^{s}\sum\limits_{k=1}^{k}\sum\limits_{j=1}^{j}F_{s,k,j,i} + F_{EL,i}$。

玉米秸秆制备乙酰丙酸乙酯全生命周期评价的能源消耗、温室气体和标准气体排放主要考虑的分析指标如图 3.5 所示。

4.4.1 温室气体排放分析

图 4.3 为玉米秸秆水解合成乙酰丙酸乙酯全生命周期评价的温室气体排放分布图。可以看出，在秸秆生长环节温室气体的排放在横坐标以下，为温室气体负排放过程，这是由于此阶段玉米秸秆生长过程中将温室气体大量固定。而在生物质基酯类燃料生产和使用的其他五个环节中，温室气体的排放都为正值，但差异性较大。由图 4.3 计算得出，温室气体的负排放约占正排放的 83.30%，这表明整个系统中仍然存在着温室气体的排放，但碳减排效果较为显著。其中，水解酯化合成液体燃料环节和燃料使用环节是整个系统中温室气体正排放最多的两个阶段，分别占正排放总量的 53.41% 和 44.45%。而且，在假设 1t 乙酰丙酸乙酯完全燃烧的情况下，生成的温室气体为 2.14t（$2C_7H_{12}O_3 + 17O_2 \Longrightarrow 14CO_2 + 12H_2O$），但是酯类燃料车用过程中生成了约 6.25t 温室气体，这主要是由于酯类和柴油的混合燃料在使用环节中更加完全燃烧，使得温室气体和碳烟等完全燃烧。温室气体在整个系统中的排放为 2.35t CO_2eq/t（96.6g/MJ）。

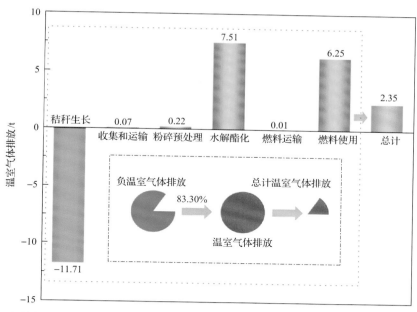

图 4.3　玉米秸秆制备乙酰丙酸乙酯全生命周期评价的温室气体排放分布图(秸秆生长~燃料使用)

将玉米秸秆水解酯化乙酰丙酸乙酯按照玉米秸秆收集和运输阶段、玉米秸秆粉碎预处理阶段、乙酰丙酸乙酯制备阶段、玉米秸秆基乙酰丙酸乙酯燃料运输阶段、乙酰丙酸乙酯车用燃料使用阶段五个阶段来分析其标准气体排放量。下面对前三个阶段做出具体讨论分析，后面两个阶段暂不做考虑。

第一阶段(玉米秸秆收集和运输)：假设酯类燃料厂家与农作物种植区相距 20km，则平均收集半径为 28.20km。交通工具为柴油车，每段行程收集约 0.5t 秸秆原料，那么，此阶段的温室气体排放可总结如表 4.7 所示。可以看出，N_2O 排放量为 0.0026t，CH_4 排放量为 0.0054t，CO_2 排放量为 96.11t。

表 4.7　玉米秸秆收集运输粉碎预处理以及乙酰丙酸乙酯制备各阶段温室气体排放　(单位：t)

温室气体类型	收集和运输阶段	粉碎预处理阶段	乙酰丙酸乙酯制备阶段
N_2O	0.0026	0.0004	0.0009
CH_4	0.0054	0.0008	0.0021
CO_2	96.11	66.18	2536.23

第二阶段(玉米秸秆粉碎预处理)：秸秆粉碎过程中消耗的电能按照标准煤折算后的能量 $E_3 = 1.26 \times 10^6 \mathrm{MJ}$。从表 4.7 中可以看出，此阶段 N_2O 排放量为 0.0004t，CH_4 排放量为 0.0008t，CO_2 排放量为 66.18t。

第三阶段(乙酰丙酸乙酯制备阶段)：此阶段锅炉的燃烧效率按照 90% 计算，则 2000t 玉米秸秆水解酯化环节所消耗电量折算为标准煤后的能量 $E_{4,a} = 3.0 \times 10^6 \mathrm{MJ}$。此阶段锅炉蒸汽消耗水解残渣及生物质能量为 $E_{4,b} = 2.67 \times 10^7 \mathrm{MJ}$，如表 4.7 所示，此阶段 N_2O

排放量为 0.0009t，CH_4 排放量为 0.0021t，CO_2 排放量为 2536.23t。

其中，2000t 玉米秸秆成型燃料 (用于锅炉燃烧) 的生长、收集、成型燃料阶段排放如表 4.8，具体如下：玉米秸秆生长阶段 CO_2 排放量为–2933.33t；玉米秸秆收集阶段 N_2O 排放量为 0.0009t，CH_4 排放量为 0.0018t，CO_2 排放量为 32.04t；玉米秸秆成型阶段 N_2O 排放量为 0.0001t，CH_4 排放量为 0.0003t，CO_2 排放量为 44.12t。

表 4.8   2000t 玉米秸秆成型燃料水解酯化阶段温室气体排放   (单位：t)

温室气体类型	生长阶段	收集阶段	成型阶段
N_2O	—	0.0009	0.0001
CH_4		0.0018	0.0003
CO_2	–2933.33	32.04	44.12

乙酰丙酸生产、运输分配和车用燃料使用过程中温室气体排放如表 4.9 所示，生产阶段 N_2O 排放量为 0.0048t，CH_4 排放量为 0.011t，CO_2 排放量为 947.17t。假设酯类燃料能够由加油站进行收购和销售，酯类燃料厂家与加油站平均相距 20km。运输工具为柴油车，每段行程平均运输 2t 酯类燃料，那么，将 372t 乙酰丙酸乙酯进行运输所消耗柴油总能量为 $E_2 = 1.2 \times 10^5 MJ$。从表 4.9 中可以看出，运输分配阶段 N_2O 排放量为 0.0002t，CH_4 排放量为 0.0006t，CO_2 排放量为 132.18t。另外，通过测试实验可知，当乙酰丙酸乙酯的添加量为 5%时，柴油机依然可以正常运行，但排烟污染相比于纯柴油较少。从表 4.9 中可以看出，在使用阶段，温室气体排放只有 CO_2，排放量 848.18t。

表 4.9   乙酰丙酸乙酯生产、运输分配和车用燃料使用过程中温室气体排放   (单位：t)

温室气体类型	生产阶段	运输分配阶段	使用阶段
N_2O	0.0048	0.0002	—
CH_4	0.011	0.0006	
CO_2	947.17	132.18	848.18

全生命周期温室气体排放量如图 4.4 所示。

从图 4.4 得出，CO_2 在农作物秸秆生长阶段被固定，此过程的温室气体排放在横坐标以下，为负排放，而酯类燃料制备的其他五个阶段温室气体排放均为正值。可以看出，玉米秸秆基酯类燃料生产及使用整个过程中依然是温室气体的正排放，但是碳减排作用较为显著。整个系统水解酯化环节温室气体的正排放最多，其次为使用阶段。

4.4.2   标准气体排放分析

全生命周期环境评价中的标准气体多以不包含 NMVOC、CO、NO_x、PM_{10} 和 SO_2 为例。表 4.10 为生产和使用 1t 乙酰丙酸乙酯的标准气体排放分布。可以看出，酯类燃料车用环节 NMVOC、CO、PM_{10}、SO_2 的排放均为正值，这表明酯类燃料的车用复配能够促进标准气体的减排。此外，表 4.10 显示，整个系统全生命周期的 CO 及 PM_{10} 减排为负值，这是由于 CO 和 PM_{10} 在燃料车用环节的减排值显著，并超过其他阶段的总和。经换算后，NMVOC、CO、NO_x、PM_{10}、SO_2 的标准气体排放值分别为 0.01g/MJ、−3.15g/MJ、0.33g/MJ、−0.72g/MJ 和 0.28g/MJ。其中，在燃料车用环节，NMVOC 的减排值较为显著，相当于其他各阶段增加值总和的 46.55%。而在系统的每个环节 NO_x 的排放均为正值，且在水解酯化阶段正排放最多，占比为 62.47%。整个生命周期评价中，SO_2 除酯类燃料车用阶段外均为正排放，且在水解酯化环节排放最为显著，占系统的 69.30%。

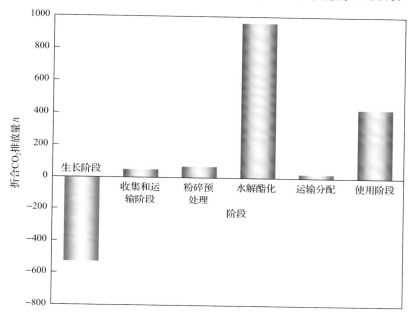

图 4.4　全生命周期温室气体排放量

表 4.10　生产和使用 1t 乙酰丙酸乙酯的标准气体排放分布表（秸秆生产～燃料车用）

（单位：kg/t）

标准气体	玉米秸秆生产	玉米秸秆收集和运输	玉米秸秆粉碎预处理	水解酯化	酯类燃料运输	酯类燃料车用	总计
NMVOC	0.05	0.09	0.01	0.42	0.01	−0.27	0.31
CO	0.34	0.38	0.06	3.10	0.02	−80.12	−76.22
NO_x	0.43	0.25	0.69	5.01	0.06	1.58	8.02
PM_{10}	0.09	0.04	0.14	2.63	0.01	−20.37	−17.46
SO_2	0.62	0.09	1.53	4.74	0.02	−0.16	6.84

　　将玉米秸秆水解酯化乙酰丙酸乙酯的标准气体排放按照玉米秸秆收集和运输阶段、玉米秸秆粉碎预处理阶段、玉米秸秆水解酯化阶段、玉米秸秆基乙酰丙酸乙酯燃料运输阶段、乙酰丙酸乙酯燃料车用阶段五个阶段来分析其标准气体排放量。

　　第一阶段（玉米秸秆收集和运输）：酯类燃料厂家与农作物种植区相距 20km，则系统的平均收集半径为 28.20km。交通工具为柴油车，每段行程平均收集约 0.50t 秸秆，从表 4.11 整个系统的标准气体排放中可以看出，VOC 排放量为 0.11t，CO 排放量为 0.62t，NO_x 排放量为 0.37t，PM_{10} 排放量为 0.054t，SO_2 排放量为 0.021t。

表 4.11　玉米秸秆收集运输预处理以及乙酰丙酸乙酯制备各阶段标准气体排放　（单位：t）

标准气体	收集和运输阶段	粉碎预处理阶段	乙酰丙酸乙酯制备阶段
VOC	0.11	0.0018	0.013
CO	0.62	0.015	1.71
NO_x	0.37	0.34	4.25
PM_{10}	0.054	0.015	1.31
SO_2	0.021	4.09	29.43

第二阶段（玉米秸秆粉碎预处理阶段）：秸秆粉碎过程消耗的电能折算为标准煤后的能量 $E_3=1.2\times10^6$ MJ。如表 4.11 所示，此阶段 VOC 排放量为 0.0018t，CO 排放量为 0.015t，NO_x 排放量为 0.34t，PM_{10} 排放量为 0.015t，SO_2 排放量为 4.09t，则 2000t 生物质水解酯化所需电能折算为标准煤后的能量 $E_{4,a}=3.0\times10^6$ MJ。制备酯类燃料过程中锅炉蒸汽消耗玉米秸秆和水解残渣能量为 $E_{4,b}=2.70\times10^7$ MJ。从表 4.11 可以看出，乙酰丙酸乙酯制备阶段 VOC 排放量为 0.013t，CO 排放量为 1.71t，NO_x 排放量为 4.25t，PM_{10} 排放量为 1.31t，SO_2 排放量为 29.43t。

第三阶段（玉米秸秆水解酯化阶段）：蒸汽锅炉的燃烧效率按照 90% 进行计算，以生物质作为原料锅炉燃烧时的排放因子如表 4.12 所示。可以看出，CO 排放量为 0.020g/MJ，NO_x 排放量为 0.023g/MJ，PM_{10} 排放量为 0.015g/MJ，SO_2 排放量为 0.0016g/MJ。

表 4.12　锅炉燃烧排放因子　（单位：g/MJ）

标准排放物	VOC	CO	NO_x	PM_{10}	SO_2
值	—	0.020	0.023	0.015	0.0016

其中，2000t 玉米秸秆成型燃料（用于锅炉燃烧）的生长、收集、成型燃料阶段排放（表 4.13）如下：玉米秸秆收集阶段 VOC 排放量为 0.037t，CO 排放量为 0.21t，NO_x 排放量为 0.12t，PM_{10} 排放量为 0.018t，SO_2 排放量为 0.0069t；玉米秸秆成型阶段 VOC 排放量为 0.0006t，CO 排放量为 0.0050t，NO_x 排放量为 0.11t，PM_{10} 排放量为 0.0050t，SO_2 排放量为 1.36t。

表 4.13　2000t 生物质成型燃料标准气体排放　（单位：t）

标准气体	生长阶段	收集阶段	成型阶段
VOC	—	0.037	0.0006
CO	—	0.21	0.0050
NO_x	—	0.12	0.11
PM_{10}	—	0.018	0.0050
SO_2	—	0.0069	1.36

乙酰丙酸乙酯生产运输分配和车用燃料使用过程中标准气体排放如表 4.14 所示，生产阶段 VOC 排放量为 0.088t，CO 排放量为 2.13t，NO_x 排放量为 4.76t，PM_{10} 排放量为

1.35t，SO$_2$ 排放量为 32.09t。玉米秸秆基乙酰丙酸乙酯运输分配阶段的标准气体排放：假设酯类燃料能够由加油站收购和销售，酯类燃料厂家与加油站平均相距 20km。运输工具为柴油车，每段行程平均运输 2t 乙酰丙酸乙酯，那么，372t 酯类燃料的运输过程中总共需消耗柴油的能量 $E_2 = 1.2 \times 10^5 \text{MJ}$。从表 4.14 中可以看出，运输分配阶段 VOC 排放量为 0.010t，CO 排放量为 0.058t，NO$_x$ 排放量为 0.035t，PM$_{10}$ 排放量为 0.0050t，SO$_2$ 排放量为 0.0020t。此外，通过测试实验，当乙酰丙酸乙酯添加量为 5% 时，柴油机依然能够正常运行，但排烟污染相比于纯柴油较少。如表 4.14 所示，酯类燃料使用阶段中 VOC 排放量为 1.56t，CO 排放量为 3.46t，NO$_x$ 排放量为 5.24t。

表 4.14　乙酰丙酸乙酯生产运输分配和车用燃料使用过程中标准气体排放

标准气体	生产阶段	运输分配阶段	使用阶段
VOC	0.088	0.010	1.56
CO	2.13	0.058	3.46
NO$_x$	4.76	0.035	5.24
PM$_{10}$	1.35	0.0050	0
SO$_2$	32.09	0.0020	0

图 4.5 为生物质基酯类燃料生产及使用整个系统的标准排放物 VOC、CO、NO$_x$、PM$_{10}$ 和 SO$_2$ 的分布。可以看出，水解酯化和燃料使用两个环节的标准气体排放物总量位于整个系统的前两位。其中，燃料使用阶段 NO$_x$ 产生的排放最多，SO$_2$ 在水解酯化阶段的排放远远高于其他标准气体的排放，这主要归因于此阶段消耗电能所造成的燃煤排放。

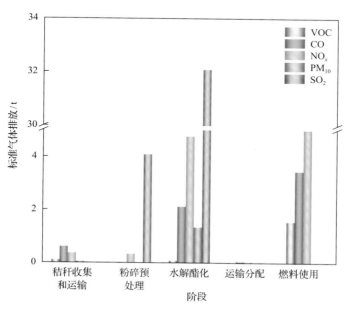

图 4.5　全生命周期标准排放物量

4.5　直接焚烧与酯类燃料利用的环境影响对比

农业废弃物资源的未有效利用给大气环境、人体健康、土壤生态、公共安全等方面都产生了严重的影响，生物质基酯类燃料的制备是缓解能源短缺和减少温室气体排放的重要途径。

4.5.1　大气环境

众所周知，农作物秸秆在焚烧过程中产生的大量粉尘和燃烧不完全时产生的碳氢化合物进入空气后，会进一步形成亚稳态气凝胶。与此同时，焚烧过程生成的微小颗粒物又会与气凝胶结合形成雾霾现象。因此，秸秆焚烧带来严重的大气环境污染问题，是严重雾霾天气的主要原因，在秸秆露天焚烧的高峰期，河南、湖北、安徽、江西和陕西等地区连续多年秋季出现PM_{10}、$PM_{2.5}$双"爆表"，甚至局部峰值达到$1000\mu g/m^3$；通过卫星遥感监测大气中总悬浮颗粒物来源地与秸秆露天焚烧火的位置一致，表明大气污染与秸秆焚烧有直接关系。秸秆焚烧会增加大气中CO、SO_2、CH_4、$PM_{2.5}$等有毒有害气体和悬浮物，而悬浮物中碳质颗粒含量约占72%，其质量比例占10%～20%，而碳质颗粒在PM_{10}和$PM_{2.5}$中的占比也分别达到20%～25%和45%～60%，可以看出，碳质颗粒对大气环境的影响极为严重。此外，悬浮物中还存在水溶性钾，有研究表明，对大气颗粒物样品水溶性钾进行分析测试后显示，将秸秆在未干透的情况下进行不完全燃烧，此过程中生成的氮氧化物以及碳氢化合物经太阳照射后有转化为二次污染物臭氧等的可能，此外，酸雨和"黑雨"等极端天气的产生一定程度上也是秸秆焚烧导致的[12]。

4.5.2　人体健康

有关研究表明，焚烧秸秆带来的$PM_{2.5}$浓度的升高明显比PM_{10}突出。近年来，人们逐步认识到，$PM_{2.5}$会严重危害人类健康。有害金属、硫酸盐、芳香烃等都是$PM_{2.5}$的主要组成部分，这些物质由空气被吸入人体内极易导致慢性中毒，诱发基因突变，甚至癌变，对青少年及幼儿的不良影响更为广泛，甚至危及中枢神经系统和造血系统，$PM_{2.5}$已然成为死亡率增加的主因。

4.5.3　土壤生态

秸秆焚烧会使地表温度急剧升高至700℃以上，在此温度下，地表微生物结构及土壤结构全面失衡，原本适合农作物种植的土壤固化板结，再加上焚烧残留物等有害物质在土壤中积存，将会对农业健康发展和粮食供应产生不可逆的影响。此外，秸秆焚烧对水域生态也会产生不良影响，污染物随空气流动进入水源后严重影响水质，威胁人类饮水安全，给我国本不富裕的水资源造成了更大的供给压力。

4.5.4　公共安全

秸秆焚烧时产生的大量浓烟不易消散，混沌的大气使得能见度急剧下降，交通航运不能正常运转，给交通安全带来了极大隐患。同时，秸秆焚烧也容易造成火灾，严重威胁人民群众的生命健康安全，据估计，每年全国因焚烧秸秆引起的火灾直接经济损失高达数十亿元。

通过模拟自然环境下秸秆焚烧系统(图 4.6)，可实现在线分析秸秆焚烧后污染物的组分和含量，并计算出焚烧单位质量不同秸秆的污染物含量，以便对焚烧后的水质和土壤中的污染物进行分析，进而计算和考虑农业废弃物随意焚烧等造成的污染物增加量，最终与生物质基酯类燃料进行对比。

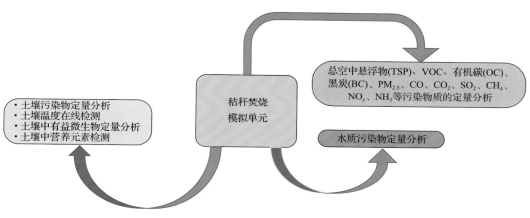

图 4.6　秸秆焚烧模拟单元图

4.6　本 章 小 结

农业剩余物水解转化为酯类燃料是缓解我国能源短缺和减少温室气体排放的重要途径，符合可持续能源发展战略的重大需求。本章从生物质基酯类燃料的生产及使用过程入手，以农业剩余物(玉米秸秆)为原料，分析整个系统中从生物质原料到燃料车用的各个阶段，定义了系统边界，并建立了能耗、㶲分布与环境分析模型，研究了生物质基酯类燃料全生命周期综合评价阶段划分、能效与环境排放综合评价指标体系。

(1)厘清和划分了玉米秸秆水解酯化制备酯类燃料的负面因素和正面因素。划分了粮食及农作物秸秆全生命周期评价中生产阶段能耗和环境排放的分配方式：①所有能耗及环境排放分配给粮食，不考虑秸秆的分配；②粮食与秸秆各占 50%；③以谷草比、价格比等参数计算后进行划分。指出第③种分配方法综合考虑了粮食和秸秆的生长需求、环境效益、经济价值、利用规模等方面，并结合谷草比、价格比等参数计算出较为科学的划分比例，得到以农业废弃物原料中的玉米秸秆为例酯类燃料全生命周期系统的原料阶段的排放。

（2）玉米秸秆制备乙酰丙酸乙酯的各个环节都会产生能源消耗。其中，生物质水解酯化合成燃料阶段所需能耗最多，远远超过其他阶段能耗的总和，占比超过 95%，而其他阶段能耗较少且均相差不大。整个系统水解酯化环节温室气体的正排放最多，其次为使用过程。水解酯化和燃料使用两个环节的标准气体排放物总量位于整个系统的前两位。其中，燃料使用阶段 NO_x 产生的排放最多，SO_2 在水解酯化阶段的排放远远高于其他标准气体的排放，这主要归因于此阶段消耗电能所造成的燃煤排放。发展生物质水解酯化合成液体燃料技术，提高水解、酯化效率，降低制备能耗，是生物质基酯类燃料绿色高效低耗发展的重要途径。

参 考 文 献

[1] Yang B, Hou Y, Li H, et al. Life cycle environmental impact assessment of fuel mix-based biomass co-firing plants with CO_2 capture and storage[J]. Applied Energy, 2019,252:113483.

[2] 范英, 吴方卫. 中国液态生物质燃料产业发展的间接社会收益分析[J]. 长江流域资源与环境, 2011, 20（12）: 1426-1431.

[3] 王志伟. 生物质基乙酰丙酸乙酯混合燃料动力学性能研究[D]. 郑州：河南农业大学, 2013.

[4] 欧训民, 常世彦, 郭庆方. 生物燃料乙醇和生物柴油全生命周期分析[J]. 太阳能学报, 2010, 31: 1246-1250.

[5] Wang Z, Lei T, Yang M, et al. Life cycle environmental impacts of cornstalk briquette fuel in China[J]. Applied Energy, 2017, 192: 83-94.

[6] Hill J D, Nelson E, Tilman D, et al. Environmental, economic, and energetic costs and benefits of biodiesel and ethanol biofuels[J]. Proceedings of the National Academy of Sciences, 2006, 103（30）: 11206-11210.

[7] Wang Z, Lei T, Yan X, et al. Common characteristics of feedstock stage in life cycle assessments of agricultural residue-based biofuels[J]. Fuel, 2019,253:1256-1263.

[8] Ren L, Zhou S, Ou X M. Life-cycle energy consumption and greenhouse-gas emissions of hydrogen supply chains for fuel-cell vehicles in China[J]. Energy, 2020, 209: 118482.

[9] 许英武. 生物柴油生命周期分析与发动机低温燃烧实验研究[D]. 上海：上海交通大学, 2010.

[10] 董进宁. 生物柴油制取的 LCA 及其技术经济性分析[D]. 广州：华南理工大学, 2010.

[11] 田望, 廖翠萍, 李莉, 等. 玉米秸秆基纤维素乙醇生命周期能耗与温室气体排放分析[J]. 生物工程学报, 2011, 27: 516-525.

[12] 夏卿. 飞机发动机排放对机场大气环境影响评估研究[D]. 南京：南京航空航天大学, 2009.

第5章　生物质基酯类燃料全生命周期㶲分析

5.1　基于㶲理论的生物质转化工艺评价研究进展

5.1.1　㶲分析与热力性能评价

热效率分析方法建立在热力学第一定律的基础上，能够揭示能量传递和转化过程的"数量"关系，不考虑不可逆过程带来的能量贬值。㶲效率分析同时基于热力学第一定律和热力学第二定律，综合考虑了能量的"数量"和"品质"两个属性，与热效率分析相比，㶲效率分析能够定量计算系统内部不可逆过程造成的能量品质的下降，更加深刻地揭示系统能量损失的部位和原因[1]。生物质转化过程作为典型的能量过程，对其进行㶲效率分析可有效提高生物质能的利用效率[2]。热力学第一定律为基础的热量分析方法，虽能对整个系统的能量流程及平衡进行分析，但其结果不能真正反映系统中各设备的热力完善性和节能效果，而热力学第二定律为基础的㶲分析方法，考虑了实际热力过程的不可逆熵增，并且能够揭示系统各部位㶲的大小，为系统热力性能评价与系统节能提供理论基础。

目前，国内外许多研究者将热量分析与㶲分析结合，应用于生物质转化工艺的热力性能评价中。Zhang 等[3]对生物质气化合成二甲醚工艺过程的热量和㶲进行分析发现，整个工艺的热效率和㶲效率分别为51.30%和47.90%,指出气化反应器和燃烧反应器的㶲效率分别为 89.80%和 58.20%，二者㶲损失主要是由内部不可逆过程引起。Heijden 和 Ptasinski[4]基于㶲理论，对生物质气化合成乙醇工艺的㶲能分析发现，仅以乙醇为收益时，系统㶲效率在44%左右，当计入副产物时，㶲效率最大可达 65.80%。系统㶲损失主要发生在生物质气化反应器和乙醇合成反应器，降低气化温度可以提高系统㶲效率。此外，仍有不少学者对生物气化合成天然气[5]、生物质气化合成甲醇[6]、生物质气化-费-托合成工艺[7]进行了热力学㶲分析。然而，对生物质热解转化工艺的热力性能评价刚刚起步。Boateng 等[8]基于快速热解制生物油的质量平衡模型对不同生物质原料快速热解系统进行了能量平衡和㶲平衡分析，发现将焦炭和不凝性气体回收利用可大大提高热解系统的㶲效率。Peters 等[9]对木屑(50%含水率)循环流化床快速热解制生物油系统进行㶲分析发现，系统㶲效率可达 71.20%,其中燃烧过程的不可逆㶲损失最大，热解反应及生物油回收、木屑干燥的不可逆㶲损失次之。然而，关于生物质热解制备高品位液体燃料工艺的㶲分析研究者甚少。最近，Peters 等[9]首次开展了木质纤维素类生物质快速热解油催化加氢制备合成燃料工艺过程的㶲分析。该工艺过程主要由两部分组成：生物质快速热解和生物油提质。生物油提质部分包含了催化加氢、催化裂解、水蒸气重整三个主反应器。㶲分析结果表明整个工艺过程的㶲效率为 60.1%，而生物油提质部分的㶲效率为 77.70%。热解反应和水蒸气重整反应器是全系统㶲损失最大的部位，其次是催化加氢和催化裂解反应器。

近年来，国内不少学者也将㶲分析作为研究手段，将该方法应用于各种系统的热力学性能评价。宋国辉[10]利用㶲分析法对生物质气化制取合成天然气过程进行了热力学性能评价，所建立的评价指标包括㶲损失、㶲比例和㶲效率，研究发现该工艺过程的㶲效率为 49.70%（不考虑副产物），气化单元和天然气合成单元的㶲损失最大。此外，为提高系统㶲效率，研究了水蒸气生物质比、气化温度、双床温差、甲烷化温度和压力变化对系统㶲效率的影响。陈露露等[11]对生物质串行流化床气化合成二甲酸系统进行㶲分析发现，全系统㶲损失主要由内部不可逆过程引起，气化子系统是㶲损失最大的部位，系统最大㶲效率为 51.66%。

5.1.2　㶲分析与环境影响评价

生命周期评价是一种全面评价产品环境性能的有效方法，主要用于分析产品整个生命周期内，包括从原料的收集、运输，到产品的生产、使用，直至废弃物处理，所产生的环境影响。它主要包含四个步骤：目标与范围的确定、清单分析、影响评价和结果解释。其中，清单分析可以直观了解生物质转化过程各㶲污染物排放量的大小；影响评价主要包括污染物环境影响类型分类→特征化→加权→求和。其中，特征化和加权过程存在主观因素，争议较大，且采用加权方法得到综合指标的过程较复杂。为了避免过多引入主观因素，尽可能得到简单客观的综合评价指标，许多研究者将㶲分析扩展到了环境影响评价领域。

㶲是以环境状态为基准的相对量，反映了系统或者物质偏离环境状态的程度，是联系污染物排放环境影响与资源消耗环境影响最好的物理量。因此，㶲参数可以作为系统环境影响的量化指标。将生命周期评价与㶲分析相结合，可以更加全面、简洁地评价系统的环境性能，由此也衍生出了不同的评价指标和方法。

Szargut 等[12]提出了累积㶲消耗（cumulative exergy consumption, CExC）作为环境影响评价指标来优化工艺过程。CExC 是指生产某一物质或资源整个生命周期所消耗的资源㶲值之和，既可用来评价能量资源，也可用来评价非能量资源，既可评价可再生能源，也可评价非可再生能源。此后，CExC 的概念被广泛用于生物燃料的合成如油菜籽甲醇、大豆甲醇、玉米乙醇等生产工艺的环境影响，另外地沟油回收处理工艺的环境性能评价中也采用了累积㶲消耗作为评价指标[13]。Cornelissen[14]提出了㶲生命周期评估（exergy life cycle assessment，ELCA）方法用于产品或生产工艺的环境影响评价。在评价中，采用㶲损失作为自然资源消耗的唯一评价指标。同时，他将 ELCA 方法进一步扩展，提出了污染物消除㶲值的概念，这样污染物环境影响和资源消耗 ELCA 采用㶲指标进行统一。Berthiaume 等[15]在 CExC 的基础上首次提出了累积净㶲消耗（cumulative net exergy consumption，CNExC）的概念，表达为 CNExC=CExC–Exp（Exp 为产品的收益㶲）。基于 CNExC 和 CExC，对玉米合成乙醇生命周期可再生性进行了研究。此外，为了评价一个工艺过程的环境性能，研究者基于㶲理论定义了不同的环境影响评价指标[12,16]，如生态指标（ecological indicator）、可再生指标（renewability ability indicator）、可再生性指标

（renewability performance indicator）、可持续程度指数（sustainability degree index）。

国内基于㶲对环境影响的研究最先集中在㶲与环境之间内在联系的讨论和基准环境规定方面。例如，王彦峰和冯霄[17]采用污染物的总量㶲评价环境污染程度，定义了包含排放物化学㶲和物理㶲的"环境负效应"和包含㶲损失的"系统负效应"，缺点是不同污染物㶲值叠加引入的资源效应系数和环境效益系数较难确定，且存在主观因素。戴恩贤等[18]提出通过修正参考环境中各物质的基准值，使污染物㶲值能够反映对环境影响的程度，该方法的优点是不需要对不同种类的污染物制定污染系数，可将不同污染物的㶲值直接相加，缺点是标准参考环境的确定需要进一步研究。之后，刘猛等[19]综合分析化石能源消耗和污染物排放对环境影响，提出了建筑能源利用环境影响㶲分析模型，并对中国建筑能源利用情况进行了评价。在能源消耗环境影响中定义了能源㶲值和能源内含㶲系数，从而考虑了能源物化阶段的能源消耗，污染物排放环境影响则采用消除㶲值进行量化。基于生命周期评价和㶲分析对生物质转化系统进行环境影响评价目前仍处于研究阶段，理论体系还不够完善，国内研究相对较少。

5.1.3　生物质液体燃料系统的㶲分析评价

针对生物质快速热解制取液体燃料系统，Peters 等[9]在 Aspen Plus 中建立了生物质（杂交杨树）快速热解制取生物原油系统的仿真模型，模型包括干燥预处理、生物质快速热解和焦炭—气体燃烧三个部分。㶲分析计算结果表明生物质快速热解系统的㶲效率为71.20%，㶲损失主要集中在焦炭—不可凝气体燃烧反应器、生物质快速热解反应器、生物油收集过程和生物质干燥过程。Boateng 等[8]也对生物质快速热解制取生物油系统的㶲效率进行了计算，比较了以不同生物质为原料快速热解制油系统的㶲效率，计算发现以柳枝稷、荻蒿、麦秸、黑麦草和苜蓿茎为原料时，系统的㶲效率分别为 71.00%、57.70%、82.10%、39.90%和 69.00%，研究发现以黑麦草为原料制取的生物油的能量较低，这与黑麦草的碳元素含量较低有关。在对生物质快速热解制取生物原油系统进行㶲效率计算的基础上，Peters 等[20]进行了生物原油催化加氢系统的㶲效率分析，由于提质系统的加入，系统的㶲效率有所降低，为 60.10%。黄荡[21]以樟子松为生物质原料，分别计算了生物质快速热解超临界乙醇提质系统和催化加氢提质系统的㶲效率，计算结果表明生物质快速热解超临界乙醇提质系统的整体㶲效率为48.69%，而催化加氢提质系统的整体㶲效率为38.14%，两系统的㶲损失都主要集中在生物质快速热解反应器、焦炭—不可冷凝气体燃烧器和生物油提质反应单元。黄荡[21]计算的催化加氢提质系统的㶲效率低于 Peters 等[20]的计算结果，这与使用的生物质原料和氢气的来源不同有关。除了生物质快速热解提质制取液体燃料系统外，也有学者对生物质气化系统进行了㶲效率分析。宋国辉[10]计算了以稻秸为原料，气化合成天然气系统的㶲效率，结果表明当考虑系统的余热回收利用时，系统的㶲效率可达到 83.10%～88.70%。而 Vitasari 等[5]以木屑、固体废弃物和污泥作为气化合成天然气系统的原料时，以木屑为原料的系统的㶲效率为 53%～58%，以污泥为原料的系统的㶲效率为 47%～55.70%，以固体废弃物为原料的系统的㶲效率为 42%～46%，低于宋国辉[10]的计算结果，这就表明该研究同时发现天然气合成系统的㶲损失主要集中在气化炉反应器，增加气化压力有利于提高系统的㶲效率。Prins 等[7]计算了生物质气化合成制取费-托燃料系统的㶲效率，发现该系统㶲损失主要集中在生物质气化部分和费-托合成尾气发电部分，通过对系统进行优化可使㶲效率由 36.40%增加至 46.20%。

5.2　生物质基酯类燃料㶲效率模型建立

能量有各种形式，热力学第一定律指出各种能量在传递与转化过程中数量守恒，而热力学第二定律指出能量在传递与转化过程中具有方向性与不可逆性，即能量具有"品质"，数量相同而形式不同的能量之间的转换能力是不同的。为了将能量的"量"和"质"进行统一，1961 年 Rant[1]首先提出了"㶲"的概念。㶲是指在除环境外无其他热源的条件下，当系统由任意状态可逆地变化到与给定环境相平衡的状态时，能够最大限度转化为有用功的那部分能量。能量中不能转变为有用功的那部分能量被称为该能量的无效能。

根据热力学第二定律，环境所具有的能量全部由无效能组成，环境的㶲为 0，所以环境是㶲的零点，以完全平衡状态为基准状态，系统具有的㶲是物理㶲 $E_{x,ph}$ 与化学㶲$E_{x,ch}$ 之和，如式(5.1)所示。系统能量的物理㶲是系统经可逆物理过程达到与给定环境相平衡的状态时最大限度转化为有用功的那部分能量，系统能量的化学㶲$E_{x,ch}$ 是系统在基准压力 p_0、基准温度 T_0 条件下对于完全平衡环境状态因化学不平衡所具有的㶲。

$$E_x = E_{x,ph} + E_{x,ch} \tag{5.1}$$

㶲是以环境为基准所取的相对量，因此在进行㶲分析时，选取合适的基准环境非常重要。目前，不同学者对环境基准模型的温度和压力的确定已基本统一，即基准温度为 298.15K，基准压力为 101.33kPa，而对于环境基准模型的化学组成和浓度，目前还没有形成统一的体系。目前常用的环境基准模型有 Szargut J 环境模型、龟山-吉田模型、Ahrendts 模型等。而本书的㶲效率分析基于修正的 Szargut J 环境模型[2]，具体定义如下：

(1)基准温度 T_0 为 298.15K，基准压力 p_0 为 101.33kPa。

(2)所有元素对应的基准物全部取自天然物质。

(3)基准物的成分采用它在自然界中的平均成分。

5.3　生物质基酯类燃料㶲效率计算方法及指标

5.3.1　计算方法

㶲是衡量能量品位和等级的重要指标，是热力学第二定律的实际应用，一般通过分析过程中每个组件的㶲损失或比较几个过程的㶲效率，来达到系统优化的目的。

热力学系统的㶲由四个部分决定：势能㶲、动能㶲、物理㶲和化学㶲。对于生物质转化过程的㶲分析，通常忽略物流的动能和势能，简化后经常只考虑物理㶲和化学㶲。一般来说，燃料流的㶲主要由其化学㶲决定，而过剩自由焓相对较小，对于碳氢燃料，过剩焓对其总㶲的贡献仅为 0.10%~0.20%[22]，因此忽略这一相对较小的贡献是一种有效的简化，特别是主动分离过程只适用于近理想的混合物。一般热力系统的㶲包括功流㶲、热流㶲和物流㶲，功流㶲即为功流本身，热流㶲是指传热过程热量的㶲值，当热源为恒定温度，热量 Q 的热流㶲值如式(5.2)所示，如果热源不是恒温，则假设体系起始传热温度为 T_1，终了温度为 T_2，传递热量 Q 所含的㶲值如式(5.3)所示：

$$E_{x,Q} = \left(1 - \frac{T_0}{T}\right)Q \tag{5.2}$$

$$E_{x,Q} = \int_{T_1}^{T_2}\left(1 - \frac{T_0}{T}\right)\mathrm{d}Q \tag{5.3}$$

式中，T_0 为基准温度(298.15K)；T 为热流的温度，K；Q 为热量，kW。

㶲是指在系统与环境实现可逆平衡状态时能够最大化转化为有用功的能量，而其余未转化的能量称为无用功。通过分析比较系统内各阶段的㶲损失及㶲效率可以达到对系统优化的目的。而㶲效率分析能够反映系统在热力学平衡状态时对外做功的能力，同时也是提高系统效率的有效方法。根据㶲分析理论，对于生物质热力学转化过程的㶲分析，可忽略物质的势能㶲和动能㶲，只考虑物理㶲和化学㶲[23]，如式(5.1)所示。针对生物质基酯类燃料过程中的㶲效率分析，通常要将物流的化学㶲 $E_{x,ch}$ 及物理㶲 $E_{x,ph}$ 考虑在内，物流的物理㶲和化学㶲分别可使用式(5.4)和式(5.5)计算。

$$E_{x,ph} = ne_{x,ph} \tag{5.4}$$

$$E_{x,ch} = ne_{x,ch} \tag{5.5}$$

式中，$e_{x,ph}$ 为单位物理㶲，kJ/mol；n 为摩尔流量，mol/s；$e_{x,ch}$ 为单位化学㶲，kJ/mol。

而化学㶲和物理㶲分别指系统与环境经化学变化和热力学过程在平衡状态时对外最大化的做功能力。根据式(5.1)可以计算出物流的㶲值[24]。

选取适宜的基准环境对于系统的㶲效率分析极其重要，通常来说，许多研究人员都会把自然环境当作一个温度与压力均恒定不变的系统来进行简化处理。正如上述所描述的，而本节选取经修正的 Szargut J 环境模型(温度 298K，压力 103.33kPa)来作为环境基准[2]，各涉及元素所对应的基准物均选自天然物质，且将各基准物在自然界中的平均成分作为基准物的成分。本节所用到的㶲值计算公式如下：

$$e_{x,ph} = \sum x_i(h - h_0) - \sum x_i T_0(S - S_0) \tag{5.6}$$

式中，x_i 为某组分在混合物中的摩尔分数；h 为某组分的焓值(实际温度)，kJ/kmol；h_0 为某组分的焓值(基准温度)，kJ/kmol；T_0 为基准温度，K；S 为某组分的熵值(实际温度)，kJ/(kmol/K)；S_0 为某组分的熵值(基准温度)，kJ/(kmol/k)。

5.3.2　分析指标

1. 㶲损失

对于稳定流动系统，㶲平衡方程可用式(5.7)表示：

$$\sum_{i=1}^{N1} E_{x,in,i} = \sum_{j=1}^{N2} E_{x,out,j} + \sum_{k=1}^{N3} I_{in,k} \qquad (5.7)$$

式中，$E_{x,in,i}$ 为输入系统的第 i 股㶲流；$E_{x,out,j}$ 为输出系统的第 j 股㶲流；$I_{in,k}$ 为系统内由不可逆性造成的第 k 种内部㶲损失。

㶲在不可逆过程中退化为无效㶲所引起的㶲量减少成为㶲损失 I。由于绝大部分过程都是不可逆的，㶲损失是不可避免的。而实际过程中，除了系统内部的不可逆过程会造成㶲损失外，流出系统的总㶲量中可能有部分㶲量是直接排到外界的，这部分㶲量不可再被利用，因此不能当作系统的产品，这部分㶲损失被称为外部㶲损失。因此，㶲损失包括内部不可逆过程造成的内部㶲损失 I_{in} 和㶲量外排造成的外部㶲损失 I_{out}，计算公式如式(5.8)所示：

$$I = I_{in} + I_{out} \qquad (5.8)$$

式中，I 为系统总㶲损失；I_{in} 为系统内部㶲损失；I_{out} 为系统外部㶲损失。

为确定整个系统内部㶲损失的主要分布和来源，找出系统能量利用的薄弱环节，分别引入了每个反应模块的内部㶲损失占子系统($I_{in,t}$)和总系统($I_{in,T}$)的总内部㶲损失的比例 $I_{in}/I_{in,t}$ 和 $I_{in}/I_{in,T}$。另外，㶲值计算过程：对处理量为 1t/h 的玉米秸秆制备乙酰丙酸甲酯工艺进行㶲分析，将各相关物流㶲值和各组件㶲损失与㶲效率分别进行计算[25]，其中，物流的物理㶲可用 Aspen Plus 软件查询得到。

2. 㶲效率

为比较不同条件系统之间的㶲损失和㶲的利用程度，引入了㶲效率的概念。㶲效率 η_{ex} 定义为收益㶲 $E_{x,gain}$ 和消耗㶲 $E_{x,pay}$ 的比值，如式(5.9)和式(5.10)所示。㶲效率计算的关键在于对收益㶲的定义，将不同的产品归纳为收益㶲将得到不同的㶲效率。

$$I = \sum E_{x,in} - \sum E_{x,out} \qquad (5.9)$$

$$\eta_{ex} = \frac{E_{x,gain}}{E_{x,pay}} \qquad (5.10)$$

式中，$E_{x,in}$ 为输入系统㶲流，kJ/mol；$E_{x,out}$ 为输出系统㶲流，kJ/mol；$E_{x,gain}$ 为系统收益㶲，kJ/mol；$E_{x,pay}$ 为系统消耗㶲，kJ/mol。

5.4　生物质基酯类燃料全生命周期㶲效率分析

玉米秸秆非常规组分化学㶲计算公式如下：

$$\beta_{\text{biomass}} = \frac{1.0440 + 0.0160\dfrac{H}{C} - 0.3493\dfrac{O}{C}\left(1 + 0.0531\dfrac{H}{C}\right) + 0.0493\dfrac{N}{C}}{1 - 0.4142\dfrac{O}{C}} = 1.185 \quad (5.11)$$

$$e_{\text{biomass}} = \beta\left(\text{LHV} + \omega_{\text{w}} H_{\text{w}}\right) + 9683\omega_{\text{S}} + E_{\text{ash}}\omega_{\text{ash}} + E_{\text{w}}\omega_{\text{w}} \\ = 17068.79\,\text{kJ/kg} \quad (5.12)$$

式中，β_{biomass} 为转化参数；e_{biomass} 为玉米秸秆非常规组分的化学㶲；LHV 为生物质低位热值，kJ/kg；ω_{w}、ω_{S}、ω_{ash} 分别为生物质中水、硫、灰分的工业分析(质量分数)，%；H_{w} 为水的蒸发焓，取值 2442kJ/kg；E_{ash}、E_{w} 分别为灰分、水分的化学㶲，分别取值 72.07kJ/kg、42.96kJ/kg；C、H、O、N 分别为 C、H、O、N 元素的质量分数，%。

玉米秸秆水解制备乙酰丙酸甲酯预处理系统㶲流计算结果如表 5.1 所示，玉米秸秆水解制备乙酰丙酸甲酯预处理系统㶲损失及㶲效率计算结果如表 5.2 所示。经过分析，生物质的化学㶲为 4741.05kW。

表 5.1　玉米秸秆水解制备乙酰丙酸甲酯预处理系统㶲流计算结果　　　（单位：kW）

名称	物理㶲	化学㶲
进口空气	0	68
进口玉米秸秆	0	4741.05
干燥玉米秸秆	0	3601
烟气	1273	46
湿空气	150	37

表 5.2　玉米秸秆水解酯化制备乙酰丙酸甲酯预处理系统㶲损失及㶲效率计算结果

名称	消耗㶲/kW	收益㶲/kW	㶲损失/kW	内部㶲损失/kW	外部㶲损失/kW	㶲效率/%
引风机	134	91	43	43	0	68
干燥器	4809	3601	1207	1020	187	82
换热器	723	90	633	633	0	12
总系统	5596	3782	1883	1696	187	64

玉米秸秆水解酯化制备乙酰丙酸甲酯工艺㶲效率分析如下。

玉米秸秆水解酯化制备乙酰丙酸甲酯预处理系统的整体㶲效率为 64%，干燥器和换热器部分的㶲损失较大，占比为 64%和 34%。同时，热空气会将秸秆中的水分去除，在此过程中，干燥器会额外产生 187kW 的外部㶲损失，为总㶲损失的 15.49%。此外，换热器的㶲效率最低，仅为 12%。由于锅炉中排出的烟气温度过高，在干燥玉米秸秆的换热过程中远远超出了空气干燥所需的能量，从而产生了大量的㶲损失，因此，寻求比高温烟气干燥玉米秸秆更为匹配的能流，减少能量浪费，是提高换热器㶲效率的关键。

玉米秸秆水解制备乙酰丙酸甲酯的系统整体㶲效率为 64%，干燥粉碎后的玉米秸秆与烯酸和甲醇混合，经一系列化学反应后，生成乙酰丙酸甲酯、糠醛等产物。水解反应器内各化学反应产生的内部㶲损失达 680kW，约占系统总㶲损失的 32%。此外，水解锅炉内的化学反应与烟气排放也会产生较多的内部㶲损失和一些外部㶲损失，因此，整个系统㶲效率的提高可以通过适当提升锅炉燃烧温度并降低排烟温度来实现。

在玉米秸秆水解系统中，总系统㶲效率为 75%，水解反应器中将玉米秸秆水解成小分子化合物如乙酰丙酸，该过程中会产生糠醛，具有一定的㶲值。而且这些小分子化合物最后会和生成的乙酰丙酸甲酯共同进行分馏加工，可以看作对系统㶲效率的提高有积极作用，因此可作为收益㶲。水解反应器是系统㶲损失的主要来源，占比可达 80%，而产物的冷却过程也会产生一些㶲损失。多组件相结合共同构成了玉米秸秆制备乙酰丙酸甲酯系统，经计算得到其㶲效率可达 86%。而 CO_2 的排放和内部一些不可逆㶲损失是整个系统的主要㶲损失，但 CO_2 的标准化学㶲与可燃性气体相差巨大，故往往忽略其排放㶲损失。

将玉米秸秆基乙酰丙酸甲酯燃料添加到柴油中制备车用燃料系统的总㶲效率为 48%，因乙酰丙酸甲酯为最终产品，所以添加量较少。水解反应器因占比约 73%的系统总㶲损失而成为㶲损失的主要来源，而其内部的不可逆损失和反应压降是主因，通常来说，水解反应时间较长且反应延伸区域大，整个流程中会产生约 2MPa 的压降，因此，在换热器㶲损失占比很小的情况下，整个系统㶲效率提高的关键在于研制与玉米秸秆制备乙酰丙酸甲酯相匹配的水解反应器。

玉米秸秆水解制备乙酰丙酸甲酯工艺总㶲效率计算如下：电能的输出和乙酰丙酸甲酯的产生作为整个系统的收益㶲，而消耗㶲为玉米秸秆。经计算，进口空气㶲效率为 26%，系统总㶲效率为 41%(糠醛作为收益㶲进行计算)。在玉米秸秆水解酯化制备乙酰丙酸甲酯工艺㶲损失分布中，预处理系统、锅炉和水解酯化反应器是㶲损失最大的三个部分，㶲损失分别占比 35%、28%、16%。

综上所述，生物质基酯类燃料系统基于㶲分析结果可进行以下优化措施：①减少空气干燥过程中的㶲损失，寻求适用于干燥玉米秸秆的能流，实现能量的梯级利用；②增加炉温和过量空气系数，保证可燃物转化完全，并降低排烟温度；③研发适合玉米秸秆水解酯化转化阶段的密闭性好、保温效果佳且体积小的反应器，合成更为高效绿色的催化剂，从而提高生物质水解酯化的转化效率。

5.5 生物质基酯类燃料全生命周期污染物消耗㶲分析

全生命周期环境性指标 I_e 一般指整个评价系统收益㶲与污染物消耗㶲的比值，如式(5.13)所示：

$$I_e = \frac{\sum E_{x,pay}}{Abat E_{x,gain}} \tag{5.13}$$

式中，$\sum E_{x,pay}$ 为累积消耗㶲；$E_{x,gain}$ 为累积收益㶲。

根据环境性指标的定义可以分析得出，当 $I_e < 1$ 时，说明从环境中的能量收益小于

用于污染物治理的有效能量消耗，整个系统的环境性较差；类似地，当 $I_e=1$ 时，说明整个生产系统不会对环境造成任何影响；当 $I_e>1$ 时，则证明系统环境性较好。

　　整个评价系统的环境效益分析一般从两方面进行：①系统各阶段对工艺环境性的作用；②各污染物对工艺环境性的作用。本节所述生物质基酯类燃料制备的全生命周期阶段可分为玉米秸秆生长、玉米秸秆收集、玉米秸秆运输、玉米秸秆粉碎预处理、玉米秸秆水解酯化、酯类产品分配运输与产品消费 7 个阶段，系统产生的污染物为 CH_4、CO_2、N_2O、VOC、CO、HC、NO_x、PM_{10}、SO_2、污水等。

　　玉米秸秆水解酯化制备乙酰丙酸甲酯全生命周期消耗㶲如图 5.1 所示。可以看出，玉米秸秆水解酯化合成酯类燃料过程中的消耗㶲为 42%，在系统的 7 个阶段中占比最大。这主要是因为对此阶段消耗㶲的计算将直接和间接排放污染物均考虑在内，而电力生产阶段排放等间接排放物的消耗㶲在整个生产过程中占比很高，可达 86%。这说明电能的产生多来源于火力发电，温室气体排放较多，且酯类燃料生产过程中的耗电量较大，为 $1100kW\cdot h/t$。农作物秸秆种植环节的消耗㶲占比第二，为 26%。经分析，农药化肥生产过程气体排放物治理以及污水处理是种植阶段消耗㶲比例过大的主因。而由于消耗传统能源生产化肥会产生大量 CO_2，仅用于治理气体污染物所需能耗就占该阶段总消耗㶲的 76%。从图 5.1 可以看出，秸秆运输和酯类产品分配运输环节消耗㶲占比最低，均在 5% 以内，原因是这两个阶段气体污染物排放量较小。此外，玉米秸秆粉碎预处理、玉米秸秆收集及乙酰丙酸甲酯产品消费阶段消耗㶲分别占总消耗㶲的 15%、7% 和 6%。

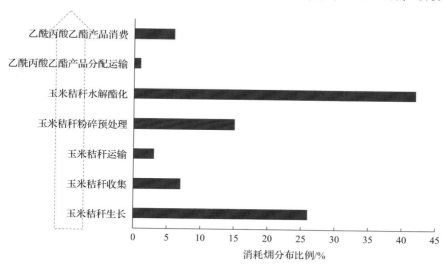

图 5.1　生物质基酯类燃料全生命周期消耗㶲分布

　　综上所述，要提高系统全生命周期环境性指标，首先需要降低农作物种植和酯类燃料制备阶段污染物排放对环境的影响。应降低农作物种植过程中对农药化肥的依赖性，并实现对污水的高效清洁处理。同时，尽可能降低酯类燃料生产过程中的电耗，并大力发展使用可再生能源清洁发电技术，减少化石能源的使用，从而在源头上控制温室气体的排放。

图 5.2 为生物质基酯类燃料全生命周期评价中基于污染物类型的消耗㶲分布情况，可以看出，对于玉米秸秆水解酯化制备乙酰丙酸甲酯燃料过程，CO_2 的消耗㶲比例最大，为 72%；其次为 SO_2 的消耗㶲，其在整个工艺中的比例为 7%。气体污染物中 VOC、CO、NO_x、PM_{10} 的消耗㶲占比很小（≤2%），而 N_2O、CH_4、HC 消耗㶲占比也较低，介于 2%～4%。液体污染物在整个系统中消耗㶲占比也较低，其中，工业污水消耗㶲占比最低，仅为 1%，而农业污水消耗㶲占比为 5%。由以上分析可以得出，CO_2 在整个系统中消耗㶲的比例远远高于其他污染物的总和，这主要是因为酯类燃料生产过程中电能消耗量大，而电能主要源于化石燃料发电，从而极大地增加了 CO_2 的排放。

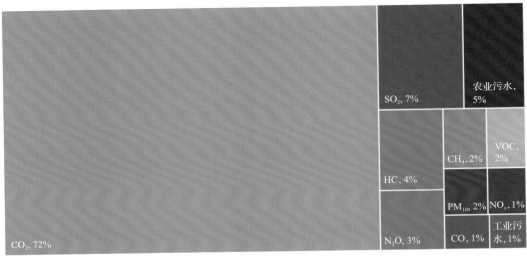

图 5.2   生物质基酯类燃料全生命周期污染物的消耗㶲分布

图 5.3 为生物质基酯类燃料生产和使用过程中各污染物消耗㶲在全生命周期评价中的分布情况。可以看出，N_2O 的消耗㶲主要来自乙酰丙酸甲酯产品的消费阶段，其比例为 75%，其次是玉米秸秆水解酯化制备乙酰丙酸甲酯阶段，其比例为 8%，剩余的玉米秸秆生长、玉米秸秆收集、玉米秸秆运输、玉米秸秆粉碎预处理以及产品乙酰丙酸甲酯产品分配运输等阶段的消耗㶲均占比很小。对于 CH_4 的消耗㶲，主要来自玉米秸秆水解酯化制备乙酰丙酸甲酯阶段，其占比为 68%，其次是玉米秸秆收集阶段，占比为 12%，来自乙酰丙酸甲酯产品分配运输阶段的比例为 7%，其余各阶段如玉米秸秆生长、玉米秸秆运输、玉米秸秆粉碎预处理及乙酰丙酸甲酯产品消费阶段的占比均很小。对于 CO_2 的消耗㶲，主要来自玉米秸秆水解酯化制备乙酰丙酸甲酯阶段，其占比为 60%，而秸秆种植环节消耗㶲占比也较高，分担了总量 24% 的消耗㶲。而玉米秸秆收集、玉米秸秆运输、玉米秸秆粉碎预处理、酯类产品分配运输及产品消费等阶段的消耗㶲占比很小。对于 VOC 的消耗㶲，主要源于乙酰丙酸甲酯产品消费和乙酰丙酸甲酯产品分配运输阶段，其占比分别为 94% 和 6%，而其他 5 个阶段几乎没有消耗㶲产生。对于 CO 的消耗㶲，主要来源于乙酰丙酸甲酯产品消费阶段，其比例高达 85%，远远超过了其他 6 个阶段的总和。HC 的消耗㶲分布情况与 CO 类似，主要来源于乙酰丙酸甲酯产品消费阶段，其占比为

94%，而其他阶段均占比极小。对于 NO_x 的消耗㶲，主要来自玉米秸秆水解酯化制备乙酰丙酸甲酯和乙酰丙酸甲酯产品消费阶段，其占比分别为 40% 和 35%，其余 5 个阶段占比较小。而 PM_{10} 的消耗㶲主要来自玉米秸秆水解酯化制备乙酰丙酸甲酯和乙酰丙酸甲酯产品消费两个阶段，其占比分别为 90% 和 5%，剩余的玉米秸秆生长、玉米秸秆收集、玉米秸秆运输、玉米秸秆粉碎预处理、乙酰丙酸甲酯产品配送阶段消耗㶲占比均很小。对于 SO_2 的消费㶲，主要来自玉米秸秆水解酯化制备乙酰丙酸甲酯阶段，其占比为 86%，而剩余的玉米秸秆生长、玉米秸秆收集、玉米秸秆运输、玉米秸秆粉碎预处理、乙酰丙酸甲酯产品分配运输和乙酰丙酸甲酯产品的消费占比均较小。工业污水和农业污水分别有 98% 和 100% 的消费㶲来自玉米秸秆种植阶段。

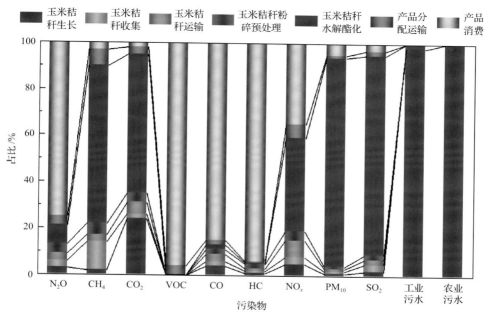

图 5.3　各污染物消耗㶲在全生命周期评价中的分布情况

5.6　本 章 小 结

农业剩余物水解转化为酯类燃料是缓解我国能源短缺和减少温室气体排放的重要途径，符合可持续能源发展战略的重大需求。本章从生物质基酯类燃料的生产及使用过程入手，以农业剩余物(玉米秸秆)为原料，分析整个系统中从生物质原料到燃料车用的各个阶段，定义了系统边界，并建立了能耗、㶲分布与环境分析模型，研究了生物质基酯类燃料全生命周期㶲分析。主要结论如下。

玉米秸秆水解酯化制备酯类燃料预处理系统的整体㶲效率为 64%，提高换热器㶲效率是改进能源利用品质的关键。在整个生物质基酯类燃料制备过程中，玉米秸秆与化石能源能耗比为 17.9∶1，整体系统更多地利用了可再生能源。以玉米秸秆水解酯化制备酯类燃料为例，分析了全生命周期不同排放的消耗㶲分布，得出 CO_2 的消耗㶲比例最大，为 72%；其次为 SO_2 的消耗㶲，为 7%。气体污染物中 VOC、CO、NO_x、PM_{10} 的消耗㶲比例均在 2% 以下，而 N_2O、CH_4、HC 的消耗㶲占比在 2%~4%。工业污水消耗㶲占比最低，仅为 1%，农业污水消耗㶲占比为 5%。由以上分析可以得出，CO_2 在整个系统中消耗㶲的比例远远高于其他污染物的总和，这主要是因为酯类燃料生产过程中电能消耗量大，而电能主要源于化石燃料发电，从而极大地增加了 CO_2 的排放。

参 考 文 献

[1] Rant Z. Towards the estimation of specific exergy of fuels[J]. Allg Waermetech, 1961, 10: 172-176.

[2] Verma S, Kaushik S C. Effects of varying composition of biogas on performance and emission characteristics of compression ignition engine using exergy analysis[J]. Energy Conversion and Management, 2017, 138: 346-359.

[3] Zhang X, Solli C, Hertwich E G, et al. Exergy analysis of the process for dimethyl ether production through biomass steam gasification[J]. Industrial & Engineering Chemistry Research, 2009, 48(24): 10976-10985.

[4] Heijden H, Ptasinski K J. Exergy analysis of thermochemical ethanol production via biomass gasification and catalytic synthesis[J]. Energy, 2012, 46(1): 200-210.

[5] Vitasari C R, Jurascik M, Ptasinski K J. Exergy analysis of biomass-to-synthetic natural gas(SNG)process via indirect gasification of various biomass feedstock[J]. Energy, 2011, 36(6): 3825-3837.

[6] Rens G, Huisman G H, Lathouder H D, et al. Performance and exergy analysis of biomass-to-fuel plants producing methanol, dimethylether or hydrogen[J]. Biomass and Bioenergy, 2011, 35(1): 145-154.

[7] Prins J M, Ptasinski K J, Janssen F. Exergetic optimisation of a production process of Fischer-Tropsch fuels from biomass[J]. Fuel Processing Technology, 2005, 86(4): 375-389.

[8] Boateng A A, Mullen C A, Osgood-Jacobs L, et al. Mass balance, energy, and exergy analysis of bio-oil production by fast pyrolysis[J]. Journal of Energy Resources Technology, 2012, 134(4): 042001.

[9] Peters J F, Petrakopoulou F, Dufour J. Exergetic analysis of a fast pyrolysis process for bio-oil production[J]. Fuel Processing Technology, 2014, 119: 245-255.

[10] 宋国辉. 生物质热化学法制取合成天然气的(㶲)分析及生命周期评价[D]. 南京: 东南大学, 2014.

[11] 陈露露, 肖军, 宋国辉, 等. 生物质气化合成二甲醚系统的火用分析[J]. 东南大学学报: 自然科学版, 2014, 44(2): 314-320.

[12] Szargut J M, Morris D R, Steward F R. Exergy Analysis of Thermal, Chemical, and Metallurgical Processes[M]. New York: Hemisphere Publishing New York, 1988.

[13] Dewulf J, van Langenhove H, van De V B. Exergy-based efficiency and renewability assessment of biofuel production[J]. Environmental Science & Technology, 2005, 39(10): 3878-3882.

[14] Cornelissen R L. Thermodynamics and Sustainable Development; the Use of Exergy Analysis and the Reduction of Irreversibility[M]. Enschede: Universiteit Twente, 1997.

[15] Berthiaume R, Bouchard C, Rosen M A. Exergetic evaluation of the renewability of a biofuel[J]. Exergy An International Journal, 2001, 1(4): 256-268.

[16] Toxopeus M E, Lutters D, Houten F. Environmental Indicators & Engineering: an alternative for weighting factors[C]. Cirp International Conference on Life Cycle Engineering, The Netherlands, 2006.

[17] 王彦峰, 冯霄. 综合考虑资源利用与环境影响的分析法应用[J]. 中国科学: B 辑, 2001, 31(1): 89-96.

[18] 戴恩贤, 张新铭, Dai E X, 等. 基于㶲参数的环境影响评价[J]. 重庆大学学报: 自然科学版, 2008, 31(3): 247-250.

[19] 刘猛, 李百战, 姚润明. 建筑能源利用环境影响(㶲)分析模型[J]. 重庆大学学报, 2009, 32(6): 638-642.

[20] Peters J F, Petrakopoulou F, Dufour J. Exergy analysis of synthetic biofuel production via fast pyrolysis and hydroupgrading[J]. Energy, 2015, 79(1): 325-336.

[21] 黄荡. 生物质热解提质制油系统的能源—经济—环境复合模型研究[D]. 南京: 东南大学, 2015.

[22] Bejan A. Exergy analysis of thermal, chemical and metallurgical processes[J]. International Journal of Heat & Fluid Flow, 1989, 10(1): 87-88.

[23] 吕子婷. 基于（㶲）理论的生物质制取车用/航空燃料系统的生命周期评价研究[D]. 南京: 东南大学, 2017.

[24] Ibrahim T K, Awad O I, Abdullah A N, et al. Thermal performance of gas turbine power plant based on exergy analysis[J]. Applied Thermal Engineering, 2017,115:977-985.

[25] 于点. 生物质基航空燃料制备工艺系统仿真、（㶲）分析及全生命周期评价[D]. 南京: 东南大学, 2018.

第6章　生物质基酯类燃料全生命周期经济性分析

　　生物质燃料生产工艺的经济可行性通常根据技术经济分析获得的结果进行评估，环境效益通过生命周期评估进行分析。大多数研究限于技术经济分析或特定路径的生命周期评价，很少有研究者同时基于两者进行全面综合评估。此外，几乎所有研究结果都只关注上游生产的生物质燃料，而下游燃料的升级、调变等过程被忽视。因此，本章以生物质基酯类燃料的途径为切入点，创新性地设计木质纤维素类生物质水解液化生产生物质燃料的工艺流程及系统边界，根据现有的数据对生物质基酯类燃料的经济性进行评估，进而找出影响成本的关键因素并估计生产成本的不确定性，最后以年消耗 7 万 t 玉米秸秆的乙酰丙酸乙酯规模化生产系统为例，进而获得生物质水解液化制备乙酰丙酸乙酯的经济效益分析结果，以期为生物质基酯类燃料经济性分析提供参考。

6.1　生物质基酯类燃料全生命周期经济性分析模型

6.1.1　经济性分析基础

　　与化石燃料相比，生物质燃料有许多优势，特别是硫含量低，具有可持续性，碳排放较化石燃料低 80%～90%。然而，由于生物质原料运输[1]、致密化储存[2]及预处理工艺[3]等方面成本较高，生物质燃料的生产成本高于化石燃料。图 6.1 显示了从原料种植阶段到生产生物质燃料的典型总成本支出占比。在生物质燃料生产链中主要的加工程序包括生物质原料的收集、预处理、储存、运输、后处理等，这些都会直接影响原料的整体成本。例如，由于堆积密度低，将木质纤维生物质运输到炼油厂可能需要花较多的费用。因为运输成本受原料含水率、运输距离、运输类型(铁路、公路或轮船)、现有基础设施、生产技术、密度/原料性质、季节引起的可获得性和广泛的分布区域等的影响。更重要的是，木质纤维素类生物质是由纤维素(35%～50%)、半纤维素(20%～35%)、木质素(15%～20%)、灰分、蛋白质和矿物质等其他成分(15%～20%)组成的复合体。生物质原料的价格与农产品产量成正比，与第二代和第三代燃料相比，生物质原料的成本在第一代生物质燃料的生产成本中所占的份额最大，为 40%～90%。目前，为了提高杨树、柳枝稷、芒草和高粱等能源作物的产量，应用了许多基因工程和育种技术，这些技术的应用在一定程度上增加了生物质燃料的生产成本。图 6.2 显示了生物质燃料的生产成本随原料类型的变化情况[4]。由于生物质自然分解的速度非常慢，为了更容易获得纤维素和半纤维素，在生物质原料利用前需要对其进行处理以打破半纤维素-木质素复合体，其中可采用物理预处理(球磨或磨细)[5,6]、高温挤压预处理[6]、化学预处理(碱性环境下进行氨渗透处理、原料浸泡在氢氧化钠溶液中等)、物理化学预处理(超临界 CO_2、酸性介质中的蒸汽爆炸)和生物法预处理等；这些预处理工艺各有利弊[6,7]。因此，在选择生物质燃料生产的原料时，需要考虑这些问题。表 6.1 显示了各种原料潜在的相关成本。

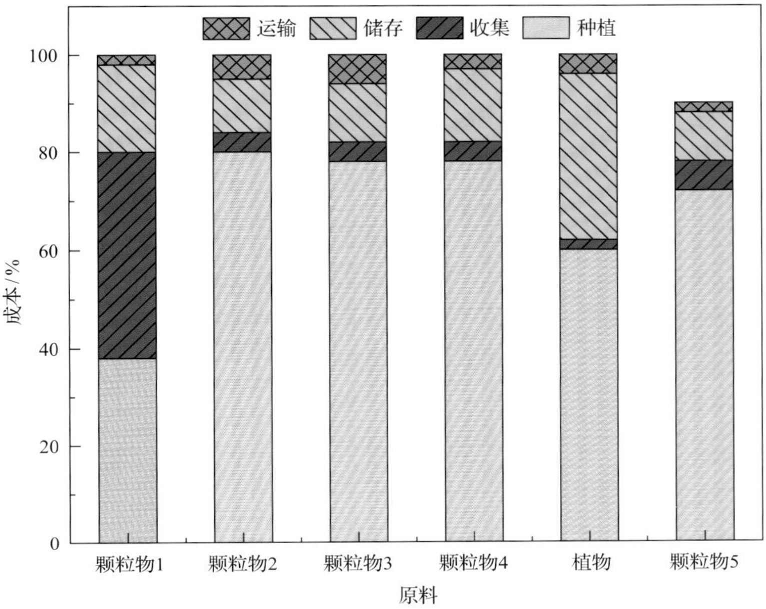

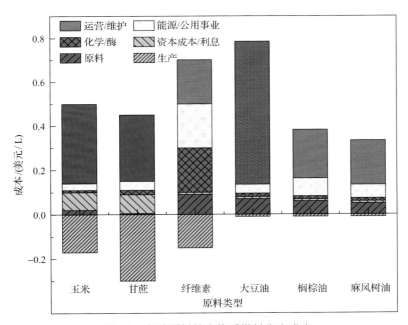

图 6.1　典型生物质生产生物质燃料的总成本

图 6.2　各种原料的生物质燃料生产成本

另外，生物质成型和运输存在着一定的成本，可以单独列出。生物质成型主要包括压块、造粒、挤出和辊压。通过压块进行致密化的优点是可以承受广泛的粒度和水分含量，压块通常使用液压机、辊压机和机械压力机并且可以在不使用黏合剂的情况下进

表 6.1 生物质预处理过程潜在的成本汇总

生物质类型	水分含量/%	LHV/(MJ/kg)	价格/(美元/t)	组成结构	地点	参考文献
森林残留物	30～40	11.5	15～30	收割、收集、切片、装载、运输、储存	美国	[8]
木材废弃物	5～15	19.9	10～50	—	美国	[8]和[9]
农业残渣	20～35	11.35～1.55	20～50	收集、支付给农民的保险费、运输	美国	[8]和[9]
能源作物	10～30	14.25～18.25	39～60	—	美国	[8]和[9]
垃圾填埋气	—	18.6～29.8	0.017～0.051	气体收集和燃烧	美国	[8]和[9]
木屑	—	—	60～94	收集和运输	欧洲	[8]和[9]
农业残渣	—	—	55～68	收割和运输	欧洲	[8]和[9]
美国进口颗粒	—	—	100～119	码垛和运输	欧洲	[8]和[9]
甘蔗渣	40～55	5600～8900	12～14		意大利	[8]和[9]
甘蔗渣	40～55	5600～8900	11～13		意大利	[8]和[9]
碎木屑	—	7745	71		巴西	[8]和[9]
木炭厂	—	18840	95		巴西	[8]和[9]
稻壳	—	—	22～30	运输	印度	[8]和[9]
麦秸秆	—	—	19.53	运输	—	[10]
玉米秸秆	—	—	19.64	运输	—	[10]
木质纤维素类生物质	—	—	11.26～14.01	收割和运输	—	[10]
能源作物芒草	—	—	51	生产、传送、储存	—	[11]
白杨木	—	—	110～132	栽培与收获	意大利	[12]
玉米芯	—	—	164	用稀酸预处理原料	—	[13]
玉米芯	—	—	156	用热水预处理原料	—	[13]
玉米芯	—	—	174	通过挤压对原料进行预处理	—	[13]
玉米芯	—	—	173	两级稀酸预处理原料	—	[13]
玉米芯	—	—	167	氨纤维爆破法预处理原料	—	[14]

行。造粒机类似于压块所用设备，但使用更小的颗粒尺寸和更小的模具。挤出机适用于燃烧应用的均质压块。大多数行业中的另一种致密化技术是附聚技术，该技术通过将粉末颗粒紧密黏合在一起来增加粒度。就能耗而言，更多推力和压缩的致密化技术需要消耗约 40%的能量用于材料压缩，部分能量用于克服压缩过程中的摩擦。生物质化学成分中的蛋白质和淀粉等在高温压缩过程中具有可塑性，起到黏合剂的作用，从而提高颗粒强度。致密化过程中的高温高压会导致木质素软化，从而提高生物质的结合效率。除了高热量供应外，压力和研磨速度对颗粒的质量也有显著影响[15,16]。然而，在生物质原料的致密化方面还存在许多挑战，如致密化方法的正确使用、致密化设施与运输点的接近程度等，都将影响生物质燃料的总生产成本[16]。生物质可通过颗粒、打包、切碎或松散形式运输。运输成本会受到整体生物质密度的影响，运输方式也会影响运输成本[17]。表 6.2 显示了不同运输方式的成本、CO_2 排放、交通拥堵情况以及技术成熟度。运输成本很大程度上取决于从生物精炼厂到生物质储存地点的距离和运输方式[18]。卡车运输被

认为是小规模运输和短距离运输最经济的方式，铁路运输是相对更加环保的运输方式，另外，管道运输仅限于运输液体原料。

表 6.2　生物质运输方式及其对成本、CO_2 排放和交通拥堵的影响[19,20]

运输方式	成本/(美元/Mt)	CO_2 排放/(kg/Mt)	交通拥堵情况	技术成熟度
卡车运输	25.62	2.68	非常拥堵	非常成熟
铁路运输	64.65	1.40	一般拥堵	比较成熟
管道运输	73.20	8.22	拥堵较少	成熟

通常根据技术经济分析的结果评估液体燃料的经济可行性，相关代表性研究见表 6.3。除此之外，国内外很多学者围绕着纤维素、秸秆、甘蔗燃料乙醇和生物柴油等液体燃料展开了经济性分析[21]，研究结果显示生物质液体燃料研究方向和政策制定具有一定的意义。

表 6.3　经济可行性分析相关研究

研究范围	研究结果	文献
比较了两个木质纤维素生物质液体燃料生产厂的资本和生产成本	虽然投资成本高，但液体燃料产量较高	[8]
考察了玉米秸秆快速热解为生物油，随后将生物油升级为石脑油和柴油燃料的经济效益	生物质燃料的计算成本与其他种类的替代燃料相比具有竞争力，但仍需进一步确定原料性能和工艺条件对生物油最终产量的影响	[22]
基于模拟和大量先前发表的研究估算生物质液体燃料的成本	在经济预测的准确性、技术选择、投资成本估算乃至用于计算生产成本的财务模型方面，存在一定的不确定性	[23]
对两种不同的生物质合成生产汽油和柴油进行技术经济建模和评估	从生物质到最终产品的总能源效率介于 38%～39%	[24]
基于 Aspen Plus 的过程模型分析了从生物质衍生的合成气生产 F-T 液体燃料的总体热效率和成本	合成气中的一些 CO_2 可以提高转化率，调整废气装置可提高经济效益，从而实现最大的液体燃料产量	[25]
基于过程的仿真模型对制备液体燃料(滴入式柴油)进行技术经济评估	敏感性分析结果表明，内部收益率(IRR)、F-T 转化率、工厂运行时间和原料成本是对最低售价最敏感的参数	[26]
分析了中国农业剩余物热解产生的液体燃料生产成本以及投资回报率	液体燃料生产成本对液体燃料产率和单位原料成本高度敏感；具有 100%股权融资的生物质燃料工厂的投资回收期约为 6 年，在财务上具有可行性	[27]
通过技术经济分析，以评估来自生物精炼厂生物质快速热解的多个产品组合的最低产品销售价格(MPSP)、最大投资成本(MIC)和净现值(NPV)	表明生产多产品组合的生物质燃料比单独生产生物质燃料更具竞争力	[28]
通过两种概念性催化剂再生配置(P-1RGC 和 P-2RGC)比较了生物液体燃料生产的技术经济可行性	P-1RGC 和 P-2RGC 的最低燃料售价(minimum fuel selling prices，MFSP)对燃料产量、运营成本和所得税的变化表现出相似且显著的敏感性；增加工厂的产能可以使 MFSP 在规模经济方面更具竞争力	[29]
探索了加拿大生物质原料(玉米秸秆和麦秸)通过快速热解和加氢处理生产可再生柴油和汽油来替代石油柴油的技术和经济潜力	运输燃料的成本对生物油产量最敏感；快速热解和加氢处理技术具有能源可持续性	[30]
总结回顾了影响液体燃料技术经济可行性的各种因素，包括资金成本、运营成本、原料的类型和成本、消化池的处理能力、消化池(工厂)寿命、预处理成本、电价、热值和升级成本等	通过净现值评估项目的可行性，粪便与秸秆(原浆或压块)的厌氧共消化显示出更好的经济性能，其产生的收入超过了初始所需的投资	[31]
对比分析了瑞典和丹麦两国在秸秆能源产生的液体燃料价格方面的差异	森林资源丰富且成本相对较低与秸秆的可用资源有关；由于运输距离更短，农作物较早成熟以及收获期间天气条件改善，丹麦的秸秆生产成本有所降低	[32]

6.1.2 工艺流程

生物质水解制备酯类燃料的过程如图 6.3 所示，整个模型包括原料制备、水解酯化、提纯升级。首先，通过直接注入热循环水形成生物质水浆，浆料在高温中转化成固体、气体、液体，气体经气袋直接收集被送到氢气等工厂，通过重整调变转化成氢气、一氧化碳、二氧化碳等不凝气；剩余的固液混合物经过冷却后，被过滤并分离成油相、水相和一些有机物，进一步通过合成或酯化等转化为乙酰丙酸乙酯等酯类燃料和糠醛等化学品。

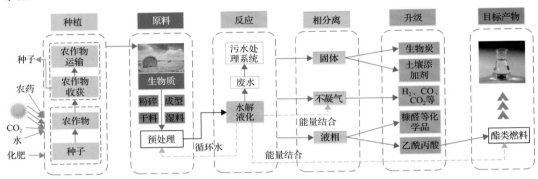

图 6.3 生物质水解制备酯类燃料的工艺流程

因此，生物质基酯类燃料生产系统按生产性质一般包括 3 个阶段：原料收集、产品生产以及产品销售，其中产品生产又包含多个不同的生产阶段，其具体结构如图 6.4 所示。整体模型包括原料收集(c)、预处理(b)、核心转化(pr)、后处理(a)和产品销售(m) 5个主体模块，以及副产品生产(by)、运输(tr)和仓储(st) 3 个根据需要安插在主体模块之间的辅助模块(图 6.4)。

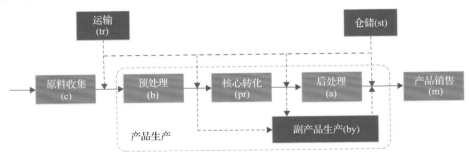

图 6.4 生物质液体燃料生产系统基本结构

6.1.3 系统边界

对生物质基酯类燃料全生命周期进行分析，仅从能耗和环境方面进行分析还不够，随着生物质水解转化为酯类燃料及化学品技术的成熟，未来在农林剩余物等生物质资源丰富的地区将建立和推广乙酰丙酸乙酯等生产规模化生产线或生产厂。因此，要进行全生命周期的经济性分析，找到影响其经济性的因素，厘清酯类燃料与传统车用燃料的竞争优势。

生物质基酯类燃料(以乙酰丙酸乙酯路线为主)主要通过生物质收集和运输、预处理、水解酯化，从而生成酯类燃料及化学品。①预处理过程对生物质进行粉碎，以便于进行高效水解，生物质粒度过大不利于高效水解，另外不便进入反应器，粒度过小则耗电量过大；②生物质水解法制取乙酰丙酸可以通过间歇催化水解法和连续催化水解法来实现；③水解后的生物质主要包括乙酰丙酸、糠醛、甲酸和水，而糠醛又可以再循环水解生成乙酰丙酸；④水解得到的乙酰丙酸在催化剂的条件下与乙醇进行反应，生成乙酰丙酸乙酯等酯类燃料和化学品。加上生物质的收集等，整个系统消耗费用主要包含原料及其运输费用、预处理费用、生产乙酰丙酸乙酯的设备初投资费用、厂运行费用、设备维护费用及燃料运输费用等。生物质水解转化酯类燃料及化学品系统经济分析模型见图6.5。

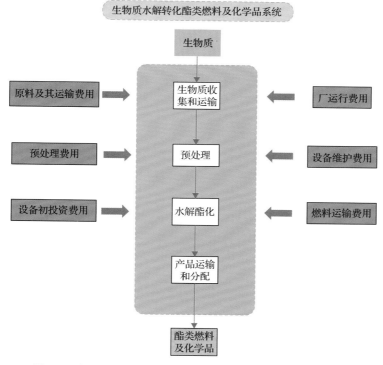

图 6.5　生物质水解转化酯类燃料及化学品系统经济分析模型

6.1.4　经济性分析模型建立

全生命周期经济分析采用从生物质(田地)到燃料使用(车轮)的分析方法，即考虑从生物质(秸秆)的生长、秸秆的收集和粉碎、水解和酯化到酯类燃料的运输分配、替代车用燃料等的所有成本。其中在原料阶段和燃料阶段主要是针对乙酰丙酸乙酯生产厂，在使用阶段主要是针对车辆使用者。对于乙酰丙酸乙酯生产厂的经济性分析主要包括原料收集模块、预处理模块、核心转化模块、后处理模块、产品销售模块、副产品销售模块、运输模块、仓储模块以及财务净现值、内部收益率、投资回收期等主要指标。

1. 静态指标分析模型

模型中变量和参数上标表示所属的阶段，下标表示序号或物料种类，建立相应模块加以说明。

1) 原料收集模块 (c)

原料收集阶段包含 n^c 个收集区，第 i 收集区包含 n_i^c 个直接进行原料收集的点，同一收集区内原料可收集密度 ρ 相同。

第 i 区原料年收集量的计算按照式 (6.1) 计算：

$$Q_i^c = \sum_{j=1}^{n_i^c} (\rho_i A_{i,j}) \tag{6.1}$$

原料年总收集量为

$$Q^c = \sum_{i=1}^{n^c} \sum_{j=1}^{n_i^c} (\rho_i A_{i,j}) \tag{6.2}$$

原料年总收集费用为

$$F^c = f^c \sum_{i=1}^{n^c} \sum_{j=1}^{n_i^c} (\rho_i A_{i,j}^{1.5}) \tag{6.3}$$

式 (6.3) 中收集费用 F^c 采用修正后的面积系数法计算，原料收集费用系数 f^c 取实际值或由公式 $f^c = 0.67 t^c (1/\pi)^{0.5}$ 估算，式中 t^c 为原料收集时运输费用系数。

2) 预处理模块 (b)

预处理阶段包含 n^b 个预处理区，第 k 区又包含 n_k^b 个预处理点，每一点接收一个收集区的原料并加工为可进行后续核心转化的物料。相应模块的数学描述如下。

第 k 区第 l 预处理点物料年产量：

$$Q_{k,l}^b = q^b Q_i^c \tag{6.4}$$

第 k 区物料年总产量：

$$Q_{k,l}^b = \sum_{i=1}^{n_k^b} Q_{k,l}^b \tag{6.5}$$

预处理物料年总产量：

$$Q^b = q^b Q^c \tag{6.6}$$

预处理年总费用：

$$F^{\mathrm{b}} = f^{\mathrm{b}}Q^{\mathrm{c}} \tag{6.7}$$

第 k 区第 l 预处理点固定投资费用：

$$I_{k,l}^{\mathrm{b}} = i^{\mathrm{b}}\left(Q_{k,l}^{\mathrm{b}}d_0^{\mathrm{b}} / Q_0^{\mathrm{b}}d^{\mathrm{b}}\right)^{r^{\mathrm{b}}} \tag{6.8}$$

预处理固定投资总费用：

$$I^{\mathrm{b}} = \sum_{k=1}^{n^{\mathrm{b}}} \sum_{l=1}^{n_k^{\mathrm{b}}} I_{k,l}^{\mathrm{b}} \tag{6.9}$$

式 (6.8) 中固定资产投资采用生产力指数法计算，忽略贴现率影响。

3）核心转化模块 (pr)

核心转化阶段包含 n^{pr} 个直接进行核心转化的点。每一个核心转化点接收一个预处理区的物料，并通过加工使物料初步转化为生物质液体燃料。相应模块的数学描述如下。

第 m 核心转化点物料年产量：

$$Q_m^{\mathrm{pr}} = q^{\mathrm{pr}}Q_k^{\mathrm{b}} \tag{6.10}$$

核心转化物料年总产量：

$$Q^{\mathrm{pr}} = q^{\mathrm{pr}}Q^{\mathrm{b}} \tag{6.11}$$

核心转化处理年总费用：

$$F^{\mathrm{pr}} = f^{\mathrm{pr}}Q^{\mathrm{b}} \tag{6.12}$$

第 m 核心转化点固定投资费用：

$$I_m^{\mathrm{pr}} = i^{\mathrm{pr}}\left(Q_m^{\mathrm{pr}}d_0^{\mathrm{pr}} / Q_0^{\mathrm{pr}}d^{\mathrm{pr}}\right)^{r^{\mathrm{pr}}} \tag{6.13}$$

核心转化固定资产投资总费用：

$$I^{\mathrm{pr}} = \sum_{m=1}^{n^{\mathrm{pr}}} I_m^{\mathrm{pr}} \tag{6.14}$$

4）后处理模块 (a)

后处理阶段只设一个后处理点对核心转化得到的初步生物质液体燃料产品 Q^{pr} 进行精制得到最终产品 Q^{a}，同时处理生产中产生的全部废弃物 $Q_{\mathrm{w}}^{\mathrm{a}}$。

主产品年产量：

$$Q^{\mathrm{a}} = q^{\mathrm{a}} Q^{\mathrm{pr}} \tag{6.15}$$

后处理年总费用:

$$F^{\mathrm{a}} = f^{\mathrm{a}} Q^{\mathrm{a}} + f_{\mathrm{w}}^{\mathrm{a}} \ Q_{\mathrm{w}}^{\mathrm{a}} \tag{6.16}$$

后处理固定投资总费用:

$$I^{\mathrm{a}} = i^{\mathrm{a}} \left(Q^{\mathrm{a}} d_0^{\mathrm{a}} / Q_0^{\mathrm{a}} d^{\mathrm{a}} \right)^{r^{\mathrm{a}}} + i \left(Q_{\mathrm{w}}^{\mathrm{a}} d_0^{\mathrm{a}} / Q_{\mathrm{w},0}^{\mathrm{a}} d^{\mathrm{a}} \right)^{r_{\mathrm{w}}^{\mathrm{a}}} \tag{6.17}$$

5) 产品销售模块(m)

产品销售的半径 L^{m} 受单位区域市场容量的限制,运输费费用由运输量、销售半径等决定。

主产品销售半径:

$$L^{\mathrm{m}} = \left(Q^{\mathrm{a}} / \rho^{\mathrm{m}} \pi \right)^{0.5} \tag{6.18}$$

主产品年销售运输费用:

$$T_{\mathrm{m}} = t^{\mathrm{m}} Q^{\mathrm{a}} L^{\mathrm{m}} \tag{6.19}$$

6) 副产品生产模块(by)

生产系统中副产品生产原料均为生物质液体燃料生产过程中产出的其他产品、物料或废弃物。该阶段共有 n^{by} 种副产品,第 x 种副产品可利用的废弃物量为 $Q_{\mathrm{w},x}^{\mathrm{by}}$。

第 x 种副产品年产量:

$$Q_x^{\mathrm{by}} = q_x^{\mathrm{by}} \ Q_{\mathrm{w},x}^{\mathrm{by}} \tag{6.20}$$

副产品生产年总费用:

$$F^{\mathrm{by}} = \sum_{x=1}^{n^{\mathrm{by}}} \left(f_x^{\mathrm{a}} \ Q_{\mathrm{w},x}^{\mathrm{by}} \ - f_{\mathrm{w}}^{\mathrm{a}} \ Q_{\mathrm{w},x}^{\mathrm{by}} \right) \tag{6.21}$$

第 x 种副产品固定投资费用:

$$I_x^{\mathrm{by}} = i_x^{\mathrm{by}} \ \left(Q_m^{\mathrm{by}} d_0^{\mathrm{by}} / Q_{0,x}^{\mathrm{by}} \ d^{\mathrm{by}} \right)^{r_x^{\mathrm{by}}} \tag{6.22}$$

副产品生产固定投资总费用:

$$I^{\mathrm{by}} = \sum_{x=1}^{n^{\mathrm{by}}} I_x^{\mathrm{by}} \tag{6.23}$$

7) 运输模块 (tr)

以原料运输到预处理点为例，年运输费用为

$$T^{c} = t^{c}\sum_{i=1}^{n^{c}}\sum_{j=1}^{n_{i}^{c}}\left(Q_{i,j}^{c}L_{i,j}^{c}\right) \tag{6.24}$$

8) 仓储模块 (st)

生产系统中各阶段仓储包括两种情况：因前后阶段生产时间不同而产生的调节仓储与单一阶段的备用仓储。这两种情况的仓储费用都由费用系数 s、仓储量和仓储时间决定。以预处理阶段的仓储为例，经推导可得其仓储费用为

$$S^{b} = s^{b}\left[0.5\left(Q^{c}d^{b} - Q^{c}d^{c}\right) + \lambda^{b}Q^{c}\right] \tag{6.25}$$

在各模块的基础上，主产品年销售收入：

$$P^{a} = p^{a}Q^{a} \tag{6.26}$$

副产品年销售收入：

$$P^{by} = \sum_{x=1}^{n^{by}}\left(p_{x}^{by}Q_{x}^{by}\right) \tag{6.27}$$

年原料收购总费用：

$$P^{c} = \sum_{i=1}^{n^{c}}\left(p_{i}^{c}Q_{i}^{c}\right) \tag{6.28}$$

年生产操作总费用：

$$F = F^{c} + F^{b} + F^{pr} + F^{a} + F^{by} \tag{6.29}$$

固定投资总费用：

$$I = I^{b} + I^{pr} + I^{a} + I^{by} \tag{6.30}$$

年运输总费用：

$$T = T^{c} + T^{b} + T^{pr} + T^{m} \tag{6.31}$$

年仓储总费用：

$$S = S^{c} + S^{b} + S^{pr} + S^{m} + S^{a} + S^{by} \tag{6.32}$$

式 (6.1)～式 (6.32) 中，下标 j 为物料种类；A 为原料收集地域面积，hm^2；Q 为年原料年总收集量或物料总量，万 t；d 为生产过程在一年中的生产天数，d；q 为物料或产品产出

率；F 为年生产操作费用，万元；r 为固定投资费用指数；f 为生产操作费用系数，元/t；S 为年原料和物料储存费用，万元；f^c 为原料收集费用系数，元 / (t·km)；s 为储存费用系数，元/(t·d)；I 为固定资产投资总费用，万元；T 为年原料、物料或产品运输费用，万元；i 为固定投资总费用系数，万元；t 为运输费用系数，元/(t·km)；λ 为备用物料储存天数，d；P 为年原料收购总费用或副产品销售总收入，万元；ρ 为原料可收集密度，t/hm²；p 为原料或产品价格，元/t；下标 w 为废弃物；下标 0 为参考装置或参考生产线。

根据实际问题并结合相关参数，上述模型可用于分析给定生产规模下的生物质液体燃料系统的技术经济指标，也可用于优化建厂时的各项设计指标或生产方式。利用模型对指标等进行优化时主要问题的描述如表 6.4 所示。

表 6.4 主要优化问题数学描述[33]

决策变量	优化目标函数	物理意义
Q^a、Q^{by}	$\mathrm{Max}\left[(P^a+P^{by}-P^c-F-I)/(Y-T-S)\right]$	经济效益最大时的最优生产规模
Q^a	$\mathrm{Min}\left[(P^c+F+I)/(Y+T+S)\right]$	产品成本最小时的最优生产规模
Q^{by}	$\mathrm{Max}\left[(P^{by}-F^{by}-I^{by})/(Y^{by}-T^{by}-S^{by})\right]$	给定主产品规模时的最优副产品规模
d	$\mathrm{Min}(I+S)$	给定主产品规模时的最优生产时间

注：Y 表示固定资产使用年限。

2. 动态指标分析模型

1）净现值（NPV）

该指标是指项目按部门或行业的基准收益率或设定的折现率，将计算期内各年的净现金流量折现到建设起点年份（基准年）的现值累计数，其表达式为

$$\mathrm{NPV} = \sum_{m=1}^{n'} (\mathrm{CI}-\mathrm{CO})_m \left(1+i'\right)^{-m} \tag{6.33}$$

2）投资回收期（P_m）

该指标是指通过资金回流量来回收投资的年限。其表达式为

$$\sum_{i=1}^{T_y} (\mathrm{CI}-\mathrm{CO})_{mi} \left(1+i'\right)^{-i'} = 0 \tag{6.34}$$

3）财务内部收益率（IRR）

该指标是指项目投资实际可望达到的收益率，即能使投资项目的净现值等于零时的折现率。其表达式为

$$\sum_{m}^{n'} (\mathrm{CI}-\mathrm{CO})_m \left(1+\mathrm{IRR}\right)^{-m} = 0 \tag{6.35}$$

4) 财务净现值率(P_I)

财务净现值率(P_I)是指项目的净现值与初投资之比，其表达式为

$$P_I = \frac{\text{NPV}}{I'} \tag{6.36}$$

式(6.33)~式(6.36)中，CI 为现金流入量，万元；CO 为现金流出量，万元；$(\text{CI}-\text{CO})_m$ 为第 m 年的净现金流量，万元；i' 为行业内部基准收益率，%；n' 为项目设计运行年限，年；I' 为项目的总投资，万元。

6.2　生物质基酯类燃料全生命周期经济性分析

乙酰丙酸乙酯作为石化柴油的替代燃料，可参照我国柴油价格来确定相应的价格，目前柴油价格为 8900 元/t(2022 年 3 月)。乙酰丙酸乙酯的热值为柴油的 58%，加上乙酰丙酸乙酯的环境效益，目前售价应定在 15000 元/t，糠醛(纯度在 90%以上)作为副产物售价定在 8000 元/t。

3000t/a 的生物质转化乙酰丙酸乙酯的项目，预计生产 372t 乙酰丙酸乙酯；生产所需乙醇、催化剂等需购买。年处理 70000t 生物质制乙酰丙酸乙酯联产糠醛装置系统，年处理秸秆(干)7 万 t，全年工作日 300 天，合计工作时间 7200h。生产厂周边有丰富和足量的玉米秸秆。

项目实施进度：建设期为 1 年，第 2 年投产，生产期为 15 年，计算期为 16 年。固定资产折旧和无形及流动资产摊销：固定资产的折旧年限为 15 年，残值率为 5.0%；无形及流动资产残值为 0。收益率：行业基准收益率为 10%。

6.2.1　静态经济性分析

以农业剩余物为原料生产液体燃料资源具有较大的社会、经济效益和明显的区域环境效益，将农业剩余物基液体燃料利用可有效替代煤炭、天然气、液化石油气、煤气等化石燃料的消耗，减少污染排放，节约化石能源。对于农业剩余物基液体燃料的利用在国内外处于快速发展的阶段，欧美等国家和地区的农业剩余物能源化转化技术已经开始在实践中使用，纤维素生产燃料乙醇等农业剩余物能源化转化技术已经产业化，生产的液体燃料也缓解了化石燃料的压力。近年来，由农业剩余物转化合乙酰丙酸乙酯引起了研究者越来越广泛的关注，乙酰丙酸乙酯是一类重要的化学中间体和新能源化学品，具有高的反应特性和广泛的工业应用价值。因此，分析研究农业剩余物类生物质生产乙酰丙酸乙酯的技术经济性对生物质燃料产业未来发展具有重要意义。

乙酰乙酸乙酯产品成本及其结构对企业生产及未来发展有较大影响，因此，利用上述动态模型对其进行分析。计算时以玉米秸秆为主要原料，以河南各个市为收集点，以可收集的农业剩余物(主要为秸秆)利用量为准，见表 6.5。

由于当前实际企业生产规模较小，均采取集中建厂且连续生产的方式，将生产部门作为整体处理(即核心转化过程)并忽略产品销售部分，主要参数取值见表 6.6，农作物秸

秆生产乙酰丙酸乙酯的操作费用参数随生产工艺变化较大。

表 6.5　河南各市区秸秆资源情况

区划	秸秆理论资源量/t	秸秆可收集资源量/t	种植面积/hm²	年总收集量/t
郑州	2478343.37	1979978.25	423290	2031792
开封	5412657.17	4249260.14	855720	4107456
洛阳	3384428.45	2703441.52	679720	3262656
平顶山	3604157.38	3000046.79	555000	2664000
安阳	5839987.66	4615254.90	763040	3662592
鹤壁	1797291.55	1427353.08	197960	950208
新乡	8932204.65	7056501.27	876300	4206240
焦作	3230033.18	2555524.96	354190	1700112
濮阳	4353701.73	3387380.38	531480	2551104
许昌	4141432.01	3164963.8	581530	2791344
漯河	2738066.16	2089622.06	365470	1754256
三门峡	1034310.97	761279.16	254440	1221312
南阳	13073866.04	10282880.65	2011980	9657504
商丘	11514350.84	8888803.90	1447470	6947856
信阳	8079488.43	6114150.93	1160030	5568144
周口	14378340.36	10971393.33	1857250	8914800
驻马店	13520860.79	10575566.74	1795680	8619264
济源	392800.01	309515.93	51300	246240

表 6.6　主要计算参数取值

参数	Q^a/(万 t)	Q^c/(万 t)	P^c/(元/t)	f^c/[元/(t·km)]	t^c/[元/(t·km)]	ρ/(t/hm²)
数值	1	5.9	180	3.8	—	4.8
参数	L^c/km	Q^{pr}/%	f^{pr}/(元/t)	Q_0^{pr}/(万 t)	r^{pr}	i^{pr}/(万元)
数值	10	0.17	850	1	0.70	1.1×10^4

　　由式(6.1)～式(6.32)计算所得结果如图 6.6 所示,结果表明在不同的地区,利用秸秆为原料生产乙酰丙酸乙酯各个阶段的费用变化差距很大。由图 6.6(a)可知,在收集、运输及预处理阶段,原料预处理费用占原料阶段总成本的 90%以上,这主要是秸秆类资源含水量较大,不易运输等造成的,其中涉及了秸秆资源的打捆、粉碎、烘干、堆垛等;而相对于运输费用,秸秆的收集成本也较高,这主要是因为秸秆资源的密度较低,也与收集半径密切相关。由图 6.6(b)可知,在生物质秸秆预处理、核心转化及副产物的后处理方面可以了解到固定投资费用,其中原料的预处理阶段固定资产投资占比较大;在核心转化阶段,本模型假设经过收集、预处理所获得的秸秆资源全部用于转化,所以核心

转化阶段固定资产投资费用与生产规模和秸秆资源量密切相关。而后处理方面的固定投资较少,这主要凸显在副产物、废水、废渣等设备的投资及能耗上。所以,秸秆类生物质水解液化制备乙酰丙酸乙酯的工艺成本以原料费用和生产操作费用为主。由图 6.6(c)可知,在当前化石燃料资源紧缺的前提下,产品销售收入可观;而物价及燃油价格较高导致产品的销售运输费用也较高,这主要与市场机制及燃料的需求有关系。

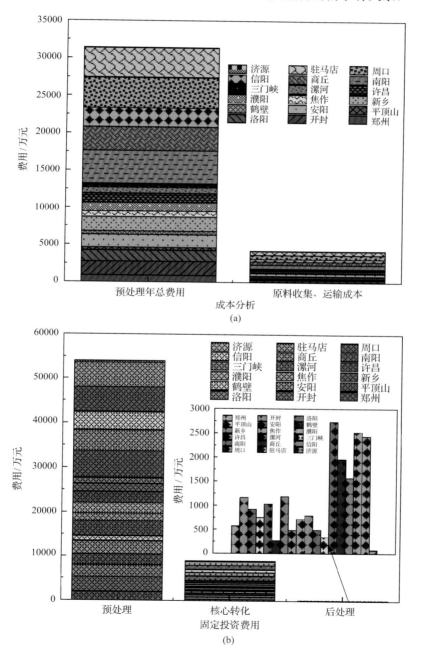

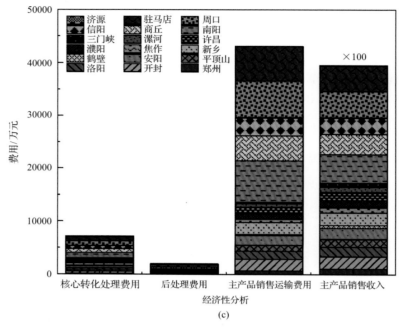

图 6.6   秸秆生产乙酰丙酸乙酯的成本及经济性分析

×100 表示费用在万元的基础上再乘以 100

6.2.2   动态经济性分析

1.中试规模经济效益分析

以年处理 3000t 的生物质水解制备乙酰丙酸乙酯为例,进行动态经济分析。

1)成本估算

(1)设备初投资费用包括固定资产和无形资产及递延资产费用。

该费用主要包括固定资产和无形资产及递延资产费用。项目建设期为 1 年,运行年限为 15 年,年利率10%,固定资产的折旧年限为 15 年,残值率为 5.0%。经济性分析主要数据如表 6.7 所示。

表 6.7   经济性分析主要数据

序号	项目	原值/万元	运行期/(万元/a)	残值/万元
1	固定资产	960.00	126.24	50
2	无形资产及递延资产	100.00	0	0
3	流动资金	200.00	0	0
4	土地使用费	39.00	0	0
	合计	1299.00	126.24	50

(2) 原料及运输、预处理费用和运行中的电力成本估算。

本项目原料主要为玉米秸秆等生物质和乙醇；玉米秸秆粉碎过程、水解过程、酯化过程中主要消耗能源为电力；液相水解过程需要硫酸，气相水解过程需要盐酸，酯化过程需要固体酸催化剂。项目运行后每年需要购买的原料费用如表 6.8 所示。

表 6.8 项目运行后年购买原料费用

原料	参数	数值
玉米秸秆成型燃料(15%水分)	单价/(元/t)	500
	年购买量/t	3530
乙醇(99%)	单价/(元/t)	6000
	年购买量/a	30
硫酸(98%)	单价/(元/t)	1300
	年购买量/t	75
固体酸催化剂	单价/(元/t)	5000
	年购买量/t	15
碳酸钠	单价/(元/t)	1500
	年购买量/t	30
萃取液	单价/(元/t)	1000
	年购买量/t	15
水	单价/(元/t)	3.00
	年购买量/t	36000
生物质成型燃料	单价/(元/t)	500
	年购买量/t	2000
电力	单价/[元/(kW·h)]	0.70
	年购买量/(kW·h)	502600
合计	成本/(万元/a)	363.73

(3) 运行费用中的工人工资及福利估算。

项目运行稳定后，固定人员 12 人，其中运行人员 10 人，管理人员 2 人。运行人员人均工资为 5500 元/月，管理人员人均工资为 8000 元/月。具体估算如表 6.9 所示。

表 6.9 项目运行期间工人工资

参数	运行人员	管理人员
人员数	10	2
人均工资/(元/月)	5500	8000
总工资/(元/a)	660000	192000
总计/(万元/a)	85.20	

(4) 总成本估算。

从表 6.10 可以看出，年运行总成本中，生物质费用所占的比例最大，为 30.73%，另外，购电、生物质燃料费用也较高，占比为 23.54%。

表 6.10 总成本费用估算

序号	项目	年运行成本/(万元/a)
1	年折旧摊销费用	126.24
2	生物质费用	176.50
3	乙醇费用	18.00
4	酸、催化剂等费用	23.25
5	购电、生物质燃料费用	135.18
6	工资及福利	85.20
7	维修费用(1%)	10.00
8	总成本费用	574.37

2)销售收入和税金估算

本项目的收入来源于乙酰丙酸乙酯和糠醛的销售。运行投产后，每年销售乙酰丙酸乙酯372t，价格为15000元/t。销售收入如表6.11所示。

表 6.11 销售收入和税金估算

1 乙酰丙酸乙酯	销售收入/(万元/a)	558
	单价/(元/t)	15000
	售量/(t/a)	372
2 糠醛	销售收入/(万元/a)	288
	单价/(元/t)	8000
	售量/(t/a)	360
	合计销售收入	846
3	销项税(5%)/(万元/a)	42.30
4	销售净收入/(万元/a)	803.70

3)全部投资现金流量分析

由表 6.12 可知，该项目的内部收益率为 12.21%，净现值(I_c=10%)为 850.09 万元，投资回收期为 8.35 年,财务内部收益率略大于行业基准收益。根据前面全生命周期分析，提高水解酯化效率、增大生产规模可降低成本，提高经济性。

表 6.12 投资现金流量

序号	项目	建设期/万元	运行期/(万元/a)
1	现金流入		846
	销售收入		846
2	建设投资	1299.00	
	经营成本		574.37
	销项税		42.30
3	净现金流量	−1299.00	229.33

续表

序号	项目	建设期/万元	运行期/(万元/a)
4	内部收益率	12.21%	
	净现值	850.09 万元	
	投资回收期(含建设期 1 年)	8.35 年	

4)盈亏平衡点分析

生物质制取乙酰丙酸乙酯系统生产体系正常运行时，销售收入 H 和总成本费用 C 分别为

$$H = (Q_1 \times 15000 + Q_2 \times 8000) \times (1 - 0.05) \tag{6.37}$$

$$C = 500 \times (Q_1 / 0.124) \times 1.15 + Q_3 \times 6000 + 1262400 + 232500 + 852000 + 100000 \tag{6.38}$$

式中，H 为销售收入，万元；Q_1 为乙酰丙酸乙酯产量，t；Q_2 为糠醛的产量，t；Q_3 为乙醇的产量，t；C 为总成本费用，万元。根据乙酰丙酸和糠醛的产率，$Q_1=1.03Q_2$；根据乙酰丙酸和乙醇的酯化情况，$Q_1=Q_3$。

由式(6.37)和式(6.38)可得平衡点处的乙酰丙酸乙酯产量为 223.25t。通过对盈亏平衡点分析，当年产销量达到生产体系设计生产能力的 60.02%时，即可实现保本目标，如图 6.7 所示。

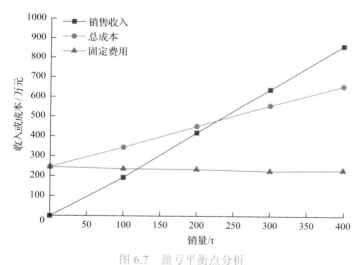

图 6.7　盈亏平衡点分析

5)经济效益影响因素分析

分析生物质转化为乙酰丙酸乙酯系统经济性时所考虑的影响因素主要有项目初投资费用、生物质原料费用(价格)、乙酰丙酸乙酯销售费用(价格)、工人工资、能源消耗费用、催化剂费用、乙醇费用(价格)。通过对影响净现值、内部收益率和投资回收期等经济评价指标的因素进行敏感性分析，以找到影响更加明显的因素。分别将项目初投资费、生物质原料费用(价格)、乙酰丙酸乙酯销售费用(价格)、工人工资、能源消耗费用、催

化剂费用、乙醇费用的其中一个的绝对值单独减少 10%或 20%，增加 10%或 20%，其他
因素保持不变，则该项目的净现值、内部收益率和投资回收期的影响见图 6.8～图 6.10。

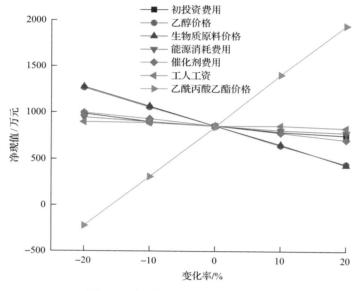

图 6.8   净现值与各影响因素的关系

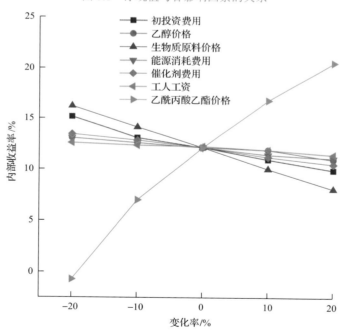

图 6.9   内部收益率与各影响因素的关系

由图 6.8 可知，乙酰丙酸乙酯价格与净现值呈正向变化关系；初投资费用、生物质
原料费用(价格)、能源消耗费用、工人工资、催化剂费用、乙醇费用的变化与净现值呈
反向变化趋势。其中，对净现值影响最大的是乙酰丙酸乙酯价格，当其数值从减小 20%

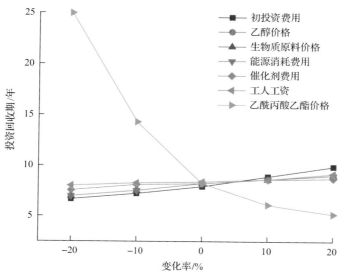

图 6.10　投资回收期与各影响因素的关系

到增加 20%时，净现值从–227.63 万元增加到 1924.07 万元；其次是生物质原料价格，对应的净现值从 1300.08 万元减少到 399.81 万元。

由图 6.9 可知，乙酰丙酸乙酯价格与内部收益率呈正向变化关系；初投资费用、生物质原料价格、能源消耗费用、工人工资、催化剂费用、乙醇价格的变化与内部收益率呈反向变化趋势。其中，对内部收益率影响最大的是乙酰丙酸乙酯价格，当其数值从减小 20%到增加 20%时，内部收益率从–0.68%增加到 20.62%；其次是能源消耗费用，对应的内部收益率从 17.18%减少到 8.62%。

由图 6.10 可知，乙酰丙酸乙酯价格与投资回收期呈反向变化关系；初投资费用、生物质原料费用（价格）、能源消耗费用、工人工资、催化剂费用、乙醇价格的变化与内部收益率呈正向变化趋势。其中，对投资回收期影响最大的是乙酰丙酸乙酯价格，当其数值从减小 20%到增加 20%时，投资回收期从 25.2 减少到 5.2 年；其次是能源消耗费用，对应的投资回收期有增加趋势，但增加程度不明显。

通过各因素对净现值、内部收益率和投资回收期等的影响大小分析，可明显地得出乙酰丙酸乙酯价格是影响经济评价指标的最主要因素，乙酰丙酸乙酯价格越高，系统经济效益越好。其次，能源消耗费用对经济评价指标影响也较大，能源消耗费用增高，系统经济效益降低较为明显。

2.规模化转化经济效益分析

通过扩大规模，提高效率，形成年处理 7 万 t 农业剩余物水解生产乙酰丙酸乙酯联产化学品系统。该系统由多条相同的工艺生产线组成，一条生产线年消耗玉米秸秆 1.44 万 t，可以生产化学品糠醛 1510t，生产乙酰丙酸乙酯 2032t，预计建设该类生产线 5 条并同时成产，5 条生产线年消耗玉米秸秆压块 7 万 t，生产化学品糠醛 7500t，生产车用燃料乙酰丙酸乙酯 1 万 t。

以下经济效益分析均按年处理 7 万 t 生物质秸秆，生产化学品糠醛 7500t，生产车用燃料乙酰丙酸乙酯 1 万 t 计算。

1) 成本估算

生产成本包括设备折旧费用、原料费用、工人工资及福利费、耗电费、设备修理维护费等、初投资设备折旧费、生物质原料费用、能源消耗费用、工人工资、催化剂费用、乙醇费用等。其中初投资费用中包括固定资产、无形资产及递延资产、流动资金、土地使用费等，年运行费用为 1000 万元。

原料费用：生物质原料(成型燃料)收购费用共计 7 万 t×500 元/t=3500 万元，液相水解用硫酸 0.3 万 t×1300 元/t=390 万元。乙酰丙酸酯化的原料无水乙醇费用共计 0.4 万 t×6000 元/t=2400 万元，酯化催化剂需要 400 万元，其他辅助材料 800 万元。

能源消耗费用：每吨农业废弃物预处理过程及水解、酯化过程消耗电力150 万 kW·h，其他电力损耗 20 万 kW·h，按一般农业生产电价 0.4 元/(kW·h)则每年处理 7 万 t 生物质废弃物需耗电约 1190 万 kW·h，合计费用 480 万元，加上加热用的成型燃料费用，能源消耗费用约 1100 万元。

工人工资及福利：项目投产后，需固定人员 100 人左右，工程监督人员 20 人，所需福利及工资合计 1000 万元/年。表 6.13 为规模化生产乙酰丙酸乙酯的总成本费用。

表 6.13　规模化生产乙酰丙酸乙酯的总成本费用估算　　　　(单位：万元/a)

项目	运行成本
初投资设备折旧费	1000
生物质原料费用	3500
能源消耗费用	1100
工人工资及福利	1000
设备修理维护费(2%)	200
催化剂、硫酸及辅助材料费用	1590
乙醇费用	2400
总成本费	10790

2) 销售收入和税金估算

运行投产后，每年销售乙酰丙酸乙酯约 1 万 t，价格为 15000 元/t，年销售收入为 15000 万元。另外，所得的糠醛产物约 7500t，按 8000 元/t 的价格算，年糠醛销售收入 6000 万元。

3) 全部投资现金流量分析

由表 6.14 可知，规模化的生产系统内部收益率为 35.08%，净现值(I_c=10%)为 42300 万元，投资回收期为 5.32 年，内部收益率大于行业基准收益，投资回收期短。相比中试系统，具有更好的经济效益。

表 6.14　规模化生产的投资现金流量

序号	项目	建设期/万元	运行期/(万元/a)
1	现金流入		21000
	销售收入		21000
2	建设投资	23516.00	
	经营成本		11290
	销项税		1050
3	净现金流量	−23516.00	8660
4	内部收益率	35.08%	
	净现值	42300 万元	
	投资回收期(含建设期 1 年)	5.32 年	

6.2.3　车用燃料产品特性及经济性分析

1. 车用燃料产品的特性

1)互溶性及腐蚀性

柴油、生物柴油、乙酰丙酸乙酯在不同温度下的互溶性见表 6.15。结果显示,各种不同添加比的混合燃料在不同温度下均无分层、无浑浊现象;这就说明合适比例的乙酰丙酸乙酯、生物柴油与石化柴油在没有添加助溶剂的条件下具有良好的互溶性,两者的互溶符合相似相溶原理。同时,生物柴油、乙酰丙酸乙酯的酸值均远高于柴油的酸值;当单独添加不同组分的乙酰丙酸乙酯后,得到混合燃料的酸值均达到国标要求;随着生物柴油添加比例的增加,混合燃料的酸值呈增大趋势,当生物柴油添加比例达到4%及以上时,混合燃料的酸值超出国标要求。乙酰丙酸乙酯的硫含量＜石化柴油的硫含量＜生物柴油的硫含量;随着乙酰丙酸乙酯添加比例的增加,混合燃料的硫含量呈下降趋势。柴油对铜片基本无腐蚀,乙酰丙酸乙酯对铜片无腐蚀。

表 6.15　混合燃料的互溶性及腐蚀性(酸值、硫含量及铜片腐蚀)

配方	酸值/(mgKOH/g)	硫含量/%	铜片腐蚀情况(50℃,3h)	现象
B0E5	0.08	0.032		
B1E4	0.08	0.033		
B2E3	0.09	0.033	无腐蚀	
B3E2	0.09	0.034		
B4E1	0.09	0.034		在不同环境温度(5℃、10℃、15℃、20℃、30℃)下,无分层、无浑浊、无颜色变化
B5E0	0.09	0.034	la	
B2E0	0.12	0.035		
B4E0	0.07	0.035		
B0E2	0.08	0.034	无腐蚀	
B0E3	0.09	0.034		
B0E4	0.07	0.034		

续表

配方	酸值/(mgKOH/g)	硫含量/%	铜片腐蚀情况(50℃，3h)	现象
柴油	0.06	0.032	无腐蚀	在不同环境温度(5℃、10℃、15℃、20℃、30℃)下，无分层、无浑浊、无颜色变化
生物柴油	1.30	0.035	1b	
乙酰丙酸乙酯	0.56	0.003	无腐蚀	

注：铜片腐蚀分级为 1a、1b、2a、2b、2c，是一种测定油品腐蚀性的定性方法，主要测定油品有无腐蚀金属的活性硫化物和元素硫；B 表示柴油，E 表示乙酰丙酸乙酯。

2）低温流动性

液体燃料的低温流动性一般用冷滤点、冷凝点等来衡量，图 6.11 为不同燃料的冷滤点和冷凝点的变化趋势。由图 6.11 可知。石化柴油的冷滤点为–2℃，冷凝点为–8℃；生物柴油的冷滤点为 2℃，冷凝点为 0℃；乙酰丙酸乙酯的冷滤点和冷凝点均低于–45℃（本试验所用仪器所能达到最低温度下限为–45℃），这远低于生物柴油、石化柴油的冷滤点、冷凝点。然而，随着乙酰丙酸乙酯添加量的增加，混合燃料冷凝点出现明显的变化，如 B0E5 的冷凝点达到–14℃，B0E3 的冷凝点达到–11℃。同时，添加乙酰丙酸乙酯、生物柴油的冷凝点下降程度也较大，如 B1E4 凝点达到–14℃，B2E3 凝点达到–13℃。因此，混合燃料冷滤点与石化柴油相比低温流动性多有改善。

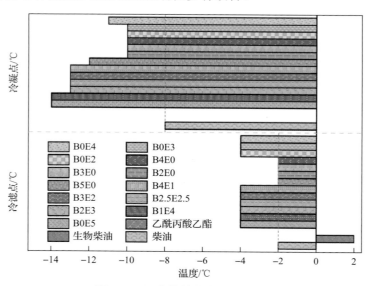

图 6.11　混合燃料的冷滤点与凝点

3）雾化及蒸发性

轻质柴油雾化和蒸发性的评价指标有：馏程、运动黏度、密度和闭口闪点；馏程试验结果如图 6.12，运动黏度和闭口闪点如图 6.13 所示。

由图 6.12 可知，石化柴油、生物柴油、乙酰丙酸乙酯三者的馏分分布差别很大，其中，生物柴油中重质馏分较多(当馏出率大于 10%时,其馏程明显高于柴油)且馏分较宽，其初馏点为 110℃，终馏点为 355℃，馏分宽度达 245℃；石化柴油初馏点为 165℃，终

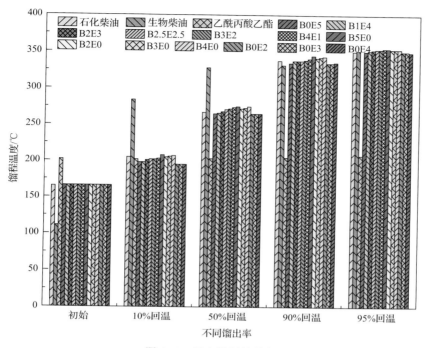

图 6.12　混合燃料的馏程

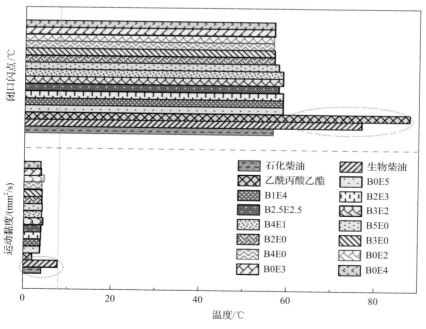

图 6.13　混合燃料配的运动黏度、密度和闭口闪点分析

馏点为 351℃，馏分宽度为 186℃，远小于生物柴油馏分宽度；乙酰丙酸乙酯的成分单一，仅有一种馏分。然而，在石化柴油中添加生物柴油可以使馏程温度向高温方向偏移，添加乙酰丙酸乙酯对石化柴油的馏程影响不明显。

由图 6.13 可知，20℃下石化柴油的运动黏度为 4.22mm²/s，生物柴油的运动黏度 (6.84mm²/s)大于石化柴油的运动黏度。单独添加生物柴油后，混合燃料的运动黏度均略有增加，随着生物柴油添加比例的提高，混合燃料的运动黏度呈增加趋势。乙酰丙酸乙酯的运动黏度(2.14mm²/s)小于石化柴油，单独添加乙酰丙酸乙酯后，混合燃料的运动黏度比石化柴油的运动黏度都低，当乙酰丙酸乙酯的添加比大于3%时混合燃料的运动黏度开始明显下降。生物柴油与乙酰丙酸乙酯的闭口闪点均高于石化柴油的闪点，这可能是由于密度较大引起的。对于单独添加乙酰丙酸乙酯的添加比例达到5%时，混合燃料的闭口闪点较石化柴油有所提高，如 B0E5 闪点达到 59℃，其余均无明显变化。因此，混合燃料运动黏度与石化柴油基本相当，闭口闪点均有所提高，密度均符合相关标准的使用要求；混合燃料具有很好的雾化及蒸发性能。

4)发火性和氧化安定性

混合燃料的发火性一般通过十六烷指数表征。由图 6.14 的十六烷指数可知，生物柴油与石化柴油相差不多，由于乙酰丙酸乙酯的添加比例不大，各混合燃料的十六烷值亦相差不多。而生物柴油中的总不溶物含量远大于柴油和乙酰丙酸乙酯，且混合燃料组的总不溶物含量随着生物柴油添加比例的增加而增大，但均符合相关国家标准。

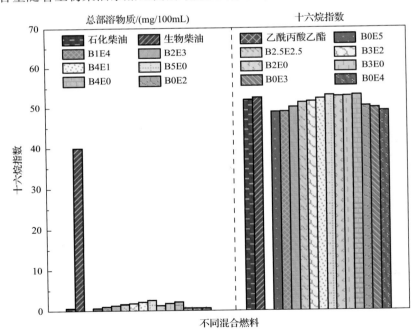

图 6.14   混合燃料的十六烷指数和氧化安定性

5)洁净性

液体燃料清洁性的评定指标有水分、机械杂质、灰分和残炭。其中，生物柴油、乙酰丙酸乙酯、石化柴油及混合燃料中水分均不大于痕迹(即不大于 0.03%)；各组分混合燃料中也均无机械杂质，液体燃料中溶解的无机盐、有机盐、不能燃烧的机械杂质经过灼烧后所剩余的不燃物质为灰分。结果表明生物柴油的灰分小于石化柴油的灰分，乙酰丙酸乙酯不含灰分；混合燃料的灰分随生物柴油、乙酰丙酸乙酯添加比例的增大而降低。不同混合燃料的残炭如图 6.15 所示，结果表明：生物柴油的残炭值远大于柴油、乙酰丙酸乙酯的残炭值，但以上指标均符合国标要求。

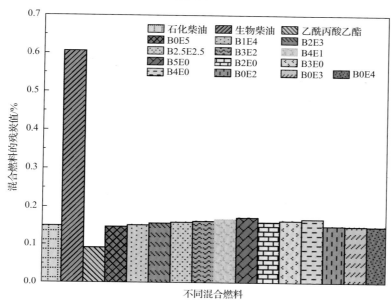

图 6.15　不同混合燃料的残炭值

6) 热值

由图 6.16 可知，石化柴油、生物柴油、乙酰丙酸乙酯的低位热值分别为 43.20MJ/kg、40.00MJ/kg、24.80MJ/kg，其他试样的低位热值均在 42.00MJ/kg 以上。

综合分析结果可知，本节配比的混合燃料各项理化特性指标均符合相应国家标准的要求。为了分析混合燃料的经济性，选取最优混合方案为 B2.5E2.5（生物柴油和乙酰丙酸乙酯的体积分数均为 2.5%）和乙酰丙酸乙酯（体积分数为 5%）两种柴油-乙酰丙酸乙酯混合燃料，对其特性和经济性进行分析。

2. 车用燃料产品经济性

混合柴油的雾化及蒸发性、洁净性、防腐性、氧化安定性、排放性均优于 0#柴油，热值和经济性低于柴油，动力性与柴油持平，具体见表 6.16。按照目前 0#柴油的市场价格为 8.83 元/L，95%（质量分数）的乙酰丙酸乙酯（密度为 1.016kg/L）炼制成本价格为 7.60 元/L，销售价格为 14.76 元/L；生物柴油的价格 9 元/L；依次计算 B2.5EL2.5 混合燃料的定价为 8.83×0.95+14.76×0.025+9×0.025=8.98 元/L，乙酰丙酸乙酯（体积分数为 5%）的定价为 8.83×0.95+14.76×0.05=9.13 元/L。相比纯柴油，混合燃料 EL2.5 和乙酰丙酸乙酯（体积分数为 5%）具有良好的燃烧特性，价格相比纯柴油的涨幅为 1.70%和 3.40%，具有很好的应用前景。

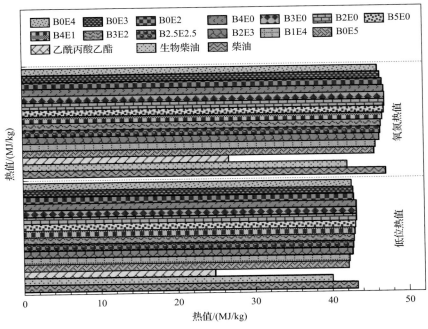

图 6.16　混合燃料的热值

表 6.16　乙酰丙酸乙酯柴油混合燃料的性能[34]

名称	特性	0#柴油	B2.5E2.5 混合燃料	乙酰丙酸乙酯(体积分数为5%)混合燃料
技术指标对比	雾化及蒸发性	—	优	优
	洁净性	—	优	优
	防腐性	—	优	优
	氧化安定性	—	优	优
	热值	—	劣	劣
	排放性	—	优	优
	经济性	—	劣	劣
	动力性	—	持平	持平
总体定价		8.83 元/L	8.98 元/L(涨幅 1.70%)	9.13 元/L(涨幅 3.40%)

6.3　本 章 小 结

　　本章建立了农业剩余物生产乙酰丙酸乙酯的经济性分析模型，确定了全生命周期分析边界条件，分别结合动态经济分析指标和静态经济分析指标，对中试规模、规模化生产的农业剩余物基乙酰丙酸乙酯进行了分析。主要结论如下所述。

　　(1)动态经济指标分析表明：在不同的地区，利用秸秆为原料生产乙酰丙酸乙酯各个阶段的费用变化差距很大，在收集、运输及预处理阶段，原料预处理费用占原料阶段总成本的 90%，在生物质秸秆预处理、转化及副产物的后处理方面可以了解到固定投资费用，其中原料的预处理阶段固定资产投资占比较大，核心转化阶段固定资产投资费用与生产规模和秸秆资源量密切相关，农业剩余物基乙酰丙酸乙酯的工艺成本以原料费用和生产操作费用为主。静态经济指标分析得出：农业剩余物生产乙酰丙酸乙酯系统中对净现值、内部收益率和投资回收期等影响最大的是乙酰丙酸乙酯价格，其次是能源消耗费用。另外，对于中试规模的农业剩余物生产乙酰丙酸乙酯系统，当年产销量达到生产体系设计生产能力的 60.02% 时，即可实现保本目标。

（2）通过创建生物质基酯类燃料全生命周期的经济性分析模型，论证了生物质基酯类燃料与柴油混合燃料相比纯柴油的经济可行性，得出乙酰丙酸乙酯与柴油的混合燃料［EL2.5 和乙酰丙酸乙酯(体积分数为 5%)］相比纯柴油具有良好的燃烧特性，但价格相比纯柴油的涨幅仅仅为 1.70% 和 3.40%，利用生物质水解法生成乙酰丙酸后酯化生产系列柴油替代燃料的应用前景十分广阔。乙醇汽油 E10 的全覆盖目标等使得生物质基车用燃料技术行业需求和市场潜力增大。

（3）项目研究成果是将生物质酸催化水解生成乙酰丙酸乙酯和化学品，然后乙酰丙酸乙酯与柴油等混合制造车用替代燃料，实现了高附加值利用，为生物质制备液体燃料技术的发展提供了一种有效的技术途径。目前，国内外燃油替代燃料的生产主要包括燃料乙醇、生物柴油、直接液化生物油、间接液化燃料所得醇醚燃料和含氧燃料等，该项目作为一种新的生物质利用技术工艺生产与汽油、柴油性质接近的替代燃料，将对生物质液体燃料技术的发展起到积极的推动作用。

参 考 文 献

[1] Laporte A, Ripplinger D G. The effects of site selection, opportunity costs and transportation costs on bioethanol production[J]. Renewable Energy, 2019,131: 73-82.

[2] Gunukula S, Daigneault A, Boateng A A, et al. Influence of upstream, distributed biomass-densifying technologies on the economics of biofuel production[J]. Fuel, 2019,249: 326-333.

[3] Uslu A, Faaij A P C, Bergman P C A. Pre-treatment technologies, and their effect on international bioenergy supply chain logistics. Techno-economic evaluation of torrefaction, fast pyrolysis and pelletisation[J]. Energy, 2008, 33(8): 1206-1223.

[4] Dyjakon A. Harvesting and baling of pruned biomass in apple orchards for energy production[J]. Energies, 2018,11(7): 1-16.

[5] Bhutto A W, Qureshi K, Harijan K, et al. Insight into progress in pre-treatment of lignocellulosic biomass[J]. Energy, 2017, 122: 724-745.

[6] Joshi V K, Walia A, Rana H. Production of bioethanol from food industry waste: microbiology, biochemistry and technology[J]. Springer Berlin Heidelberg, 2012, 15: 135-142.

[7] Brodeur G, Yau E, Badal K, et al. Chemical and physicochemical pretreatment of lignocellulosic biomass: a review[J]. Enzyme Research, 2011, 2011(4999): 787532.

[8] Swanson R M, Platon A, Satrio J A, et al. Techno-economic analysis of biomass-to-liquids production based on gasification[J]. Fuel, 2010, 89: S11-S19.

[9] International Renewable Energy Agency. Renewable Energy Technologis: Cost Analysis Series[R/OL]. [2023-09-13]. https://www.qualenergia.it/sites/default/files/articolo-doc/RE_Technologies_Cost_Analysis-BIOMASS-1.pdf.

[10] Maung T A, Gustafson C R, Saxowsky D M, et al. The logistics of supplying single vs. multi-crop cellulosic feedstocks to a biorefinery in southeast North Dakota[J]. Applied Energy, 2013, 109: 229-238.

[11] Aravindhakshan S C, Epplin F M, Taliaferro C M. Economics of switchgrass and miscanthus relative to coal as feedstock for generating electricity[J]. Biomass and Bioenergy, 2010, 34(9): 1375-1383.

[12] Manzone M, Airoldi G, Balsari P. Energetic and economic evaluation of a poplar cultivation for the biomass production in Italy[J]. Biomass and Bioenergy, 2009, 33(9): 1258-1264.

[13] Xing W P, Tam V, Le K, et al. Life cycle assessment of recycled aggregate concrete on its environmental impacts: a critical review[J]. Construction and Building Materials, 2022, 317: 125950.

[14] Kazi K F, Fortman J A, Anex R P, et al. Techno-economic comparison of process technologies for biochemical ethanol production from corn stover[J]. Fuel, 2010, 89: S20-S28.

[15] Eranki P L, Bals B D, Dale B E. Advanced regional biomass processing depots: a key to the logistical challenges of the cellulosic biofuel industry[J]. Biofuels, Bioproducts and Biorefining, 2011, 5(6): 621-630.

[16] Mafakheri F, Nasiri F. Modeling of biomass-to-energy supply chain operations: applications, challenges and research directions[J]. Energy Policy, 2014, 67: 116-126.

[17] Perpiñá C, Alfonso D, Pérez-Navarro A, et al. Methodology based on geographic information systems for biomass logistics and transport optimisation[J]. Renewable Energy, 2009, 34(3): 555-565.

[18] Dyken S, Bakken B H, Skjelbred H I. Linear mixed-integer models for biomass supply chains with transport, storage and processing[J]. Energy, 2010, 35(3): 1338-1350.

[19] Kargbo H, Harris J S, Phan A N. "Drop-in" fuel production from biomass: Critical review on techno-economic feasibility and sustainability[J]. Renewable and Sustainable Energy Reviews, 2021, 135: 110168.

[20] Kumar A, Sokhansanj S, Flynn P C, et al. Development of a multicriteria assessment model for ranking biomass feedstock collection and transportation systems[J]. Applied Biochemistry and Biotechnology, 2006, 129-132(1-3): 71-87.

[21] Littlewood J, Wang L, Turnbull C, et al. Techno-economic potential of bioethanol from bamboo in China[J]. Biotechnology for Biofuels, 2013, 6(1): 173.

[22] Wright M M, Daugaard D E, Satrio, et al. Techno-economic analysis of biomass fast pyrolysis to transportation fuels[J]. Fuel, 2010, 89: S2-S10.

[23] Haarlemmer G, Boissonnet G, Imbach J, et al. Second generation BtL type biofuels–a production cost analysis[J]. Energy & Environmental Science, 2012, 5(9): 8445-8456.

[24] Trippe F, Fröhling M, Schultmann F, et al. Comprehensive techno-economic assessment of dimethyl ether (DME) synthesis and Fischer-Tropsch synthesis as alternative process steps within biomass-to-liquid production[J]. Fuel Processing Technology, 2013, 106: 577-586.

[25] Rafati M, Wang L, Dayton D C, et al. Techno-economic analysis of production of Fischer-Tropsch liquids via biomass gasification: the effects of Fischer-Tropsch catalysts and natural gas co-feeding[J]. Energy Conversion and Management, 2017, 133: 153-166.

[26] Okeke I J, Mani S. Techno-economic assessment of biogas to liquid fuels conversion technology via Fischer-Tropsch synthesis[J]. Biofuels, Bioproducts and Biorefining, 2017, 11(3): 472-487.

[27] Ji L Q, Zhang C, Fang J Q. Economic analysis of converting of waste agricultural biomass into liquid fuel: a case study on a biofuel plant in China[J]. Renewable and Sustainable Energy Reviews, 2017, 70: 224-229.

[28] Hu W, Dang Q, Rover M, et al. Comparative techno-economic analysis of advanced biofuels, biochemicals, and hydrocarbon chemicals via the fast pyrolysis platform[J]. Biofuels, 2016, 7(1): 57-67.

[29] Shemfe M, Gu S, Fidalgo B. Techno-economic analysis of biofuel production via bio-oil zeolite upgrading: an evaluation of two catalyst regeneration systems[J]. Biomass and Bioenergy, 2017, 98: 182-193.

[30] Patel M, Oyedun A O, Kumar A, et al. What is the production cost of renewable diesel from woody biomass and agricultural residue based on experimentation? A comparative assessment[J]. Fuel Processing Technology, 2019, 191: 79-92.

[31] Dar R A, Parmar M, Dar E A, et al. Biomethanation of agricultural residues: potential, limitations and possible solutions[J]. Renewable and Sustainable Energy Reviews, 2021, 135: 110217.

[32] Bentsen N S, Nilsson D, Larsen S. Agricultural residues for energy-a case study on the influence of resource availability, economy and policy on the use of straw for energy in Denmark and Sweden[J]. Biomass and Bioenergy, 2018, 108: 278-288.

[33] 李强，朱兵，陈定江，等. 生物质液体燃料生产系统技术经济建模及分析[J]. 清华大学学报（自然科学版），2009，49（3）：402-406.

[34] Ding W B, Wang Y P. Bio-energy material: potential production analysis on the primary crop straw[J]. China Population Resources and Environment, 2007, 17: 84-92.

第7章 生物质基酯类燃料土地利用变化的影响分析

生物质燃料引起的土地利用变化是环境平衡的重要因素，而相关的土地利用变化是生物质燃料技术和应用的重要结果。本章通过分析巴西、法国等国外生物质燃料土地利用变化的发展现状，总结相关国家和地区在土地利用变化研究方面的经验，发现估算土地利用的变化模型具有复杂性和可变性。阐述了我国能源结构及生物质资源潜力，进一步分析了农作物种植面积及土地利用结构；在生物柴油、生物乙醇分析的基础上，以生物质基酯类燃料为例分析了其在我国的发展情况及未来的发展趋势，提出了我国生物质燃料的发展和土地利用变化评估的重要性。同时，研究了直接和间接土地利用变化及估算方法并对土地利用变化的政策实施进行归纳，为准确评估生物质燃料土地利用变化提供理论参考，以期为生物质燃料引起的间接土地利用变化研究提供理论依据和科学支撑。

7.1 国内外土地利用变化经验总结及对我国的启示

7.1.1 国内外土地利用变化的经验总结

生物质燃料对土地利用和环境影响的文献随着时间的推移而不断演变。在最初的研究中，研究者只考虑生物质燃料生产对土地利用的直接影响，即相对于化石燃料，用于生物质燃料的农业原料的面积是否有所增加[1-3]。当时研究者普遍认为用生物质燃料替代化石燃料可降低 GHG 排放。如果只考虑对土地利用的直接影响，与化石燃料相比，用玉米生产乙醇可以减少 12% 的 GHG 排放[4]；Wang 等[5]研究表明与化石燃料相比，用玉米生产燃料乙醇并使用燃料乙醇的 GHG 排放减少了约 20%。然而，Searchinger 等[6]研究表明如果将土地利用的间接变化包括在内，玉米生产燃料乙醇的过程将导致 GHG 排放量在 30 年里增加一倍，用甘蔗生产燃料乙醇同样也增加了 GHG 的排放量。Fargione 等[7]发现，由粮食作物生产的生物质燃料导致了更高的 GHG 排放，而由生物质或多年农作物生产的生物质燃料不会产生碳债务(carbon debt，CD)，还能减少 GHG 的排放。虽然这项研究在评估生物质燃料生产和使用所产生的 GHG 影响时考虑了间接土地利用变化的重要性，但该研究并没有考虑到生物质燃料需求和价格的增加导致土地生产率的变化。土地集约化的研究[8, 9]也显示了土地利用变化在决定生物质燃料生命周期排放方面的关键作用。Jérôme[10]调查了 485 篇与生物质燃料开发相关的 DLUC 和 ILUC 效应的国际文献，其中比较重要的 70 篇文献中提供了 239 项 DLUC 因子和 561 项 ILUC 因子；结果表明 DLUC 和 ILUC 因子具有明显的差异，在 561 项 ILUC 因子中，221 项是基于油菜籽、大豆和棕榈油生产生物柴油的途径；将这些因子添加到法国生物质燃料 GHG 的归因生命周期排放量中,可知中间值显著影响了生物柴油使用过程中 GHG 排放的平衡。因此,将中间值加到相应的 LCA 中,植物油基生物柴油似乎不符合可持续性的标准。

　　一些研究比较了生物质燃料对环境的影响[7,11],显示了不同评估结果之间的巨大差异。例如,与生物柴油全生命周期相关的排放量在 15～170gCO$_2$eq/MJ,DLUC 和 ILUC 系数的估算是排放量变化的主要来源。这种明显的可变性反映了方法的多样性:土地利用变化类型和原始土地覆盖、生物质燃料途径、原料类型和来源不同,而使用相同方法的研究结果之间也存在显著差异。尽管大多数的研究结果之间有很大差异,但近期依然侧重于对生物质燃料引起的间接土地利用变化进行研究[12-14]。2017 年,Taheripour 等采用最新数据的模型评估了美国燃料乙醇扩张对全球的影响,结果表明耕地扩张减少,林地转换减少,土地利用的排放量下降18%,土地集约化在评估土地利用变化方面也具有非常重要的意义[15]。

　　不同能源作物用于生物质燃料生产时能够产生的副产品及对土地利用的影响如表 7.1所示[15],其中包括每种生物质燃料的额外土地需求和生物质燃料的综合利用。

表 7.1　系统扩展方案下的副产品和副产品角色

生物质燃料	副产品	处理	系统扩展
向日葵、油菜籽、大豆、棕榈	果皮	其他用途	无 ILUC 效果
	肥皂和纸浆	其他用途	无 ILUC 影响
	甘油	其他用途	无 ILUC 影响
	膳食	动物饲料	将作物纳入饲料和油的替代/供应市场
	额外土地要求	食物	将同一作物纳入市场以供应粮食
	秸秆	其他用途	无 ILUC 效果
	电力	其他用途	无 ILUC 效果
小麦、玉米和大麦	秸秆	废料	无 ILUC 影响
	干酒糟及其可溶物(DDGS)	动物饲料(能量和蛋白质)	将大豆和棕榈作物纳入饲料和油的替代/供应市场
	额外土地要求	食物	将同一作物纳入市场以供应粮食
	甘蔗渣和纸浆	其他用途	无 ILUC 影响
甘蔗	额外土地要求	食物	将同一作物纳入市场以供应粮食
	甘蔗渣	其他用途	无 ILUC 效果
甜菜	纸浆	动物饲料(纤维)	加入青贮玉米作物以替代/供应饲料市场
	额外土地要求	食物	将同一作物纳入市场以供应粮食

1. 土地利用变化的相关政策

　　作为唯一的可再生碳源,生物质的高效利用是解决能源与环境问题的纽带。2060 年左右中国对生物质燃料的需求将从现在的 2EJ/a 左右上升到近 17EJ/a,生物质燃料在交通运输、航空和航运脱碳减排方面将发挥至关重要的作用[16]。生物质燃料引起的土地利用变化包括直接土地利用变化和间接土地利用变化。直接土地利用变化可以通过了解每单位生物能源生产所消耗的资源和每单位土地的原料产量来获得，而间接土地利用变化则很难评估。它们高度依赖于不同作物和地点产量之间的相互作用，以及需求和供应之间替代的可能性。很多研究在评估生物质燃料的环境影响时认识到间接土地利用变化核算的重要性[17,18]。

随着经济的不断发展，生物质燃料需求以平均每年大约 9% 的速度增长，到 2026 年将达到 940 亿 L；这种规模的增长依赖于各国政府在加速执行现有政策的基础上，不断更新支持性政策。以全球地区划分，亚洲的生物质燃料需求增长最多，其次是北美洲、拉丁美洲，最后是欧洲和世界其他地区 (图 7.1)。2021 年全球生物质燃料需求从 2020 年新冠疫情危机期间的低点逐步回升，巴西、阿根廷、哥伦比亚和印度尼西亚正通过暂时减少或推迟任务来管理不断上涨的原料和生物质燃料的成本。截至 2021 年 8 月，美国、欧洲、巴西和印度尼西亚的生物质燃料价格较 2019 年的平均价格上涨了 70%～150%；相比之下，同期原油价格上涨了 40%。《2021 年可再生能源分析与预测》中提到 2026 年全球对生物质燃料的年需求将增长 28%，美国的《2007 年能源独立与安全法案》和欧洲的《可再生燃料指令》等政策表明生物质燃料需要实现全生命周期 GHG 减排的特定目标。

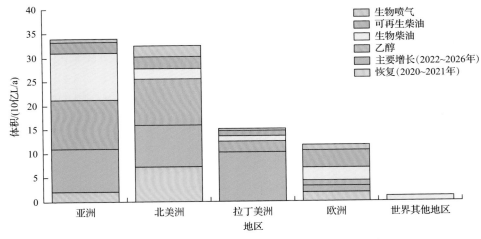

图 7.1　2021～2026 年预测生物质燃料需求增长加速

2017～2021 年，印度的乙醇需求增加了两倍，到 2021 年估计达到 30 亿 L，到 2026 年，印度将成为全球第三大乙醇需求市场。为了更进一步地实现目标，印度根据原料设定了每升乙醇的保证价格，为新的乙醇产能建立了财政支持，发布了乙醇路线图并计划强制要求使用更高含量乙醇混合物的柔性燃料汽车。目前，已经提出的 GHG 性能要求和可持续性能标准都有助于确保乙醇生产减少排放和避免其他影响。据估计，自 2014 年以来，乙醇混合燃料已将 GHG 排放减少了 19 万 t。

《加拿大 2021 年生物燃料报告》对可再生和低碳燃料政策及其对燃料消耗、GHG 减排和消费者成本等影响进行了系统评估。该报告计算了加拿大各省消耗的可再生燃料和石油运输燃料的数量，并按燃料类型、原料和碳强度对这些计算进行了描述。低碳的清洁燃料包括乙醇、生物柴油和混合燃料。2010～2019 年加拿大生物质燃料发展的主要成效包括：乙醇增加了 75%、消耗量达到了 29.85 亿 L，生物柴油增加了 191%、消耗量达到了 3.60 亿 L，可再生柴油增加了 1077%、消耗量达到了 4.32 亿 L；每年生物质燃料减排的 GHG 排放量从 2010 年的 2.10t 增加到 2019 年的 6.40t（增长率约为 205%），累计减排的二氧化碳总量为 4700 万 tCO_2eq；生物质燃料使消费者的交通运输燃料成本降低了 20 亿美元；生物质燃料为政府带来了 24 亿美元的税收盈余，消费者燃料成本减少 2.31 亿美元。该报告为联邦和省政府制定可再生和低碳燃料发展政策，增加可再生能源使用比例提供了明确的支撑，有力地推动了先进生物质燃料和非化石燃料的合成和扩大投资。加拿大相关政策规划显示到 2030 年，加拿大的生物质燃料每年可减少多达 2130 万 t 的 GHG 排放，约占联邦政府设定的 3000 万 t 目标的 70%。

国外在生物质燃料与土地利用变化方面的研究较多且借鉴性较强。我国生物质资源潜力发展巨大且占用耕地面积较大，农作物秸秆产量的分布与农业种植结构、地域面积、土地状况和区域气候条件等因素有关。我国生物质燃料生产和使用引起的土地利用变化影响较大，但目前我国在这方面的研究较少，由于多种因素，生物质燃料引起的土地利用变化的评估被忽略。因此，我国应借鉴国外生物质燃料间接土地利用变化评估方面的经验，求同存异，因地制宜，加强生物质燃料技术的基础性研究，重视生物质燃料间接土地利用变化的影响，开发适合我国生物质燃料间接土地利用变化评估的方法并出台相关支持性政策，从而准确评估生物质燃料土地利用变化的影响，大力促进生物质燃料在航空燃油中的替代可能性，加大对农作物秸秆等生物质资源的能源化技术开发与利用，不断优化能源结构，加强生态环境保护，为绿色经济发展提供发展动力。

2. 巴西土地利用变化

在过去 20 年里，巴西建立了一套土地使用政策并强化了控制机制[19]。巴西制定的较为重要的政策包括甘蔗和棕榈油计划、低碳农业计划、减少森林砍伐的自愿承诺、《森林法典》的修订、大豆禁令以及消除非法砍伐森林的承诺。2012 年修订了《森林法》，对于 2008 年之前的森林砍伐地区，政府已经规定逐步将被砍伐地区转变为正式农场；《巴西国家自主贡献计划》很大程度上是基于加强土地使用政策与生物质燃料扩张的结合，也明确规定非法砍伐森林的惩罚措施。

1）农业集约化

在巴西农业中，玉米、花生、马铃薯和豆类实行双季制。由于大豆生产的免耕做法缩短了夏季大豆收获和玉米种植之间的时间，高质量的投入以及技术的改进使大豆种植后更容易直接种植作物，从而扩大了玉米的产量[1]。农业价格上涨导致双季稻种植面积增加，从而在没有增加土地利用或土地利用未转换的情况下增加了玉米的总产量。尽管与传统玉米种植的周期相比，较短的玉米种植周期意味着更大的风险，但这一种植方式却在巴西不同地区显著增加。近 20 年来，玉米第一季和第二季种植面积的年增长率分别为 4.00% 和 9.50%（表 7.2）；在中西部和北部地区，第二季种植面积年增长率分别达到 12.80% 和 14.90%，第二季玉米产量的增长完全弥补了第一季玉米产量的下降。这就表明第二季玉米种植对价格、利润、市场和土地利用变化非常敏感。

表 7.2　1996～2016 年巴西玉米、大豆种植面积和生产量增长率　　（单位：%）

地区	玉米				大豆	
	种植面积增长率		生产量增长率		种植面积增长率	生产量增长率
	第一季	第二季	第一季	第二季		
南方	5.20	7.00	0.30	11.10	4.00	6.00
东南	3.00	4.00	0.50	5.50	3.90	6.20
中西部	6.80	12.80	3.80	16.30	6.00	7.50
北部	4.50	14.90	2.20	19.50	34.80	35.50
东北	3.90	—	8.90	—	—	—
平均	4.68	9.68	3.14	13.10	12.18	13.80

在大豆种植面积和产量方面，1995 年和 2015 年作物的年增长率分别为 5.20%和 6.80%，截至 2019 年，大豆和第二季玉米产量明显增加[1]。如果一种特定的生物质燃料的原料需要更多的土地，玉米生产者将愿意减少第一季玉米的种植面积，扩大第二季玉米的种植面积，以调整土地市场波动进而增加利润；增加两季种植面积是农民对农作物价格变化的第一反应。巴西有潜力将大豆生产规模继续扩大而无须进一步砍伐森林。

2）畜牧集约化

截至 2016 年，巴西的牧场面积约为 1.70 亿 hm^2，占巴西农业面积的 70%。随着时间的推移，自然牧场被更有价值的种植牧场所取代，自然牧场和人工牧场的比例发生了显著变化。随着畜牧集约化的发展，1996～2016 年，牲畜产量增加了 129%，牧区面积减少了约 2060 万 hm^2，变化后牧场在生产系统中至少减少了 60%的 CO_2 排放并增加了生物质产量。这说明牧草营养置换提高了动物饲料质量，减少了肠道发酵产生的甲烷气体排放；同时还减少了将自然区域转变为牧场的压力[20,21]。因此，大豆生产的扩大、牲畜牧场大面积退化以及牲畜生产率低下，为发展新的农业实践提供了催化剂。将粮食生产和畜牧业结合起来的农业综合系统可能对农民和环境都有利。由于其经济和生态优势，系统解决了不科学的耕作方式带来的环境问题，使农作物产量明显增加并提高了生产的收入水平，恢复了牧场的容量、减少了环境排放和污染。

3）甘蔗产量和面积扩大

近年来，甘蔗是巴西最有希望满足乙醇产量的作物，中南部地区的甘蔗产量已达到 80t/hm^2，2024～2025 年的产量将达到 82t/hm^2[22]。近几年，巴西甘蔗种植产生了积极的溢出效应（表 7.3）并提高了以每公顷产量为衡量标准的粮食生产率。甘蔗产量对再植投资非常敏感，再植后，甘蔗产量在每个连续的宿根上都达到最高产量。尽管重新种植非常昂贵，但第一次收割的甘蔗产量几乎是第五次收割的两倍（表 7.4）。由于在甘蔗种植方面的重大投资和产量提高，农业管理者依据产品（如糖和乙醇）的预期价格决定每年应该种植多少面积。因此，作物产量的改善是间接土地利用变化评估中必须考虑的一个方面。

表 7.3　2009～2016 年巴西甘蔗种植面积扩大　　　（单位：1000hm²）

地区	2009 年	2010 年	2011 年	2012 年	2013 年	2014 年	2015 年	2016 年	2006/2007 年～2009/2010 年
北方	17	20	35	42	46	48	51	52	35
东北部	1083	1113	1115	1083	1030	979	917	866	−216
中西部	940	1203	1379	1504	1711	1748	1715	1811	871
东南	4833	5137	5221	5243	5436	5593	5455	5700	868
南部	537	584	613	612	588	636	517	619	82
巴西	7410	8057	8363	8484	8811	9004	8655	9048	1640

表 7.4　2007～2014 年收割甘蔗产量　　　（单位：t/hm²）

时间	第 1 次	第 2 次	第 3 次	第 4 次	第 5 次
2007/08	102	90	79	71	66
2008/09	102	86	76	70	65
2009/10	106	91	78	71	65
2010/11	105	89	77	68	64
2011/12	91	78	69	63	59
2012/13	—	—	—	—	—
2013/14	73	86	77	68	64
2014/15	96	87	76	69	64
平均	96	87	76	69	64

3. 欧洲土地利用变化

Aoun 等[22]利用模型分析了法国生物质燃料的影响并确定了生物质燃料的来源途径和 LUC 类型。研究结果表明 GHG 平衡对土地利用变化具有高度敏感性。图 7.2 显示了大豆生物柴油中不同 LUC 假设相关的 GHG 排放变化范围，黄色条表示柴油的 GHG 排放量，红色条表示大豆生物柴油生产和使用过程中 GHG 排放量，蓝色条表示不同 LUC 情景的 GHG 排放量。研究结果表明，从 1992 年起，法国就在较小程度上实现了草地向

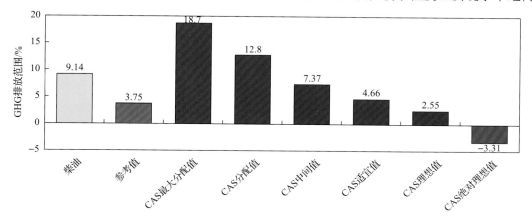

图 7.2　大豆生物柴油 GHG 平衡的 LUC 敏感性分析

耕地的转化；但在 1992～2010 年，法国用于能源利用的耕地面积(油菜籽、向日葵、小麦和甜菜)增加仍然局限于现有的农业用地；2006～2009 年，用于生物柴油生产的原材料(油或油籽)进口量不断增加，由此产生的土地使用权相对有限。冬油菜增加的作物面积是通过在现有耕地内重新分配后获得的，向日葵的生长区域是以牺牲牲畜和作物之间的混合区域为代价，草地向农田的转化率略高。然而，统计分析无法就 GHG 排放方面的相关影响得出结论，从而无法估计全球土地利用变化系数[23]。

在西班牙，2021 年 8 月，西班牙相关的能源公司首次成功利用废弃物生产了 5300t 的生物喷气燃料，其使用预计可减少 300t CO_2 排放，这被认为是生产低碳足迹燃料的又一个重要的里程碑，代表了航空运输燃料脱碳方面的重大进步。该公司在 2020 年和 2021 年初成功利用生物质燃料生产出生物喷气燃料，整个生产过程整合了多种循环经济工具，有助于改善废弃物管理，将废弃物转化为高附加值产品。欧盟中的某些机构制定了不同的措施来促进生物喷射在航空领域的使用。从生物质中获得的生物喷气燃料和从废弃物中提取的先进生物质燃料都被列入欧洲可再生能源指令的可持续燃料清单。2021 年 7 月，欧盟委员会发布了"航空燃料绿色化协议"，促进了可持续航空燃料(SAF)的供需，到 2025 年 SAF 的使用比例达到 2%、到 2050 年 SAF 的使用比例达到 63%，有助于实现全球气候目标，减少环境碳足迹。因此，西班牙能源部认为生物质燃料是目前最广泛用于交通运输的可再生技术，特别是在重型车辆和航空等电气化存在困难的部门；在《气候变化和能源转型法》中专门讨论了交通运输中可持续替代燃料，特别强调先进生物质燃料和其他非生物来源的燃料。

Laborde[24]在 2011 年使用了经济模型中的一般均衡模型，根据欧盟 28 个国家的可再生能源行动计划，评估了 2020 年第一代生物质燃料消费模式的影响，影响因子以 DLUC+ILUC 系数表示(表 7.5)。欧盟委员会联合研究中心在 2010 年和 2011 年发表了几项 LUC 研究，Marelli 等[25]对相同原料、生产区域、生物质燃料类型的土地利用变化进行了评估，与 Laborde 的研究不同的是本研究将某些作物归类为一年生或多年生植物，对某些土壤(如泥炭地)使用最新的排放因子以及对可用于农田生长的土地进行更精细的分类。Edwards 等[26]比较了不同的经济模型并考虑了不同的时间范围和生物质燃料消费水平(表 7.6)。美国国家环境保护局也在 2009 年[27]和 2010 年[28]基于相关模型重点研究了美国生物质燃料消费目标在不同时间尺度上的影响。

表 7.5　DLUC 和 ILUC 系数　　　　　(单位：gCO_2eqMJ)

生物柴油	贸易自由化(无)	贸易自由化(有)
油菜	54	55
向日葵	52	53
大豆	56	57
棕榈	54	55

4. 中国土地利用变化

生物质燃料需求的扩大导致了土地利用的变化，特别是较高的农作物价格促使生产

表 7.6　不同模型下生物柴油制备途径的 DLUC 和 ILUC 系数（单位：gCO₂eq/MJ）

模型	Marelli 等[25]	Edwards 等[26]		
		FAPRI	GTAP	LEITAP
油菜	51.6～56.6	73～221	57～73.6	338～353
向日葵	56.2～60.4	—	—	—
大豆	51.5～55.7	—	—	—
棕榈	54～55	—	14～78	75～368

者将更多的土地用于农业生产，并在不同的农业活动之间重新进行了土地分配。能源作物价格上涨不仅出现在因生物质燃料生产或消费增加而增加原料需求的国家，还出现在全球。全球土地利用变化可能会对碳排放产生重大影响，给政策实施带来挑战并引发政策讨论。有关促进生物质燃料发展的政策出台与生物质燃料产生的 GHG 减排，都不可避免地导致了直接土地利用变化和间接土地利用变化。因此，土地利用的直接和间接变化都很重要。尽管生物质具有可再生性质和绿色意识，但剩余物能源化的生产和利用产生的环境影响需要得到充分的识别和量化，以便进行相应的管理。类似研究在国外起步较早，研究相对成熟。在新加坡等东南亚国家，未来 30 年内，可再生能源所占比例逐渐升高，可以预测对环境的影响会越来越大[29]。但是生物基的大规模使用可能会诱发负面影响，如（间接）土地利用变化[26,30]或者竞争市场环境中价格的上涨[31]。而且农业剩余物在向液态生物质燃料转化后燃烧相对于石油有可能显著减少温室气体排放，但这也取决于生物质燃料的类型和转化率过程[32]。

我国对生物质燃料对土地利用变化的研究主要包括两个阶段：2002 年到 2006 年主要集中在多时空以及区域层面并建立各种土地利用/覆盖变化模型；2007 年之后，主要集中在土地利用/覆盖变化模型的生态环境效应研究，并引入了碳排放、气候变化、情景模拟等。与国外相比，我国目前对土地利用变化与生物质燃料、土地利用变化与温室气体排放之间的关系等研究还比较缺乏。因此，本章通过对巴西、法国以及中国土地利用现状的总结，分析由生物质燃料生产及使用引起的土地利用变化，以期为我国生物质燃料生产和使用引起的土地利用变化，尤其是间接土地利用变化的研究提供借鉴和参考。

我国目前对土地利用变化与生物质燃料、土地利用变化温室气体排放之间的关系等相关研究十分缺乏。我国人均耕地率相对较低，边际性土地较多，因此，基于边际性土地植物的生物质燃料技术是发展生物质能的有效途径之一。随着生物质能的快速发展，能源作物占用耕地面积不断增加。付晶莹等[33]以中国生物液体燃料的三种主要原料作物（燃料乙醇原料甜高粱、木薯和生物柴油原料油菜）为研究对象，重点评估了非粮糖料、淀粉能源作物和油料能源植物发展的边际土地，研究表明木薯生产燃料乙醇的能量效益、环境影响和经济性都要优于甜高粱，且木薯种植的宜能荒地资源更集中，可节约运输成本。然而，生物质燃料的持续扩张将不仅对农产品价格产生较大的压力，还会对环境和温室气体排放产生重大影响[34]。孟海波等[35]在综合考虑能量平衡、污染物排放、土地、水资源成本等各种因素的基础上，基于线性规划法和电子数据表工具，利用生命周期理论研究开发了生物液体燃料可持续评价系统；研究表明，利用该系统可实现多层面对生物液体燃料的可持续性优化分析和综合评价，为政府部门科学决策提供技术支撑；但是该研究并没有考虑生物质燃料引起的土地利用变化对农产品价格、温室气体排放等方面的影响。Lei 等[36]为了评价土地用途对地下生物量积累的影响，将生长了 22 年的草地和使用期超过 50 年的农业用地转为种植生物质燃料作物玉米、柳枝稷和恢复性草原植被；研究发现当假设土地利用历史和作物类型对根系密度有显著影响时，原草地上种植的多年生作物具有较高的根系生长力，而在原农业用地上种植的玉米的根系生长力最低。因此，对生物质燃料作物种植过程中的引起的土地利用变化应予以重视；但整体上我国在生物质燃料对土地利用变化、土地利用变化温室气体排放之间的关系等方面的相关研究相对缺乏。

　　作为减少温室气体排放和加强能源安全的有效途径，中国一直高度重视生物质燃料的开发。先后出台了《中华人民共和国可再生能源法》和《可再生能源中长期发展规划》。在各种激励措施下，中国生物质燃料产业迅速扩张，在 2005 年，中国生物乙醇产量居世界第三位，但由于没有制定利用与消纳政策，销售渠道成为障碍。国家明确发展生物质燃料过程中对粮食和土地的政策，即"不与人争粮，不与粮争地"的原则，坚持发展非粮作物燃料，政府补贴政策促进生物质燃料取得了长足进步。但是，我国在发展生物燃料过程中面临诸多问题和挑战，如原料成本过高制约着生物质燃料的发展；部分生物质燃料技术在国际上处于跟跑阶段；在原料收储运体系、原材料转化效率等方面依然有较多不足；生物质燃料引起的土地利用变化研究处于空白。从碳排放和全球可持续发展方面考虑，以上这些方面，尤其是生物质燃料对土地利用变化的间接影响值得探讨。

　　我国适宜种植甜高粱的宜能荒地资源较为丰富，但地区分布不均衡，主要分布在东部、中部和南部地区。从土地利用类型看，宜能荒地主要由灌木林、疏林地和草地组成；从各地区分布看，全国 13 个地区适宜甜高粱种植，其中，宜能荒地资源最多的地区为广西、云南、贵州和湖北，占全国适宜甜高粱发展的宜能荒地资源总面积的 45%左右。适宜种植木薯的宜能荒地地区分布极不均衡，主要集中在西南地区；宜能荒地主要的土地利用类型为灌木林、疏林地和高覆盖度草地。全国适宜木薯种植的宜能荒地资源约有 65%，都集中在年均温较高的广西和云南。冬闲田分布最多的地区为云南、四川、广东和广西，面积占到南方冬闲田总面积的 2/3 左右。

　　木薯生产燃料乙醇的能量效益、环境影响和经济性都要优于甜高粱，且木薯种植的宜能荒地资源更集中，节约运输成本，因此，可优先发展木薯，再发展甜高粱的燃料乙醇。优化已计算的作物适宜种植的土地资源，得到现在中国发展生物质燃料可利用的总边际土地资源。经优化后，中国适宜生物质燃料原料作物种植的边际土地总面积达 5997 万 hm²。总体来看，基于边际土地资源种植能源植物发展生物质燃料具有非常大的空间。加之后续研究中如果考虑到生物质燃料引起的间接土地利用变化，中国发展生物质燃料将具有非常广阔的前景。

　　综上所述，政策和市场导致生物质燃料生产和消费的扩大，进而导致了农业用地的扩大以及作物和农业活动内土地的重新分配。因此，作为直接和间接土地利用变化来源的生物质燃料和原料需求的扩大所产生的影响可以完全发生在生物质燃料需求较大的国家，也可以部分或全部出口到世界其他国家。世界各地土地扩张和重新分配的程度将取决于生物质燃料生产的路径，以及生物质燃料原料的其他需求与供求双方的替代可能性，另外，其也影响土地利用变化的程度和地点。土地利用的直接和间接变化对生物质燃料的生命周期 GHG 排放的评估也至关重要。因此，评估土地利用变化的一个主要困难是农业活动的多样性，包括生产方法、气候条件、资源基础等。随着政策、技术和市场力量的变化，农业扩张的动态等发生变化，都表明了土地利用变化评估的困难和必要性。

为了解土地利用变化对生物质燃料的间接土地利用变化和生命周期 GHG 排放的影响，引入了生物质燃料的土地利用变化系数(如谷物和富含淀粉的作物为 12g CO_2eq/MJ，糖类为 13g CO_2eq/MJ，油类作物为 55g CO_2eq/MJ)[12,37]。然而，间接土地利用变化不能观察或测量，而是依赖假设和市场预测的理论模型来量化。间接土地利用变化产生的GHG 排放有很大的变化范围(如生物乙醇为 116~350g CO_2eq/MJ，生物柴油为 1~1434g CO_2eq/MJ)[37]。因此，间接土地利用变化模型及其基础数据缺乏科学性、稳定性和一致性[38]。基于以上问题，本章以生物柴油和生物乙醇为例，以农林废弃物为原料，对全国能源作物土地面积、间接土地利用变化以及有关生物质燃料的 GHG 排放对环境的影响进行全面概述。

LUC 对气候变化影响的研究主要包括气候效应的观测和模拟[39]。目前，多数模拟工作都采用理想的敏感性土地覆盖试验。2021 年中国科学院韩云环等[40]基于 2001 年和2010 年土地覆盖数据，利用公共陆面模式模拟真实的 LUCC 产生的影响；研究表明2001~2010 年，中国区域荒漠或低植被覆盖地减少 0.92%，草地减少 0.01%，农田增加0.77%，森林增加 2.86%，植被覆盖度整体增加(表 7.7)；也表明土地利用/覆盖空间分布和干湿区分界线(200mm、500mm、800mm 年降水量等值线)基本吻合，表明降水决定了植被类型的分布。

表 7.7　2001、2010 年中国和黄土高原区域每种土地利用/覆盖类型所占比例（单位：%）

类型	土地利用类型所占比例			
	中国区域		黄土高原	
	2001 年	2010 年	2001 年	2010 年
水	0.73	0.73	0.06	0.07
常绿针叶林	0.39	0.46	0.17	0.31
常绿阔叶林	1.67	2.01	0	0
落叶针叶林	0.10	0.17	0.01	0.01
落叶阔叶林	0.99	0.79	1.49	1.47
混合林	12.44	15.02	13.72	17.07
郁闭灌木	0.58	0.18	1.03	0.74
开放灌木	1.78	1.21	2.79	3.02
多树草地	6.46	5.22	1.81	0.87
稀树草地	0.41	0.03	0.40	0.01
草地	30.18	30.17	46.11	41.87
永久湿地	0.23	0.33	0.01	0.04

续表

类型	土地利用类型所占比例			
	中国区域		黄土高原	
	2001 年	2010 年	2001 年	2010 年
农田	15.42	16.19	15.28	19.59
城市和建成区	0.85	0.85	1.02	1.02
农田和自然植被镶嵌体	4.00	3.77	2.11	1.69
雪、冰	0.70	0.73	0	0
荒漠或低植被覆盖地	23.07	22.14	13.99	12.22

　　随着生物质能的快速发展，能源作物占用耕地面积不断增加。2007 年燃料乙醇产量已达到 160 万 t，生物能源占地面积为 77421 万 hm^2，占农作物总播种面积的 0.5%。如果燃料乙醇为 1000 万 t，生物柴油为 200 万 t，那么按照土地足迹法计算农作物播种面积中 26986 万 hm^2 要用于能源作物种植[41]。从 2019 年分地区土地利用情况来看（表 7.8），生物能源占用耕地面积较大，发展趋势迅猛。

表 7.8 　中国 2019 年分地区土地利用情况统计　　　　　　（单位：$1000hm^2$）

地区	耕地	园地	林地	草地	湿地	城镇村及工矿用地	交通运输用地	水域及水利设施用地
全国	127861.8	20171.7	284125.7	264529.9	23469.3	35306.2	9552.9	36287.9
北京	93.5	126.3	967.6	14.5	3.1	313.6	49.3	61.7
天津	329.6	36.9	148.3	15.0	32.7	332.2	45.3	237.3
河北	6034.2	1005.9	6425.3	1947.3	142.7	2102.9	407.1	571.1
山西	3869.5	640.9	6095.7	3105.1	54.4	1017.6	269.8	173.1
内蒙古	11496.5	47.2	24360.0	54171.9	3809.4	1493.3	799.4	1061.8
辽宁	5182.1	527.9	6015.7	487.2	286.4	1316.2	308.9	691.6
吉林	7498.5	76.5	8759.0	674.7	230.3	850.9	264.6	598.1
黑龙江	17195.4	62.4	21623.2	1185.7	3501.0	1164.4	544.3	1686.4
上海	162.0	15.1	81.8	13.2	72.7	289.5	34.1	191.3
江苏	4089.7	230.3	787.0	93.6	416.4	2097.3	365.1	2503.4
浙江	1290.5	760.3	6093.6	63.5	165.2	1146.8	246.9	702.5
安徽	5546.9	372.7	4091.5	47.9	47.7	1755.7	305.5	1728.5
福建	932.0	918.4	8811.4	74.9	188.6	704.9	217.5	373.1
江西	2721.6	572.4	10413.7	88.7	28.7	1103.6	349.8	1289.6
山东	6461.9	1262.4	2605.3	235.2	246.2	2806.5	446.4	1325.4
河南	7514.1	427.8	4396.3	257.0	39.1	2449.5	381.7	850.7
湖北	4768.6	487.0	9280.1	89.4	61.2	1411.5	329.9	1983.7
湖南	3629.2	886.1	12717.1	140.5	236.1	1630.3	364.8	1258.5
广东	1901.9	1324.8	10792.5	238.5	178.9	1763.8	327.4	1342.3

续表

地区	耕地	园地	林地	草地	湿地	城镇村及工矿用地	交通运输用地	水域及水利设施用地
广西	3307.6	1670.2	16095.2	276.2	127.2	979.9	352.3	749.0
海南	486.9	1217.7	1174.1	17.1	121.2	243.1	58.9	183.1
重庆	1870.2	280.6	4689.0	23.6	15.0	637.7	155.8	271.7
四川	5227.2	1203.2	25419.6	9687.8	1230.8	1841.2	473.9	1053.2
贵州	3472.6	568.1	11210.1	188.3	7.1	772.5	331.0	255.4
云南	5395.5	2572.2	24969.0	1322.9	39.8	1073.7	526.4	608.5
西藏	442.1	11.9	17896.1	80065.0	4302.5	162.3	166.6	5930.4
陕西	2934.3	1214.0	12476.0	2210.3	48.7	917.8	302.6	273.3
甘肃	5209.5	428.6	7962.8	14307.1	1185.6	852.6	331.2	409.4
青海	564.2	62.3	4603.6	39470.8	5101.2	367.8	140.5	2446.6
宁夏	1195.4	91.5	952.6	2031.0	24.9	297.1	94.0	168.7
新疆	7038.6	1070.1	12212.5	51986.0	1524.5	1410.0	561.9	5308.5

随着碳中和目标的加快实现，生物质能源化利用规模越来越大，生物质基酯类燃料转化所用的能源作物引起的 LUC 研究受到了国内外学者的广泛关注。能源作物对 LUC 的直接影响就是土地利用方式的改变，这主要表现在能源作物种植面积的增加直接带来其他农作物播种面积的减少[42]，也威胁了森林和草地等土地利用的类型。2007 年我国主要能源作物中甘蔗和木薯的种植面积大幅度增加(110.18 万 hm²)[42]，导致粮食作物的占地面积下降到 53%，这主要是由于农民在综合考虑社会经济环境和自身资源禀赋的基础上，对土地利用进行了合理化分配。

生物能源发展也在一定程度上影响着农民对土地利用的选择。一方面，社会经济环境的变化影响了农民在农业生产方面的收益，导致生物能源生产所用土地利用的结构发生变化；这主要表现在如果能源作物的价格较高，农民就倾向于种植能源作物，使得粮食作物、草地、森林、休耕地和未利用地向能源作物用地转变。另一方面，受供求关系的影响，生物能源的价格如果下降，政府对生物能源的经济补贴政策会发生改变，也降低农民对能源作物种植的预期收益，进而导致能源作物的种植面积减少。

在市场经济环境下，根据农业生产资料、农作物的投入产出以及农产品市场的价格变动，农民根据不同土地利用类型、不同农作物类型进行土地分配。因此，其他农作物的投入产出情况是分析能源作物种植面积的重要切入点，这主要从中国广西武鸣主要能源作物与粮食作物投入产出对比分析中可以了解到(表 7.9)[42]。

表 7.9　2009 年中国广西武鸣主要能源作物与粮食作物投入产出对比分析

作物	资金投入/(元/hm²)						主产品				收益/(元/hm²)
	化肥	农药	机械	种子	其他	总额	产量/(kg/hm²)	价格/(元/kg)	产值/(元/hm²)		
木薯	3122	214	403	0	197	3936	28303	0.50	15059		11123
甘蔗	5343	467	825	1140	1708	9483	70275	0.30	21621		12138

续表

作物	资金投入/(元/hm²)						主产品			收益/(元/hm²)
	化肥	农药	机械	种子	其他	总额	产量/(kg/hm²)	价格/(元/kg)	产值/(元/hm²)	
稻谷	3194	947	920	768	108	5937	6057	2.10	12921	6984
玉米	2784	382	336	791	63	4356	5800	1.60	9460	5105
花生	2219	408	587	1129	48	4390	2011	3.60	7241	2851

7.1.2　国内外生物质燃料土地利用变化对我国的启示

1. 加强生物质燃料技术的基础性研究及政策引导

加大对生物质燃料基础性研究的支持力度，推进具有自主知识产权的生物质基酯类燃料技术的开发，力争在未来航空燃油替代中占领制高点。重点在于针对生物质能源作物优良品种的繁育、农作物种植用地的选择及种植面积的规划、生物质资源的收储运体系、生物质原料的供应等方面应根据我国地形地貌因地制宜；生物质资源高能效、低能耗转化为燃料的过程包括纤维素生产燃料乙醇、生物质生产乙酰丙酸乙酯、能源作物生产生物乙醇和生物柴油、生物质基酯类燃料的精炼与提纯、生物质基酯类燃料对原料的需求、用于生物质基酯类燃料生产占用土地对农民收入的影响等方面，争取针对不同原料开发新产品、建立新工艺并总结经验，稳步推进生物质燃料技术的发展。

2. 重视生物质燃料发展对农产品价格及环境的影响

从理论上讲，生物质燃料的发展会为农业资源开辟新的市场，从而改变传统农产品市场的供求关系。从需求方面来说，生物质燃料产业的迅速发展，导致对玉米、大豆等大宗粮食和油料作物的需求迅速增加，从而使一定范围内粮食和其他农产品价格上涨[43]，影响农民的收入从而导致农民在种植结构方面的决策；从供给方面来看，在耕地资源既定条件下，能源作物原料需求增加和价格上涨，促使更多的土地种植能源作物，会影响其他口粮价格上涨[34]，从而产生土地利用的变化。

3. 开发适合我国生物质燃料间接土地利用变化评估的模型

生物质燃料是未来降低污染物排放、替代化石能源最直接、最有效的手段。但生物质燃料在生产和使用过程中产生的间接土地利用变化很难估算。国外研究者多采用建模的方式评估生物质燃料对土地利用变化的间接影响，但是不同建模以及相同建模的分析结果差异均较大。目前，没有更好的方法来确定生物质燃料在农田演变、作物管理和土地利用变化中的影响。因此，为了明确我国生物质燃料对农产品价格、粮食安全、土地变化与环境等方面的影响，必须依据我国的实际国情，借助国外生物质燃料间接土地利用变化的评估经验，探索开发适合我国生物质燃料间接土地利用变化的评估模型，进而更加准确地预测生物质燃料生产和使用对间接土地利用变化的影响，推动生物质燃料在航空燃油中的替代作用。另外，可参考巴西在生物质液体燃料中的评估方法，使用畜牧业集约化和大豆—玉米—牲畜相结合的集成系统进行正确完整的间接土地利用变化评估；同时，为了避免生物质燃料引起的间接土地利用变化，应开发以农作物秸秆等为原料的生物质燃料；我国人均土地资源少，粮食安全为重中之重，以粮食为原料生产生物燃油并不现实。因此，必须寻找新的替代原料，如农作物秸秆等，实现原料多元化，以降低生物质燃料发展可能产生的负面影响。

4. 着眼于边际和退化土地开发生物质资源以缓解能源短缺

国外的生物燃料政策从支持鼓励到现在因科学的不确定性而多采取避免 ILUC 的监管政策，这也从侧面印证了 ILUC 的潜在影响力是巨大的。目前，我国的生物质燃料正处在快速发展阶段，应充分借鉴国外的相关政策避免或减少 ILUC 的发生，同时我国人口众多，粮食安全问题也不允许我们使用耕地大面积地种植能源作物。正是基于此，未来一段时间我国发展生物质能的土地利用重点应着眼于边际和退化土地。除了缓解能源短缺外，从边际和退化土地生产生物量和生物燃料还有几个优点，如减少排放、土地恢复、土壤固碳以及解决粮食生产和能源生产之间的冲突。表 7.10 根据相关文献总结了适合边际和退化土地的潜在生物燃料作物。

表 7.10　边际和退化土地适合种植的能源作物

作物	土地类型	土壤 pH	优势
麻风树	大多数砂石通常是变性土，排水良好的土壤是首选	6~9	动物饲料、肥料、土壤固碳、消炎作用、林丹、粉煤灰、土壤重金属提取
向日葵	黏土、大部分为砂质，非饱和土	6~7.5	生物质能源生产，镉、镉、镍、砷、铁、多环芳烃，农田复垦
芥菜	砂质至重黏土、浅层土壤、钙质、非饱和土	7~8	碳封存，土地复耕，镉、锌、铅的植物积累
菠萝	排水良好的土壤、干旱土壤	4.5~5.5	碳固存
印度仙人掌	沙漠土壤、石头或黏土	5.1~7.8	生物质、生物质能源生产
野牡丹	浅层岩石土壤	≥5	镉、镍、砷、铁、多环芳烃的积累
玫瑰	深厚、肥沃、潮湿、排水良好的土壤、壤土、土壤和土壤	6.0~8.0	生物质能源的生产，去除土壤中的磷酸根离子
火炬松	主要是超声波、砂质土壤	6.1~6.5	生物质能源的生产，去除土壤中的磷酸根离子
胡桃木	壤土、砂土、黏土、排水良好的土壤	6.1~7.5	生物能源生产、造纸和纸浆生产、恢复
杂交白杨	壤土、黏土、排水良好且水分充足的土壤	5.5~7.8	生物质生产、生物燃料、电力、纸张、2,4,6-三硝基甲苯(TNT)的强化生物修
大豆	排水良好的土壤	5.8~7.0	镉、镍、砷、铁、多环芳烃的积累
凤眼莲	大多数基于砂、石或黏土的土壤类型，包括变性土	6.5~8.5	固氮、土地恢复、生态友好草药农药、观赏价值、固碳、铬、锰、铁、镍、铜、锌、铅、铷、锶、钛、钴的植物提取
龙舌兰	壤土，主要是砂土	4.0~6.0	碳固存
印棟	黏土、盐渍、碱性、干燥、石质甚至在带有钙质土壤的固体上	6.6~7.5	生物柴油生产、生物农药、医药用途、饲料来源、粪肥、肥皂、木材和石油、侵蚀控制、遮阴和观赏树木

续表

作物	土地类型	土壤 pH	优势
黄油树	冲积土、深层壤土或砂壤土、浅砾岩、黏土和钙质土壤	—	生物柴油生产、医药用途、生物农药、动物饲料、废水中的染料去除
蓖麻	沙质和黏质壤土	4.5~8.3	生物柴油生产、飞机润滑剂、化妆品、头发和皮肤护理配方的润肤剂或增溶剂

7.2 生物质基酯类燃料间接土地利用变化的模型

生物质基酯类燃料生产所用原料无论是粮食作物还是能源作物，最基本的投入类型之一就是土地[44-46]。然而，土地作为种植能源作物的必要投入资源，随着生物质液体燃料的发展和能源作物种植面积的增加，势必会引起新的土地利用变化。就生物质基酯类燃料而言，间接土地变化是影响它发展的主要因素。一般来说，某种能源作物的需求往往会同时引起 DLUC 和 ILUC，且 ILUC 的发生一定是基于 DLUC 的。目前学术界对于发展生物质燃料的 ILUC 框架和评估、间接土地利用变化引起的 GHG 排放、间接土地利用变化的不确定性，以及避免间接土地利用变化的方法问题都尚未有系统的研究和统一的标准。

7.2.1 间接土地利用变化的框架

生物质基酯类燃料所涉及土地利用变化只是在原料阶段。间接土地利用变化发生在生物能源作物取代其他作物时，由于被取代作物的需求引起全球某处土地的使用形式发生变化，以替代因种植能源作物而被取代的作物。出现这种结果的原因是农业用地是一种受限制的资源，保证人类社会稳定的正常运转需要确保一定数量的农业用地。准确来说，ILUC 是一种市场中介现象，其影响通过商品替代性和土地竞争联系在一起的全球市场传播。就生物质基酯类燃料而言，ILUC 主要指发生在以前用于种植粮食、饲料或纤维的土地现在转为能源作物的种植时，那么被取代的粮食、饲料或纤维的需求会导致新的土地扩张。与 DLUC 相比，ILUC 这种机制具有高度的可变性和复杂性，通常无法准确量化与生物能源开发相关的 ILUC 效应。

由于生物质基酯类燃料发生的 ILUC 是不确定的[6]，使用部分均衡模型(partial equilibrium model，PEM)或一般均衡模型(general equilibrium model，GEM)进行建模。"弃碳"(CO_2/hm^2)因子根据植被总碳、四分之一的土壤碳和 30 年的现有森林吸收量来量化失去的碳[6,47]。为了确定土地的可用性以及由生物质基酯类燃料生产的技术和经济潜力，图 7.3 描述了土地利用建模框架[48]。为了避免生物质基酯类燃料和粮食生产之间的土地竞争导致的 ILUC，生物质基酯类燃料的土地可用性可以通过假设"粮食优先"的模式获取。粮食/饲料相关土地需求被认为是土地利用变化的主要驱动因素，而土地利用变化又取决于潜在社会经济因素的发展，如人口增长、饮食组成、出口、自给率和生产力因素；生物质理化特性、基础设施等被认为是土地利用变化的主要分配驱动因素。根据统计分析拟合空间数据，量化动态土地利用与假设的分配驱动因素之间关系的分配系数经过校准；然后，以当前的土地使用为起点，通过动态模拟对粮食相关的土地所有权进行分配，指出未来用于粮食生产的农业土地以及在满足粮食需求后剩余的土地扩展和空间分布。由此就确定了避免 ILUC 的生物质基酯类燃料生产的技术潜力。

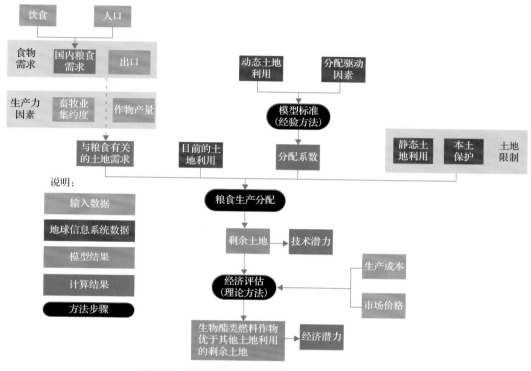

图 7.3　生物质基酯类燃料的土地利用建模框架

为了确定经济潜力，假设可用的剩余土地既可用于生物质基酯类燃料的生产，也可以用于额外的粮食生产，即生物质基酯类燃料作物必须与其他替代农业竞争可用土地。在经济理论中，决定土地使用和个人分配相互竞争的关键是地租，即在支付总成本后，土地在当前使用中获得经济回报。因此，对在剩余土地上种植生物质基酯类燃料作物的经济绩效进行空间评估，并与替代农业土地利用的盈利能力进行比较。这种基于理论的方法旨在重现农民的经济决策，并模拟他们在可用的剩余土地上种植生产生物质基酯类燃料作物的意愿。从经济角度来看，生物质基酯类燃料生产的经济潜力是通过确定生物质基酯类燃料作物种植优于其他作物的剩余土地来确定。

7.2.2　间接土地利用变化的评估方法

虽然生物质基酯类燃料的直接土地利用变化能被观察到，也能够测量其影响；但生物质基酯类燃料扩张的间接影响是通过全球市场的价格变化而触发的，这是不可观测的。因此，估算间接土地利用变化需要使用模型，经济模型一般被用来评估间接土地利用变化。生物质基酯类燃料几乎可以从任何形式的生物质中获得，常用或拟用的能源作物主要包括玉米、甘蔗、大豆、油菜、小麦、棕榈、甜菜、柳枝稷、芒草等。当生物能源作物在高产的农田上生产时，它们可以取代粮食、饲料和纤维的生产，从而推动了被取代的商品价格上涨。为了应对价格上涨，一些消费者将转向价格较低的替代品，另一些消费者则减少消费，而其他地方的农民将通过替代作物的生产来应对；但是增加作物产量需要增加现有土地的产量(集约化)或耕作更多的土地(扩张化)来实现。集约化包括使用更多的投入，如化肥或水、增加作物或牲畜密度或者采用更好的技术；扩张化需要增加土地用于作物的生产，如果森林和草地等高碳价值的土地被清理出来以容纳额外的产量，那么受到干扰的土壤和生物量可能会释放出更多的 CO_2 和 GHG，从而抵消用生物质燃料取代石油基燃料带来的气候效益[49,50]。对生物质基酯类燃料的环境绩效进行评估，必须做到以下方面：

(1) 正确评估生物质基酯类燃料引起的土地利用变化，使用经济均衡模型并全面推广；

(2) 通过使用适合当地条件的生态系统模型，提供与生物质基酯类燃料原料生产和土地利用变化相关的 GHG 排放更准确的估算值；

(3) 将经济建模与生命周期评价相结合，以克服与追踪生物质基酯类燃料对农业和土地利用变化相关的环境影响；

(4) 挖掘减少 ILUC 因素的改进方法，如提高农业生产率可能会限制生物质基酯类燃料和土地利用变化的间接影响所引起的需求增加，作物产量的提高和生物质基酯类燃料的能源效率可以减少土地压力，从而减少与土地利用变化有关的间接影响。

7.2.3　间接土地利用变化的模型建立

秸秆作为能源替代其他几种利用形式消耗农业废弃物是按照价格从低到高的顺序。农作物种植面积不变，谷草比不变，随着粮食生产技术的进步，每年有 1%～2%的粮食增产和农业废弃物量增加，设立间接土地利用变化的模型，该模型主要分为五种情形，具体如图 7.4 所示。

情景 1：秸秆基航空燃料使用的秸秆量小于秸秆焚烧量(图 7.5)。

该情景下，秸秆基航空燃料使用的秸秆量不引起土地使用面积的扩大，而秸秆高效转化为航空燃料可减少和避免秸秆的随意丢弃和就地焚烧。被焚烧的秸秆往往丢弃于田间地头、沟渠等，占用一定的土地，而焚烧后造成大气污染、水体污染和土壤板结等负面影响。由于秸秆的航空燃料转化和高效使用，可避免以上负面影响，这些负面影响可以通过秸秆的航空燃料转化量，秸秆随意焚烧和丢弃比例，以及土壤、大气和水体的全生命周期对环境的影响而获得。

情景 2：秸秆基航空燃料使用的秸秆量大于秸秆焚烧量、小于秸秆总还田量(图 7.6)。该情景下，秸秆基航空燃料使用的秸秆量同样不引起土地使用面积的扩大，情景 1 中的影响分析结果可以在这里叠加使用。而替代直接还田的秸秆量需要计算。这部分直接还田的秸秆量会对应相应的化肥量，因此会增加化肥的使用，对土地使用变化造成一定的负面影响。另外，可以减少直接还田造成的作物病虫害，减少农药的使用，对土地使用变化产生一定的正面影响。这些影响的分析均可以通过调研、统计、检测、实验等得到基础数据，借助全生命周期软件和数学方法进行综合分析。

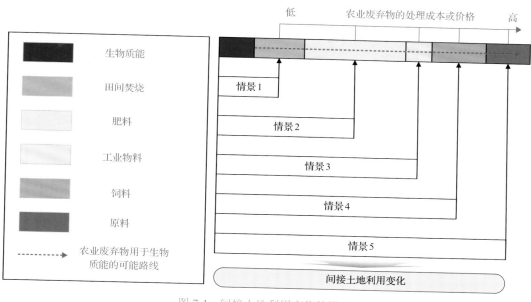

图 7.4　间接土地利用变化的模型

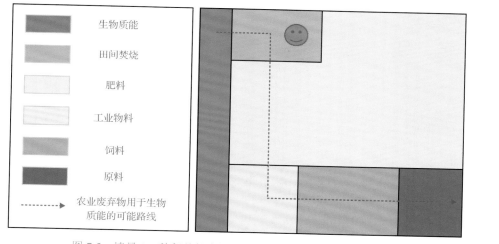

图 7.5　情景 1：秸秆基航空燃料使用的秸秆量小于秸秆焚烧量

　　情景 3：秸秆基航空燃料使用的秸秆量大于秸秆总还田量，占用了工业原料化使用量(图 7.7)。该情景下，秸秆基航空燃料使用的秸秆量会引起一定土地使用面积的扩大，情景 1 和情景 2 中的影响分析结果可以在这里叠加使用。由于秸秆基航空燃料技术的成熟，经济性提升，其制取航空燃料收购的秸秆价格高于工业原料化的秸秆价格。这种情景下，工业原料需要寻找其他替代原料，如林业生物质，由此会造成森林或树木的更多砍伐，进而造成土地利用变化。森林砍伐增加量和森林面积减少量等造成的影响和计算，参考全球生物圈管理模型(GLOBIOM)等成熟的模型和方法，而相关基础数据需来源于中国的对应区域。

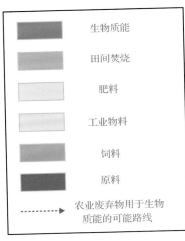
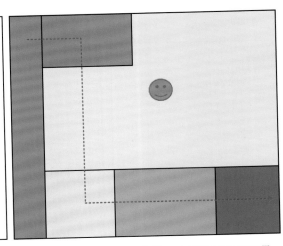

图 7.6 情景 2：秸秆基航空燃料使用的秸秆量大于秸秆焚烧量、小于秸秆总还田量

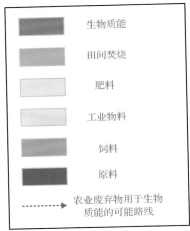
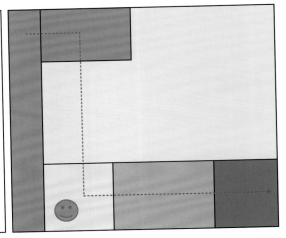

图 7.7 情景 3：秸秆基航空燃料使用的秸秆量大于秸秆总还田量，占用了工业原料化使用量

情景 4：在情景 3 的基础上占用了饲料化使用量(图 7.8)。该情景下，秸秆基航空燃料使用的秸秆量会引起一定土地使用面积的扩大，情景 1～情景 3 中的影响分析结果可以在这里叠加使用。由于秸秆基航空燃料技术逐步成熟，经济性进一步提升，其制取航空燃料收购的秸秆价格高于饲料化的秸秆价格。这种情景下，养殖业饲料中利用秸秆的这部分需要寻找其他替代品，如扩大种植专用农作物饲料等，进而造成土地使用变化，如森林或荒地等面积减少等，相关的影响和计算参考 GLOBIOM 等成熟的模型和方法，而相关基础数据需来源于中国的对应区域。

情景 5：在情景 4 的基础上占用了基料化使用量(图 7.9)。该情景下，秸秆基航空燃料使用的秸秆量会引起一定土地使用面积的扩大，情景 1～情景 4 中的影响分析结果可以在这里叠加使用。由于秸秆基航空燃料技术的成熟，经济性更进一步提升，其制取航空燃料收购的秸秆价格高于基料化的秸秆价格。这种情景下，以秸秆为原料的造纸、板材等行业需要寻找其他替代品，如收购更多的树木等，侧面引起森林面积的减少，造成土地利用变化，相关的影响和计算参考 GLOBIOM 等成熟的模型和方法，而相关基础数据需来源于中国的对应区域。

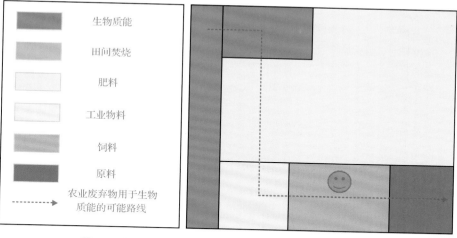

图 7.8　情景 4：在情景 3 的基础上占用了饲料化使用量

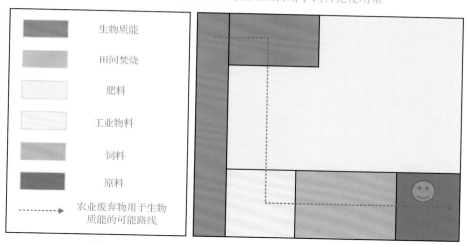

图 7.9　情景 5：在情景 4 的基础上占用了基料化使用量

7.2.4　间接土地利用变化的不确定性

　　尽管存在许多不确定性和广泛的估计范围，但生物质燃料的扩张导致了间接土地利用变化的净排放。要精确地模拟全球经济对生产生物质基酯类燃料变化的反应是一项极大的挑战，因此，经济模型更适合对现状的微小变化进行预测，但是在经济模型中缺乏空间推理，需要各种方法将预测的经济活动映射到具体的土地覆盖类型中。间接土地利用变化因素的不确定性和范围远远超出了生命周期评估或碳足迹的最新水平。在间接土地利用变化的不确定性下，很难区分低碳足迹类型和高碳足迹类型；但是间接土地利用的不确定性主要是系统误差而不是统计误差。因此，目前还没有可靠的方法来确定间接土地利用变化因素中哪一个因素比其他因素更准确[51,52]。

尽管对土地利用变化排放的估计是不确定的，但通过限制生物能源的原料和其他高需求商品之间的竞争，可以减少甚至可能避免不稳定的土地利用变化。确保生物能源作物不会与现有的粮食和饲料生产竞争。最有利的情况是在边际土地上种植柳枝稷、芒草等多年生草本植物，它们的深层根系系统可以丰富土壤碳，改善土壤结构特性。另外，在种植区域种植生物能源作物，该种植区增加的生物能源生产所带来的土地利用被当地的集约化抵消，从而确保该地区在生产能源作物的同时保持原有作物的产量。城市固体废弃物的有机部分以及来自食品加工和木材工业的废弃物也可以用于生产生物质基酯类燃料，而不会与农作物竞争[48]。

生物质基酯类燃料、土地利用变化、气候变化和人类活动之间存在着相当复杂的关系，在综合考虑社会经济自然等因素的情况下，基于生物质基酯类燃料利用的土地利用变化具有诸多不确定性。综合评估的不确定性的来源主要包括土地利用变化问题本身的不确定性、模型方法的不确定性、数据的不确定性等。借助参考文献对生物质燃料的间接土地利用变化进行全面综述，所用数据都是基于文献、调研、统计以及通过经验或专家判断等而来的，并不能全面反映事物的实际变化过程，分析过程中的假设、边界条件和技术水平等难免造成真实值与理论值的差异。到资源地、项目地的实地考察和研究，是减少不确定性因素对整体分析的影响的重要保障。

7.3   生物质基酯类燃料间接土地利用变化的分析

迄今为止，我国在生物质燃料与土地利用变化之间的研究几乎为零，然而，掌握间接土地利用变化对理解生物质燃料的生产和使用相对于化石燃料是否增加 GHG 排放至关重要。因此，本节以国内外参考文献为理论基础，借助相关历史数据，通过统计分析的方法对我国近年来农林作物的种植面积、农产品产量、土地利用变化及类型进行分析，计算出主要农林作物资源潜力及储量；进一步计算并分析土壤碳汇与农林业碳汇的关系；以现有生物质水解制备乙酰丙酸乙酯系统为实例，分析了生物质基酯类燃料间接土地利用变化的影响；期望为我国生物质燃料土地利用变化估算提供理论参考和基础数据。

7.3.1   估算方法和数据来源

土地利用变化的评估方法主要包括统计数据分析法、模型分析法、生命周期评估法。大多数研究者认为经济模型的分析更加准确[22,53]，但由于我国在生物质燃料与土地利用变化方面的研究极其缺乏且没有适合我国国情、国土面积分布的经济模型，这里采用统计数据分析法。农林业碳汇的计算以干物质光合作用平衡式($6CO_2+12H_2O\Longrightarrow C_6H_{12}O_6+6H_2O+6O_2$)以及林业碳汇估算，进而推算对生态环境的影响。这里按单位面积农作物收获的干物重(以 $C_6H_{12}O_6$ 计)来估算出单位面积农用地年吸碳量与年制氧量，利用研究结果中关于农作物秸秆资源的谷草比和折算系数分别计算生物质资源储量。数据主要来源于《国家统计年鉴》《BP 世界能源统计年鉴》《REN21》《世界能源发展报告》《世界能源展望》《中国环境统计年鉴》《中国可再生能源发展报告》《中国能源大数据报告 2021》《中国能源发展报告》《中国能源统计年鉴》《中国生态环境公报》等中关于生物资源、农产品产量及价格、生物质燃料、土地结构、环境污染程度等方面的统计数据进行初步的分析。

以 3000t/a 的生物质转化乙酰丙酸乙酯的项目为例，预计生产 372t 乙酰丙酸乙酯；涉及排放因子等参考文献[54]。

7.3.2　农业固碳情况分析

根据不同年份农作物播种面积估算了我国的农业固碳制氧情况(表 7.11)，其中 2015 年全国主要农作物吸收 CO_2 共计 117812.8 万 t，释放 O_2 量共计 85682.0 万 t。近几年，由于生物质燃料的使用及对环境气候的关注，我国农作物固碳量在 2020 年达到 262794.1 万 t，释放 O_2 量达到 191122.9 万 t；其中单位面积吸收 CO_2 从 2015 年的 7.06×10^3t/($hm^2\cdot$a) 增加至 1.57×10^5t/($hm^2\cdot$a)，单位土地面积的固碳量增加了一倍多。这就表明 2020 年我国 167487 万 hm^2 农用土地面积种植农作物共固 CO_2 为 262794.1 万 t。由表 7.12 可知，玉米在固碳制氧方面的效果最为明显，其中总固 CO_2 为 103223.3 万 t，释放 O_2 为 75071.5 万 t，单面积的固碳量为 25.0 万 t/hm^2/a；其次为稻谷、小麦。这就表明玉米秸秆、小麦秸秆与稻秸秆三种农作物资源是生产生物质燃料原料的主要来源，在固碳制氧中起主要作用。

表 7.11　我国不同年份农作物固碳制氧情况

年份	资源量/万 t	干物质总量/万 t	面积/万 hm^2	吸收 CO_2/万 t	释放 O_2/万 t	单位面积吸收 CO_2/[10^3t/($hm^2\cdot$a)]	单位面积释放 O_2/[10^3t/($hm^2\cdot$a)]
2015	95800.5	80326.9	166829	117812.8	85682.0	7.06	5.14
2016	95430.4	80136.4	166650	117533.4	85478.8	7.05	5.13
2017	95568.9	80517.2	166332	118091.9	85885.0	7.1	5.16
2018	95314.6	80756.5	165090	118442.8	86140.3	7.17	5.22
2019	96322.3	81554.4	165931	119613.1	86991.6	7.21	5.24
2020	97135.3	82042.5	167487	262794.1	191122.9	15.7	11.4

表 7.12　2020 年我国农林作物固碳制氧情况

农产品	资源量/万 t	干物质总量/万 t	吸收 CO_2/万 t	释放 O_2/万 t	单位面积吸收 CO_2/[10^3t/($hm^2\cdot$a)]	单位面积释放 O_2/[10^3t/($hm^2\cdot$a)]
水稻	21186.0	42372.0	62145.6	45196.8	20.7	15.0
小麦	15170.7	28596.1	41940.9	30502.5	17.9	13.0
玉米	44313.1	70379.6	103223.3	75071.5	25.0	18.2
豆类	3705.8	5993.3	8790.1	6392.8	7.6	5.5
薯类	2987.4	5974.8	8763.0	6373.1	12.2	8.8
棉花	1773.0	2364.0	3467.2	2521.6	10.9	8.0
花生	2699.0	4498.3	6597.4	4798.1		
油菜籽	3090.8	4495.7	6593.7	4795.4	10.2	7.4
芝麻	91.4	137.1	201.1	146.2		
麻类	42.3	67.2	98.6	71.7	14.3	10.4
甘蔗	1729.9	12542.0	18395.0	13378.2	117.3	85.3
甜菜	119.8	1318.2	1933.4	1406.1	0.9	0.7
烟叶	226.2	439.6	644.8	468.9	6.4	4.6

2020 年各主要农林作物吸收 CO_2 量分别占全部作物固碳量的比例见图 7.10,可知玉米的吸收 CO_2 量占全部 11 种农林作物吸收 CO_2 总量的比例超过 1/3,其次为水稻、小麦、麻类、油料等。因此,在不影响其他作物种植面积的情况下,确保足够土地面积的玉米、水稻、小麦的种植,既可以保证足够的粮食产量,又可以为生物质基酯类燃料的生产提供原料,避免了能源作物与粮食作物竞争土地,也避免了农林剩余物的浪费。这不仅确保了粮食安全和环境效益,还扩大和增加了 CO_2 的固定量,具有明显的碳中和和负碳排放效益。

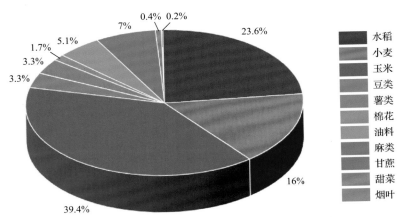

图 7.10　2020 年我国农林主要作物固碳量比例分布

表 7.13 显示我国各地区生物质碳、土壤有机质碳排放情况。其中,所有地区的生物质碳、土壤有机质碳排放均为负数,说明土壤固碳数量巨大。结合表 7.13 与图 7.11 可知,其中约 80% 以上的碳储存在种植玉米、水稻、小麦等主要农作物土壤中,且种植玉米、水稻和小麦的土壤的单位面积总固碳含量为 63.6×10^3t,平均值为 21.2×10^3t/hm。这就表明农作物种植的耕地能起到很好的固碳作用。

表 7.13　我国各地区生物质碳与土壤有机质碳排放情况　　　　（单位: tCO_2eq/t）

地区	排放	地区	排放	地区	排放
北京	−552.00	江西	−327.00	上海	−802.00
天津	−882.00	山东	−1925.00	江苏	−1543.00
河北	−515.00	河南	−719.00	浙江	−487.00
山西	−751.00	湖北	−390.00	安徽	-606.00
内蒙古	−522.00	湖南	−192.00	福建	−758.00
辽宁	−233.00	广东	−396.00	上海	−802.00
吉林	−343.00	广西	−454.00	江苏	−1543.00
黑龙江	−444.00	海南	−153.00	浙江	−487.00

7.3.3　间接土地利用变化与农业固碳的关系

近年来我国主要农作物种植面积变化趋势如图 7.11 所示。由图 7.11 可知,1980 年以前我国农作物种植面积呈缓慢下降趋势, 1980～2000 年出现缓慢上升趋势, 2000 年以后我国农作物面积变化趋势较明显, 呈急剧上升趋势; 尤其玉米种植面积出现大幅度的上升且明显高于其他农作物。2005 年以前, 水稻和小麦的种植面积位居第一、第二, 2005年以后玉米种植面积位居第一; 水稻、小麦分别位居第二和第三, 说明玉米、水稻、小麦始终是我国主要的粮食作物与能源作物, 这也导致了农作物单位面积固碳量的增加, 与图 7.12 的分析结果一致。2000～2019 年我国土地利用的变化情况如图 7.12 所示。由图 7.12 可知, 2000～2008 年耕地面积减少了近 5.10%, 林地面积增加了 3.20%。从 2009年开始耕地面积大幅度增加, 约占总用地的 21%。截至 2019 年, 耕地与林地面积占总农业用地的 51.30%, 其中有大部分耕地用于种植玉米、水稻、小麦等粮食作物。由于粮食作物的价格有限, 虽然大量种植粮食作物不利于农民收入的增加, 但在一定程度上解决了粮食安全问题, 为解决化石能源短缺及环境污染的可再生能源(生物质基酯类燃料)提供了原料, 对生态环境保护和可持续发展是极其有利的。但是, 生物质基酯类燃料生产或消费的增加也难免会对全球能源作物价格上涨和土地利用的变化产生一定的影响, 土地利用变化将对碳排放产生重要影响。因此, 生物质燃料土地利用变化的影响, 尤其是间接土地利用变化的影响亟待深入研究。

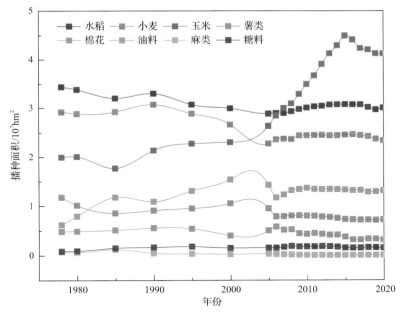

图 7.11　我国主要农作物播种面积变化

以种植面积最大的农作物玉米秸秆为例, 通过水解液化生产生物质基酯类燃料——乙酰丙酸乙酯, 对其生产过程中产生的温室气体对环境的影响进行分析, 进而说明对土地利用的间接影响。生物质玉米秸秆水解制取乙酰丙酸的生产工艺过程以 3000t 干玉米秸秆为例, 得到了 372t 乙酰丙酸乙酯及其他副产物, 所得主副产品的产量及转化率如图 7.13 所示[54]。根据燃料的热值及密度, 柴油的热值为 43MJ/L, 乙酰丙酸乙酯混合燃料的热值为 35.49MJ/L, 各种燃料热值及 CO_2 排放因子如表 7.14 所示。由此可计算 1g 乙酰丙酸乙

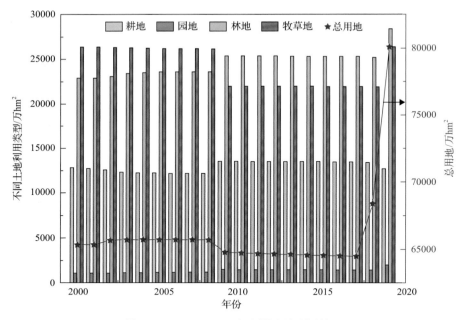

图 7.12　2000～2019 年全国土地利用情况

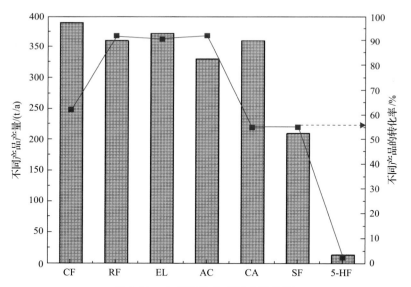

图 7.13　主副产品的产量及转化率

CF-粗糠醛；CA-粗乙酰丙酸；SF-甲酸钠；5-HF-5-羟甲基糠醛；AC-乙酰丙酸；RF-糖制糠醛；EL-乙酰丙酸乙酯

表 7.14　各种燃料低位热值及 CO_2 排放因子[55]

燃料类型	热值*/(MJ/kg)	碳含量*/(kg/GJ)	排放因子/(kgCO₂/MJ)	排放系数/(kgCO₂/kg)		
				排放系数	上限	下限
标煤	29.271		0.084	2.46		
无烟煤	26.7	26.8	0.0981	2.619	2.04	3.241

续表

燃料类型	热值*/(MJ/kg)	碳含量*/(kg/GJ)	排放因子/(kgCO₂/MJ)	排放系数/(kgCO₂/kg)		
				排放系数	上限	下限
一般烟煤	18.9	26.2	0.0959	1.812	1.065	2.598
其他烟煤	25.8	25.8	0.0944	2.436	1.777	3.036
煤制品	28.2	25.8	0.0944	2.663	2.091	3.131
天然气	48	15.3	0.056	2.688	2.519	2.933
液化天然气	44.2	17.5	0.0641	2.831	2.38	3.296
原油	42.3	20	0.0732	3.096	2.847	3.378
汽油	44.3	18.9	0.0692	3.064	2.862	3.263
煤油	44.1	19.5	0.0714	3.147	2.921	3.343
柴油	43	20.2	0.0739	3.179	3	3.233
燃料油	40.4	21.1	0.0772	3.12	3.001	3.281
液化石油气	47.3	17.2	0.063	2.978	2.755	3.42
炼厂干气	49.5	15.7	0.0575	2.844	2.312	3.519
石脑油	44.5	20	0.0732	3.257	2.891	3.54
石油焦	32.5	26.6	0.0974	3.164	2.457	4.8
石油沥青	40.2	22	0.0805	3.237	2.44	3.694

*表示由联合国政府间气候变化专门委员会(IPCC)推荐。

酯在使用过程中温室气体排放量为 2.28g CO_2。因此，当 1g 玉米秸秆产生 0.124g 乙酰丙酸乙酯并用于燃料使用时，温室气体排放量为 0.28g CO_2。由表 7.12 可知，我国 2020 年玉米秸秆产量为 70379.6 万 t，共固碳量为 103223.3 万 t，故而计算出 1g 玉米秸秆能固 1.47g CO_2。通过估算，在玉米秸秆收集、运输及转化过程中温室气体排放小于等于 0.6g。由此可知，玉米秸秆制备乙酰丙酸乙酯及其使用不仅实现了碳的负排放（-0.58g CO_2），而且也实现了资源的高效利用。同时，土地利用变化机制的出现，在一定程度上也促进了生物质燃料的生产和使用。生物质水解液化制备乙酰丙酸乙酯是未来液体燃料领域的主要发展方向之一。

生物质燃料的生产和使用引起的土地利用变化主要体现在用于生产生物质燃料的能源作物在取代粮食作物时导致的 DLUC 和 ILUC。ILUC 是对生物质燃料原料的额外需求导致其他地方的土地利用发生变化，或者在生物能源作物取代其他作物时，触发某个地方的土地转换成农田[56-60]。因此，能源作物实施前的土地利用类型决定了生物质燃料的生产和使用是否减少了碳排放。所以，在当前种植模式下，只要保证以玉米、小麦、水稻为主要农作物的种植结构且种植土地类型为耕地，就可以粗略地认为生物质燃料的生产和使用实现了碳的负排放或至少能够保证生物质燃料的生产和使用实现了碳平衡。但是，本章由于缺乏 DLUC 和 ILUC 的系数、环境影响的差异以及考虑 LUC 效应时遇到多因素限制，很难准确地对生物质燃料引起的间接土地利用变化进行直接研究，这也与国内外其他学者遇到的问题一致。

7.3.4 间接土地利用变化与温室气体排放的关系

土地利用和使用合成肥料是 GHG 排放的重要来源。只有准确计算出 GHG 排放，从而计算出原料生产中 LUC 的排放量，才能评估生物质基酯类燃料对减缓气候变化的贡献。估算土地利用变化所产生的 GHG 通常依赖于具有指定清单的方法。间接土地利用变化的模型一般也考虑到一些已弃碳的封存年数，森林的碳含量可从 Kindermann 等[61]的研究中查询，短期轮作人工林生物量中的碳含量可以通过生产力估算，最终的模型校准通过调整所选活动的成本参数，使基线(表 7.15)的边际成本等于边际效益。

表 7.15 全球生物能源生产基线的估算

能量载体	单位	2000 年	2010 年	2020 年	2030 年
热力和电力	干生物质的 Mtoe*	51	107	266	447
直接生物质利用	干生物质的 Mtoe	950	1019	1125	1201
第一代液体燃料	燃料的 Mtoe	10	101	140	165
第二代液体燃料	燃料的 Mtoe	0	3	13	112

*Mtoe 表示百万吨油当量。

各种燃料的低位热值及 CO_2 排放因子如表 7.14 所示[62]，可知生物质燃料使用得越多，土地利用变化和农业产生的 GHG 排放量就越高；化肥的使用，特别是氮肥是 GHG 排放的主要来源[63]。短期轮作木本作物和森林的扩张使碳汇增加，但耕地的扩张增加了排放。因此，增加生物质燃料的使用有利于减少 GHG 的排放，生物质燃料替代化石燃料的全生命周期 GHG 减排情况如表 7.16 所示[64]。

表 7.16 生物质燃料替代化石燃料的全生命周期 GHG 减排情况(单位：gCO_2eq/MJ)

生物质燃料	原料	GHG 减排
乙醇①	玉米	35.58
乙醇①	甘蔗	59.99
生物柴油①	油菜籽	41.18
生物柴油①	大豆	38.79
乙醇②	木本生物质	63.10
甲醇②	木本生物质	77.60

注：①基于可再生燃料机构的计算(2009 年)；②基于欧洲石油化工协会的计算(2007 年)。

近年来，生物质基酯类燃料对 GHG 排放的贡献也受到了质疑。Kindermann 等[61]使用 IPCC《国家 GHG 清单指南》中的方法和数据调查了各种生物质基酯类燃料的碳平衡变化及 LUC 的碳效应对生物质基酯类燃料原料生产的土地利用的影响。研究表明，除了草原以外，对自然土地的改造阻碍了欧盟生物质基酯类燃料减排目标的实现，进一步促进了原耕地上生物质基酯类燃料原料的生产，增加了粮食和燃料生产在现有耕地面积上的竞争。Taheripour 和 Tyner[11]在 2017 年介绍了耕地集约化的建模结构，结果表明全球经济和农业部门的所有变化都导致土地利用的变化，而使用 2011 年和 2004 年与耕地集约化相关的数据库计算排放得到的结果大不相同。文献[62]显示了生产生物乙醇和生物柴油所用原料在种植过程中 LUC 造成的排放以及使用生物乙醇和生物柴油的减排情况。

7.4　本 章 小 结

本章概述了巴西、法国、欧洲等生物质燃料土地利用变化的发展现状，阐述了我国能源结构及生物质资源潜力，分析了农作物种植面积及土地利用结构，通过统计分析法研究了生物质液体燃料土地利用变化对环境的影响。主要结论如下所述。

(1)通过概述巴西、法国、欧洲等生物质燃料土地利用变化的发展状况，发现生物质燃料生产和消费的扩大是政策和市场力量的必然结果，进而导致农业用地的扩大以及农作物和农业活动内土地的重新分配。我国生物质能发展可求同存异，因地制宜，加强生物质燃料技术的基础性研究，重视生物质燃料土地利用变化的影响，开发适合我国生物质燃料间接土地利用变化评估的方法并出台相关支持性政策，从而准确评估生物质燃料土地利用变化的影响。

(2)对我国近年来农作物的种植面积、农产品产量，土地利用变化及类型进行统计和分析可知，我国农作物中玉米、水稻、小麦的种植面积及产量位居前三，是农业固碳的主要途径，具有很好的土壤碳汇作用；农作物资源潜力及储量巨大，为生物质基酯类燃料的生产提供了足够的原料保证。玉米秸秆清洁水解制备乙酰丙酸乙酯在一定程度上实现了碳平衡，避免了能源作物种植带来的间接土地利用变化的影响。揭示了生物质基酯类燃料生产和使用影响土地利用变化的相互关系，得到了生物质基酯类燃料的碳平衡土地利用变化影响的计算方法。为我国生物燃料土地利用变化的评估提供了理论支撑。

(3)开展土地利用变化的分析评估研究是分析生物质基酯类燃料对环境影响的重要途径。本章在总结相关国家在生物质基燃料对土地利用变化研究的基础上，发现估算土地利用的变化模型具有复杂性和可变性。通过分析我国能源结构及生物质资源潜力，以生物质基酯类燃料为例分析了我国生物质燃料的发展情况及未来的发展趋势，提出了我国生物质液体燃料的发展和土地利用变化评估的重要性。

参 考 文 献

[1] Elobeid A, Moreira M M R, Lima C Z D, et al. Implications of biofuel production on direct and indirect land use change: evidence from Brazil[J]. Biofuels, Bioenergy and Food Security, 2019: 125-143.

[2] Communities Cot E. Biofuels progress report: report on the progress made in the use of biofuels and other renewable fuels in the member states of the European Union[R]. Brussels, 2006.

[3] Farrell E A. Ethanol can contribute to energy and environmental goals[J]. Science, 2006, 311(5760): 506-508.

[4] Hill J D, Nelson E, Tilman D, et al. Environmental, economic, and energetic costs and benefits of biodiesel and ethanol biofuels[J]. Proceedings of the National Academy of Sciences, 2006, 103(30): 11206-11210.

[5] Wang M, Wu M, Huo H. Life-cycle energy and greenhouse gas emission impacts of different corn ethanol plant types[J]. Environmental Research Letters, 2007, 2(2): 109-118.

[6] Searchinger T, Heimlich R, Houghton R A, et al. Use of U.S. croplands for biofuels increases greenhouse gases through emissions from land-use change[J]. Staff General Research Papers Archive, 2008, 319(5867): 1238-1240.

[7] Fargione J, Hill J, Tilman D, et al. Land clearing and the biofuel carbon debt[J]. Science, 2008, 319(5867): 1235-1238.

[8] Dumortier J, Hayes D J, Carriquiry M, et al. Sensitivity of carbon emission estimates from indirect land-use change[J]. Applied Economic Perspectives and Policy, 2011, 33(3): 428-448.

[9] Hertel T W, Golub A A, Jones A D, et al. Effects of US maize ethanol on global land uise and greenhouse gas emissions: estimating market-mediated responses[J]. BioScience, 2010, 60(3): 223-231.

[10] Jérôme T. Les émissions de CO$_2$ du Brésil : impact de l'usage des terres, de leur changement d'affectation et de la foresterie[J]. Revue D Économie Du Développement, 2014, 28(1): 107-134.

[11] Taheripour F, Tyner W. Biofuels and land use change: applying recent evidence to model estimates[J]. Applied Sciences, 2013, 3(1): 14-38.

[12] Finkbeiner M. Indirect land use change-Help beyond the hype[J]. Biomass and Bioenergy, 2014, 62: 218-221.

[13] Aran S, Li L D . Indirect land use changes of biofuel production—a review of modelling efforts and policy developments in the European Union[J]. Biotechnology for Biofuels, 2014, 7(1): 35.

[14] Dias L C, Pimenta F M, Santos A B, et al. Patterns of land use, extensification, and intensification of Brazilian agriculture[J]. Global Changre Biology, 2016, 22(8): 2887-2903.

[15] Taheripour F, Zhao X, Tyner W E. The impact of considering land intensification and updated data on biofuels land use change and emissions estimates[J]. Biotechnol Biofuels, 2017, 10(1): 191.

[16] Xin H, Ren J, Ran J Y, et al. Thermally stable phosphorus and nickel modified ZSM-5 zeolites for catalytic co-pyrolysis of biomass and plastics[J]. Rsc Advances, 2015, 5(39): 30485-30494.

[17] Shemfe T, Hertel R. Use of U.S. croplands for biofuels increases greenhouse gases through emissions from land-use[J]. Staff General Research Papers Archive, 2008, 319(5867): 1328-1240.

[18] Valin H, Peters D, van D, et al. The land use change impact of biofuels consumed in the EU[J]. Rsc Advances, 2015, 163: 112300.

[19] Sun R C, Liu J, Wang T, et al. Slowing Amazon deforestation through public policy and interventions in beef and soy supply chains[J]. Science, 2014, 344(6188): 1118-1123.

[20] Catherine H. Biofuels and land use change: sugarcane and soybean acreage response in Brazil[J]. Environmental Resource Economics, 2012, 35(6): 2391-2400.

[21] Dallemand J F, Leip A, Rettenmaier N. Biofuels for transport, the challenge of correctly assessing their environmental impact[J]. Pollution Atmospherique, 2009, 8: 89-104.

[22] Aoun W B, Gabrielle B, Gagnepain B. The Importance of land use change in the environmental balance of biofuels: the importance of land use change in the environmental balance of biofuels[J]. Oilseeds & Fats Crops and Lipids, 2013, 20: D505.

[23] Giertz S, Junge B, Diekkrueger B. Assessing the effects of land use change on soil physical properties and hydrological processes in the sub-humid tropical environment of West Africa[J]. Physics Chemistry of the Earth, 2005, 30(8/10): 485-496.

[24] Laborde D. Assessing the land use change consequences of European Biofuel Policies[J]. Pollution Atmospherique, 2012, 152: 116500.

[25] Marelli L, Ramos F, Hiederer R. Estimate of GHG emissions from global land use change scenarios[J]. Joint Research Centre, 2011, 1: 102-111.

[26] Edwards R, Mulligan D, Marelli L. Indirect land use change from increased biofuels demand: comparison of models and results for marginal biofuels production from different feedstocks[J]. Bioresource Technology, 2010,1: 302-315.

[27] Agency U. Draft regulatory impact analysis: changes to renewable fuel standard[J]. Global Change Biology, 2009, 5: 104-117.

[28] Agency U. Renewable Fuel Standard Program (RFS2) Regulatory impact analysis[J]. Global Change Biololy, 2010, 6: 402-413.

[29] Quek T A, Ee W A, Chen W, et al. Environmental impacts of transitioning to renewable electricity for Singapore and the surrounding region: a life cycle assessment[J]. Journal of Cleaner Production, 2019, 214: 1-11.

[30] Melillo J M, Reilly J M, Kicklighter D W, et al. Indirect emissions from biofuels: how important[J]. Science, 2009, 326(5958):

1397-1399.

[31] Beckman J, Jones C A, Sands R. A global general equilibrium analysis of biofuel mandates and greenhouse gas emissions[J]. American Journal of Agricultural Economics, 2011, 93（2）: 334-341.

[32] Larson E D. A review of life-cycle analysis studies on liquid biofuel systems for the transport sector[J]. Energy for Sustainable Development, 2006, 10（2）: 109-126.

[33] 付晶莹, 杜金霜, 江东, 等. 中国适宜发展生物液体燃料的边际土地资源分析[J]. 科技导报, 2020, 38（11）: 31-40.

[34] 吴伟光, 仇焕广, 徐志刚. 生物柴油发展现状, 影响与展望[J]. 农业工程学报, 2009, 25（3）: 298-302.

[35] 孟海波, 赵立欣, 高新星, 等. 生物液体燃料可持续发展评价系统[J]. 农业工程学报, 2009, 25（12）: 218-223.

[36] Lei C, Abraha M, Chen J, et al. Long term changes in root production of bioenergy crops measured by internal growth method[J]. Journal of Plant Ecology, 2021, 14（5）: 14-26.

[37] Panichelli L, Gnansounou E. Impact of agricultural-based biofuel production on greenhouse gas emissions from land-use change: Key modelling choices[J]. Renewable and Sustainable Energy Reviews, 2015, 42: 344-360.

[38] Horodytska O, Kiritsis D, Fullana A. Upcycling of printed plastic films: LCA analysis and effects on the circular economy[J]. Journal of Cleaner Production, 2020, 268: 122138.

[39] Hought J, Birch-Thomsen T, Petersen J, et al. Biofuels, land use change and smallholder livelihoods: a case study from Banteay Chhmar, Cambodia[J]. Applied Geography, 2012, 34: 525-532.

[40] 韩云环, 马柱国, 李明星. 2001～2010 年中国区域土地利用/覆盖变化对陆面过程影响的模拟研究[J]. 气候与环境研究, 2021, 26（1）: 75-90.

[41] Yang H, Zhou Y, Liu J. Land and water requirements of biofuel and implications for food supply and the environment in China[J]. Energy Policy, 2009, 37: 1876-1885.

[42] 陈瑜琦, 李秀彬, 盛燕, 等. 发展生物能源引发的土地利用问题[J]. 自然资源学报, 2010, 25（9）: 1496-1505.

[43] Wiesenthal T, Leduc G, Christidis P, et al. Biofuel support policies in Europe: lessons learnt for the long way ahead[J]. Renewable and Sustainable Energy Reviews, 2009, 13（4）: 789-800.

[44] 胡明远, 孙英辉. 美国生物能源战略与粮食危机[J]. 北方经济, 2009, 2: 2-10.

[45] 王永春, 王秀东. 非洲生物能源发展与粮食安全问题的利弊均衡分析[J]. 经济研究导刊, 2009, 13: 2-8.

[46] Timilsina G, Shrestha A. How much hope should be given to biofuels[J]. Petroleum Technology Trends, 2011, 23: 701-712.

[47] Lechon Y, Cabal H, Sáez R. Life cycle greenhouse gas emissions impacts of the adoption of the EU Directive on biofuels in Spain. Effect of the import of raw materials and land use changes[J]. Biomass and Bioenergy, 2011, 35（6）: 2374-2384.

[48] Diogo V, Hilst F, Eijck J, et al. Combining empirical and theory-based land-use modelling approaches to assess economic potential of biofuel production avoiding iLUC: Argentina as a case study[J]. Renewable and Sustainable Energy Reviews, 2014, 34: 208-224.

[49] Garraín D, Rúa C, Lechón Y. Consequential effects of increased biofuel demand in Spain: global crop area and CO_2 emissions from indirect land use change[J]. Biomass and Bioenergy, 2016, 85: 187-197.

[50] Schmidt J, Gass V, Schmid E. Land use changes, greenhouse gas emissions and fossil fuel substitution of biofuels compared to bioelectricity production for electric cars in Austria[J]. Biomass and Bioenergy, 35（9）: 4060-4074.

[51] Schmidt T. Croplands for biofuels increases greenhouse gases through emissions from land-use change[J]. Staff General Research Papers Archive, 2008, 319（5867）: 1238-1240.

[52] Wicke B, Verweij P, Meijl H V, et al. Indirect land use change: review of existing models and strategies for mitigation[J]. Biotechnology for Biofuels, 2012, 3（1）: 87-100.

[53] Reinhard J, Zah R. Consequential life cycle assessment of the environmental impacts of an increased rapemethylester（RME）production in Switzerland[J]. Biomass and Bioenergy, 2011, 35（6）: 2361-2373.

[54] Bodachivsky I, Kuzhiumparambil U, Williams D. Metal triflates are tunable acidic catalysts for high yielding conversion of cellulosic biomass into ethyl levulinate[J]. Fuel Processing Technology, 2019, 195: 106159.

[55] 白佳令. 重庆地区建筑碳排放核算方法研究[D]. 重庆: 重庆大学, 2017.

[56] Barr M R, Volpe R, Kandiyoti R. Liquid biofuels from food crops in transportation—a balance sheet of outcomes[J]. Chemical Engineering Science: X, 2021, 10: 100090.

[57] Schils R L, Eriksen J, Ledgard S F, et al. Strategies to mitigate nitrous oxide emissions from herbivore production systems[J]. Animal, 2013, 7: 29-40.

[58] Johansson R, Meyer S, Whistance J, et al. Greenhouse gas emission reduction and cost from the United States biofuels mandate[J]. Renewable and Sustainable Energy Reviews, 2020, 119: 109513.

[59] Dumortier J, Dokoohaki H, Elobeid A, et al. Global land-use and carbon emission implications from biochar application to cropland in the United States[J]. Journal of Cleaner Production, 2020, 258: 120684.

[60] Kretschmer B, Peterson S. Integrating bioenergy into computable general equilibrium models—a survey[J]. Energy Economics, 2010, 32(3): 673-686.

[61] Kindermann G E, Mccallum I, Fritz S, et al. A global forest growing stock, biomass and carbon map based on FAO statistics[J]. Silva Fennica, 2008, 42(3): 387-396.

[62] Lange M. The GHG balance of biofuels taking into account land use change[J]. Energy Policy, 2011, 39(5): 2373-2385.

[63] Mosnier A, Havlík P, Valin H, et al. Alternative U.S. biofuel mandates and global GHG emissions: the role of land use change, crop management and yield growth[J]. Energy Policy, 2013, 57: 602-614.

[64] Havlík P, Schneider U A, Schmid E, et al. Global land-use implications of first and second generation biofuel targets[J]. Energy Policy, 2011, 39(10): 5690-5702.

第8章　生物质转化利用技术发展的政策建议

1. 结合地域特点，合理规划并因地制宜推进生物质能源开发利用

我国生物质能源的地域分配不均，各地区在种类及数量上均存在差异，这决定了我国发展生物质能源应该以各地区生物质能源资源的特点为根据，有方向性、有目的性地进行开发与利用。此外，我国还应该结合各地区的政策法规及人民需求推进生物质能源的发展，使生物质资源能够有效利用。

2. 加大技术投入，鼓励技术创新，积极推进非粮生物质能源之路

目前全球仍以小麦、玉米等粮食类作物作为原料推动生物质能源产业化，这种现状与粮食和耕地的有限性互相矛盾，甚至可能威胁到粮食安全。因此，要破除生物质能源发展进程中存在的"与粮争地"问题，应该加大对发展非粮类生物质能源的投入，结合国际先进的经验与技术，鼓励自主创新，走非粮类生物质能源之路。

3. 建立合理适当的补贴力度，鼓励生物质产业形成良性竞争

我国生物质产业存在生产研发投入成本较高且市场尚不规范等问题，因此可为生物质产业提供适当且合理的绿色补贴，制定一系列的优惠政策，如税费减免等；同时还应重视对专项补贴资金的监督管理，从而能够为生物质企业缓解可能存在的资金困难，进一步鼓励我国那些开始以自有资源提供与主营业务相关的服务企业(如林业企业)积极提供市场所需的产品及服务，从而促进生物质产业形成良性竞争。